"十二五"职业教育国家规划教材

经全国职业教育教材审定委员会审定

民航运输类专业"十二五"规划教材

航空电气设备与维修
（第2版）

白冰如　谭卫娟　主编

国防工业出版社

·北京·

内容简介

航空电气系统的组成、原理和维修是航空维修人员必须掌握的知识和技能。本书是针对高职航空机电设备维修专业编写的一本全面介绍航空电气基础理论、基本知识和维修技能的教材。

本书以航空电气设备为载体,融入思政元素,用"模块+项目+任务"的形式来组织教学内容,突出了"项目引领,任务驱动,工学结合"的高职教育特色。全书共分五个模块,包括电气维护的基本知识、飞机电源系统的修理与维护、电动油泵的检修、灯光照明系统的维护、飞机电气系统电路分析。本书将电气设备原理与构造和维修方法、常遇故障的分析融为一体,使知识和技能"骨肉相连",让学生在循序渐进的训练中,理解航空电气设备的基本原理,掌握航空电气设备的维修方法。

本书可作为高职高专院校飞机机电设备维修、飞机电子设备维修、机务维护专业相关课程的配套教材和教学参考书,并对从事航空电气设备维修一线工作的飞机维修工程技术人员和检验人员有一定的参考价值。

图书在版编目(CIP)数据

航空电气设备与维修/白冰如,谭卫娟主编.—2版.—北京:国防工业出版社,2023.8 重印

"十二五"职业教育国家规划教材 民航运输类专业"十二五"规划教材

ISBN 978-7-118-10146-1

Ⅰ.①航… Ⅱ.①白… ②谭… Ⅲ.①航空电气设备-维修-高等职业教育-教材 Ⅳ.①V242

中国版本图书馆 CIP 数据核字(2015)第 249570 号

※

国防工业出版社出版发行
(北京市海淀区紫竹院南路23号 邮政编码100048)
北京富博印刷有限公司印刷
新华书店经售

*

开本 787×1092 1/16 印张 17½ 字数 392 千字
2023年8月第2版第4次印刷 印数 9001—11000 册 定价 46.00 元

(本书如有印装错误,我社负责调换)

国防书店:(010)88540777 书店传真:(010)88540776
发行业务:(010)88540717 发行传真:(010)88540762

高等职业教育飞机机电设备维修专业教材建设委员会

主 任 委 员 蔡昌荣(广州民航职业技术学院副院长)
副主任委员 (按姓氏笔画排序)
     王俊山(海航集团总裁助理)
     关云飞(长沙航空职业技术学院副院长)
     李永刚(西安航空职业技术学院副院长)
     杨　征(上海交通职业技术学院南校区主任)
     杨涵涛(三亚航空旅游职业学院执行副院长)
     张同怀(西安航空学院副院长)
     陈玉华(成都航空职业技术学院副院长)
     赵淑荣(中国民航大学职业技术学院院长)
     贾东林(沈阳航空职业技术学院副院长)
     唐庆如(中国民航飞行学院航空工程学院院长)
     唐汝元(张家界航空工业职业技术学院院长)
     雷建鸣(中国试飞院工学院院长)
委　　　员 (按姓氏笔画排序)
     于　飞　付尧明　白冰如　刘建超　李长云
     杨　杉　杨　勇　杨俊花　吴梁才　汪宏武
     宋文学　张学君　陈　律　陈浩军　林列书
     易磊隽　罗玉梅　罗庚合　夏　爽　郭紫贵
     章　健　彭卫东

《航空电气设备与维修(第2版)》
编委会

主　编　谭卫娟　白冰如

副主编　夏　爽

参　编　(按姓氏笔画排序)

　　　　　林　坤　杨　琼　任斌斌

前　言

航空电气系统是现代飞机的关键系统之一,有飞机的血管和神经之称。它一旦发生故障,轻则造成巨大的经济损失,重则造成机毁人亡的重大事故。航空电气系统包括飞机供电系统和飞机用电设备,由于种类繁多,本书不可能全部涉及,因此精选了若干具有代表性的航空电气设备,采用"模块+项目+任务"的结构模式,引导学生在做中学,教师在做中教。

本书为"十二五"职业教育国家规划教材,高等职业院校飞机机电设备维修专业核心课程"航空电气设备与维修"的教材,也是西安航空职业技术学院航空维修工程学院在国家示范院校建设中重点专业课程体系改革与建设的成果之一。

本书由西安航空职业技术学院谭卫娟、白冰如任主编,三亚航空旅游职业学院夏爽任副主编。具体分工是:绪论、模块1中项目1由西安航空职业技术学院白冰如编写;模块1中项目2、项目3和项目4,模块2、模块5由西安航空职业技术学院谭卫娟编写;模块3中项目1由西安航空职业技术学院林坤编写;模块3中项目2由西安航空职业技术学院杨琼编写;模块4中项目1和项目2由三亚航空旅游职业学院夏爽编写;模块4中项目3、项目4、项目5由三亚航空旅游职业学院任斌斌编写。全书由白冰如统稿。

本书相关在线课程网址如下:https://coursehome.zhihuishu.com/courseHome/1000069436#teachTeam。

由于编者水平有限,编写的时间较短,错误或值得商榷的地方在所难免,希望使用本书的教师、学生和其他相关人员不吝指正。

编　者

目 录

绪论 1
 预备知识 7
  0.1 概述 7
  0.2 飞机电源系统的功用及组成 7
  0.3 飞机输配电系统的功用及组成 10
  0.4 飞机用电设备 15

模块 1 电气维护的基本知识 17
 项目 1 常用的工具和量具及其使用 17
 项目 2 电路测量 42
 项目 3 导线的焊接、夹接，电缆的包扎和捆扎 64
 项目 4 飞机负极线及搭铁线的认识与操作 87

模块 2 飞机电源系统的修理与维护 96
 项目 1 交流发电机的分解与维修 96
 项目 2 航空蓄电池的检查维护和拆装 138
 项目 3 反流割断器的分解和装配 152
 项目 4 静变流机的分解与维修 161

模块 3 电动油泵的检修 170
 项目 1 离心式电动油泵的分解和维修 170
 项目 2 齿轮式电动油泵的分解与维修 183

模块 4 灯光照明系统的维护 192
 项目 1 信号灯的拆卸和维护 192
 项目 2 着陆滑行灯的检修 196
 项目 3 荧光灯的检查与更换 205
 项目 4 座舱灯的检查 209
 项目 5 航行灯的检查与拆装 214

模块 5 飞机电气系统电路分析 221
 项目 1 飞机操纵系统电气设备电路分析 221
 项目 2 飞机电源系统电路分析 244

附录 A　国外民航飞机常用计量单位 …………………………………………… 252
附录 B　中英文对照缩写表 …………………………………………………… 254
附录 C　微课视频二维码 ……………………………………………………… 263
参考文献 ………………………………………………………………………… 265

绪　　论

为了使任课教师和学生明确本门课程的地位、教学目的和要求,以便更好地搞好该课程的教学工作,特作以下三点说明。

一、本课程是飞机机电设备维修专业示范建设中开设的专业核心课程之一

2007年8月,西安航空职业技术学院被教育部、财政部确定为国家示范院校建设立项单位,同时飞机机电设备维修专业也被确定为中央财政重点支持建设的项目之一。其中,飞机机电设备维修专业课程体系改革是项目建设的重点和难点,也是研究经费投入较大的几个子项目之一。项目组在负责人马康民教授的带领下,制定了详尽的、切实可行的调研计划和课程体系改革研究方案。项目组先后调研了西安飞机工业(集团)有限责任公司、中国人民解放军第5702工厂、中航工业第5716工厂、西安航空发动机(集团)有限公司、厦门太古发动机服务有限公司等航空企业的岗位设置和人才需求,分析了空军工程大学工程学院、成都航空职业技术学院、西安航空学院、长沙航空职业技术学院等兄弟院校相关专业的课程设置,经过广泛分析和研讨,运用现代高等职业教育理念和方法,结合本专业的特点和要求,提出了以培养学生真正维修能力为目标的课程体系重构指导思想。继而,运用系统分析的理论和方法,开展了大量的研究工作。确立了5门专业核心课程,即飞机维护、飞机修理技术、航空发动机修理技术、飞机及发动机附件修理技术和航空电气设备与维修;按照专业通用课程支持核心课程,专业基础课程支持专业通用课程,公共文化课程支持专业基础课程的思路,重构了飞机机电设备维修专业的课程体系。为了进一步完善新的课程体系,我们还对专业通用课程、专业基础课程、公共文化课程进行了补充、完善和整合,重新编写了与新课程体系配套的教材,并将研究成果贯彻在西安航空职业技术学院2009级飞机机电设备维修专业教学计划中。飞机机电设备维修专业教学计划见表1。

表1　飞机机电设备维修专业教学计划

课程层次		课程名称	备　注
专业核心课程	1	飞机维护	新编5门专业核心课程的教材,即《飞机维护》《飞机修理技术》《航空发动机修理技术》《飞机及发动机附件修理技术》《航空电气设备与维修》
	2	飞机修理技术	
	3	航空发动机修理技术	
	4	飞机及发动机附件修理技术	
	5	航空电气设备与维修	

(续)

课程层次		课程名称	备注
专业通用课程	1	航空工程与技术概论	新编《航空材料及应用》和《航空工程与技术概论》教材; 整合工程热力学、航空发动机原理、航空发动机构造三门课程为航空发动机原理与构造一门课程,重编教材; 整合空气动力学、飞行原理和飞机构造三门课程,为飞机原理与构造一门课程,重编教材
	2	航空材料及应用	
	3	飞机原理与构造	
	4	航空发动机原理与构造	
	5	航空维护技术基础	
	6	无损检测及在航空维修中的应用	
	7	专业英语	
专业基础课		机械制图与航空识图、机械设计基础、液压与气动技术、机械制造技术、公差与技术测量、电工电子技术	机械制图增加航空识图内容变更为机械制图与航空识图
公共文化课		思想道德修养与法律基础、形势与政策、应用文写作、计算机应用基础、高等数学、体育、英语等	新增应用文写作,提高学生的公文写作能力

本项目研究制定的飞机机电设备维修专业新的课程体系具有鲜明的职业教育特色,荣获 2011 陕西省高等学校教学成果二等奖。

1. 5 门专业核心课程,在航空职业教育中属于首创

从表 1 可见,5 门专业核心课程,是根据飞机与发动机高等职业教育要求,落实本专业人才培养方案,满足飞机维护、修理,航空发动机修理,航空电气设备与维修及飞机和发动机附件修理中对应的 11 个工作岗位的需求开设的课程。这 5 门课程填补了航空职业教育的空白,在国内属于首创。

2. 7 门专业通用课程及其配套教材,对航空类职业院校相关专业具有很好的辐射作用

在新课程体系中,有 7 门专业通用课程,其中飞机原理与构造是原来空气动力学、飞行原理和飞机构造三门课程整合的结果;航空发动机原理与构造是原来工程热力学、航空发动机原理、航空发动机构造三门课程整合的结果;航空工程与技术概论是原来航空航天概论课程整合的结果。这都充分体现了"理论够用、重在应用、强调技能培养"的高等职业教育理念,加强了飞机和发动机修理中需要的内容,而大幅度删减了飞机和发动机设计方面的内容。因为本专业毕业生不搞飞机与发动机设计工作,从而充分体现了在构建课

程体系时,专业通用课程必须大力支持专业核心课程的宗旨。

上述三门课程的教材及我们编写的航空材料及应用,可以供航空类职业教育院校相关专业使用,很好地发挥了重点示范专业的辐射作用。

3. 在按照系统理论和方法指定的新课程体系中,优化和重构的专业基础课程和文化基础课程,有力地支持了本专业的全面建设

新制定的6门专业基础课程,即机械制图与航空识图、机械设计基础、液压与气动技术、机械制造技术、公差与技术测量、电工电子技术,其中,机械制图与航空识图、液压与气动技术、机械制造技术、公差与技术测量是新增加的,它们都是支持专业通用课程必不可少的。

新制定的课程体系列出了9门文化基础课程。其中应用文写作是新增加的。由于在调研中,发现高等职业院校的毕业生普遍写作能力较差,调查对象主动要求开设应用文写作课程,以提高毕业生的公文写作能力。

综上所述,本课程体系使用系统的观点和方法认识该专业的所有课程,整合原有课程,创建新的课程体系,并对其进行最佳设计、管理与控制,使之处于最佳运行状态;同时,采用新的理论与方法分析和评价课程体系。这种用系统工程的理论与方法作指导,使本专业所有课程形成有一定联系、相互依赖、相互影响,推动教学工作运行的系统称为课程体系。它是职业教育由模仿本科教育和中技教育的初级阶段,向具有专门理论和实践特色并向其深度发展的产物。课程体系是人才培养方案的主轴,是制定教学计划,进行师资培养,教学设施建设,实训室建设的依据。因此,搞好课程体系建设是航空机电设备维修专业在示范建设中的首要任务。

二、航空电气设备与维修教材的主要内容

航空电气设备与维修课程,是在充分调研的基础上,仔细分析了航空电气设备维修相关工作岗位、生产一线从业人员的知识、能力和素质的需求,按照"项目引领、任务驱动"先进教育理念精心编写的。

教材内容是将航空电气设备与维修典型工作任务所要求的理论知识、实践技能和职业素养进行有机整合,序化后形成了五大模块和若干个项目,见表2。

表2 航空电气设备与维修课程整体教学设计

序号	模块名称	项目名称	任 务
1	电气维护的基本知识	项目1 常用的工具和量具及其使用	任务1 使用常用工具拆装一字螺钉 任务2 使用常用工具拆装六角螺帽 任务3 使用常用工具拆装固定销 任务4 使用常用工具拆装连接螺钉和连接螺帽 任务5 使用常用工具拆装锁紧丝 任务6 使用常用工具拆装电缆插销 任务7 使用常用工具拆装开口销
		项目2 电路测量	任务1 使用万用表测量直流电流、直流电压、交流电压和电阻等 任务2 使用兆欧表 任务3 测量电路断路部位 任务4 测量电路短路部位 任务5 测量电路错线的方法

(续)

序号	模块名称	项目名称	任务	
1	电气维护的基本知识	项目3 导线的焊接、夹接，电缆的包扎和捆扎	任务1	将导线焊在接线片上
			任务2	导线的夹接
			任务3	电缆的包扎
			任务4	电缆的捆扎
		项目4 飞机负极线及搭铁线的认识与操作	任务1	负极线的拆下及安装
			任务2	搭铁线的安装
2	飞机电源系统的修理与维护	项目1 交流发电机的分解与维修	任务1	了解该型交流发电机的功用、结构及主要技术参数
			任务2	对交流发电机进行测试
			任务3	交流发电机的分解
			任务4	发电机的清洗
			任务5	交流发电机的检查
			任务6	发电机的修理
			任务7	发电机的组装
			任务8	发电机的存放
		项目2 航空蓄电池的检查维护和拆装	任务1	蓄电池在飞机上的检查
			任务2	蓄电池在飞机上的安装
		项目3 反流割断器的分解和装配	任务1	反流割断器的分解
			任务2	反流割断器的装配
		项目4 静变流机的分解与维修	任务1	静变流机的分解
			任务2	静变流机的清洁
			任务3	静变流机分解后的检查
			任务4	静变流机零件的修理
3	电动油泵的检修	项目1 离心式电动油泵的分解和维修	任务1	对不同种类离心式电动油泵进行分解、检查与装配
			任务2	离心式电动油泵安装完毕，通电检查各项性能符合规定后的工作
		项目2 齿轮式电动油泵的分解与维修	任务1	对电动油泵进行分解、检修和装配
			任务2	电动油泵安装完毕，对其性能进行检查和调整
4	灯光照明系统的维护	项目1 信号灯的拆卸和维护	任务1	检查某型信号灯的灯泡
			任务2	进行拆卸和维护
		项目2 着陆滑行灯的检修	任务1	修理前通电检查
			任务2	总体分解
			任务3	带电动机的减速器组件的分解
			任务4	摩擦离合器组件的分解
			任务5	带齿轮的某型电动机的分解
			任务6	检修
			任务7	装配
			任务8	总装配

(续)

序号	模块名称	项目名称	任　　务
4	灯光照明系统的维护	项目3　荧光灯的检查与更换	任务1　检查荧光灯的工作情况 任务2　更换荧光灯
		项目4　座舱灯的检查	任务1　检查座舱灯的照明情况 任务2　座舱灯的拆卸
		项目5　航行灯的检查与拆装	任务1　检查航行灯的工作情况 任务2　航行灯的拆装
5	飞机电气系统电路分析	项目1　飞机操纵系统电气设备电路分析	任务1　襟翼收放电路的分析 任务2　水平安定面配平警告电路分析 任务3　起落架收放操纵电路分析 任务4　调整片电动操纵电路分析
		项目2　飞机电源系统电路分析	任务1　直流启动发电机控制电路分析 任务2　晶体管电压调节器原理电路分析

航空电气设备与维修课程的考核方法和成绩评定，按照理论和任务完成的情况相结合的考核原则，理论考核占30%，任务完成情况占70%。任务完成情况的考核又分为过程考核和产品考核两部分，而过程考核占20%，产品考核占80%。

三、航空电气设备与维修课程的教学特点和要求

航空电气设备与维修是一门实践性很强的专业核心课程。本课程教学采用任务驱动、案例教学、录像教学、网络学习等相结合的手段，使学生熟悉航空电气设备维修的工作内容和工作程序，熟练掌握航空电气设备维修基本技能，了解航空电气设备维修相关的管理知识等。培养学生透过现象分析问题和解决问题的能力，养成发现故障、研究故障、探求排除故障的工作作风，培养学生善于观察、勤于思考、全面系统分析问题的能力，逐渐培养学生创新思维和航空电气设备维修的能力。

教材的结构形式是：学习指南（教学目标、教学重点、教学难点）—课前任务—情景创设—工作项目（任务内容、任务准备、任务讨论、任务执行、结果评价）—知识导航—材料阅读—学习体会—课后任务。

其中，学习指南中包括教学目标、教学重点和难点。教学目标中包括知识目标、能力目标和情感目标。学习指南既是对教师教学提出的要求，也可以作为学生自学和预习时的指导。

课前任务是需要每个学生以个体的形式或以小组的形式在课程开始之前完成的任务，在自学学时完成。课前任务的目的是提高学生的学习积极性，在学生未开始新的专业知识学习之前，根据以往的经验（学习经验或生活经验）完成，可达到旧知识与新知识的有效衔接，让学生从情感上更容易接受。课前任务还可以达到让学生自行复习旧知识的目的。因为模块化的教材打破了以往的学科体系非常严谨的、循序渐进的知识体系，所以模块中上一个项目的知识可能并不能支持下一个项目的知识，这就需要学生在课前就了解这次学习需要哪些基础知识，以便预习。

情景创设指教师在授课时需要创造一种情境，并配合多媒体教学来实现。例如，模块

4中的灯光照明系统的维护,教师可选择由灯光照明系统故障导致的飞行事故或飞行事故征候的视频来讲解。首先,让学生知道灯光照明系统出了故障有哪些后果,然后引导学生来学习如何维护灯光照明系统。

在工作项目中,任务内容是明确地向学生提出来要完成哪些任务。任务准备指完成这些任务需要进行哪些准备,包括知识上的、实验工具等。任务讨论指学生分组后进行讨论,并且最后确定一种方案实现任务。任务执行指教师按照学生讨论出的方案引导大家知道方案中哪些是可行的,哪些是不行的,而不是强制告诉学生禁止怎样、必须怎样,并最终规范正确的步骤。

结果评价是按照一定的评分标准对各个小组的表现进行打分。

知识导航指上述内容中出现的一些名词和相应的支撑知识部分。学生可自己查找。

材料阅读指有关本任务的其他内容,如从报刊上或期刊上转载的相关内容,主要用做拓展部分。

学习体会指学生学完本次任务后有哪些体会。

课后任务指完成本次学习后需完成的任务,用于学生复习。

由于飞机上的航空电气设备种类繁多,教材中不可能一一涉及。任务驱动型教材的目的是引导学生学会自主学习,达到"授之以鱼,不如授之以渔"、"举一反三"的目的。

此外,由于飞机的安全飞行是航空事业的大事,在本门课程的教学过程中,要不断加强对飞机维护与飞行安全重要性的认识,培养学生树立"安全第一,预防为主"的思想,教育学生养成诚信工作、一丝不苟的良好习惯和工作作风,这也是本课程每一个教学环节必不可少的教学内容。

由于本课程是实践性很强的课程,所以其考核方法要以实践为主,兼顾理论知识的考核,而没有必要全部采用闭卷考试的方式考核。因此,项目过程考核应成为本课程的主要考核手段之一。另外,撰写与航空电气设备维修的工作相关的论文或者研究报告,也是值得提倡的考核方法。建议授课老师在教学实践中不断试行,并注意总结有关经验,以便在今后的课程改革中不断完善这方面的工作。

综上所述,航空电气设备与维修是本专业核心专业课程之一,该课程的教材建设、教学实践、实习环节以及考核方法等诸多方面,都还有许多工作需要我们继续努力研究,只有在今后的教学过程中,师生共同努力,通过不断实践,不断总结和提高,才能使之逐步完善。

预备知识

0.1 概　　述

航空电气系统是飞机的重要飞行保障系统,对飞机飞行安全、任务完成和提高飞机总体性能起着重要作用。

航空电气系统由飞机的供电系统和各种用电设备组成。飞机的供电系统由电源系统和输配电系统组成,它包含从电源到用电设备输入端的全部环节。其中,电源到电源汇流条之间的部分是电源(发电)系统。电源汇流条到用电设备输入端的部分是输配电系统。飞机的用电设备是指飞机上所有使用电能的设备、装置和系统,包括飞机飞行操纵、发动机控制、航空电子、生命保障、照明与信号、防冰加温、旅客生活服务设备等。

0.2 飞机电源系统的功用及组成

现代飞机几乎所有系统都需要使用电能,其主要用途包括:
(1) 给电子设备供电,如无线电通信、导航设备、雷达设备等。
(2) 电能转换为机械能,如电动油泵、电动机、电磁活门等。
(3) 电能转换为光能,如各种照明灯、信号灯等。
(4) 电能转换为热能,如电热防冰系统、民用飞机厨房用电设备等。
(5) 电能转换为化学能,如在飞行中,给飞机蓄电池供电。

为保证在各种情况下需要工作的各种机载用电设备都能获得电能,飞机电源系统由主电源、辅助电源、二次电源、应急电源和外部(地面)电源供电插座等系统与设备组成。其中各部分的功能如下:

(1) 主电源是飞机上全部用电设备的能源,由航空发动机直接或间接驱动的发电机及其控制和保护装置构成。

(2) 二次电源是为了满足不同用电设备的需求,将主电源电能转换成另一种形式或规格的电能装置。例如在低压直流电源系统中,有旋转变流机、静止变流机、直流变换器等装置,它们将低压直流电变换成交流电或另一种(或多种)电压的直流电。在交流电源系统中,有变压器和变压整流器,它们将一种交流电变换成另一种电压的交流电或直流电。

(3) 辅助电源是在航空发动机不运转时,由辅助动力装置(Auxiliary Power Unit, APU)驱动的发电机或机载电瓶提供的电源,常用于在地面检查机上用电设备和起动飞机发动机,在空中也可以用来给部分机上用电设备供电。小型飞机上常用机载电瓶作为辅助电源,大型飞机上常用辅助动力装置作为辅助电源。

（4）应急电源是一个独立的电源系统。飞行中当主电源失效时，由应急电源向飞机上的重要负载供电。飞机应急电源由蓄电池或应急发电机（如冲压空气涡轮（Ram Air Turbine，RAT）发电机、液压马达驱动发电机（Hydraulic Motor Generator，HMG））组成。冲压空气涡轮发电机不工作时，会收放于飞机机体或机翼内；工作时，则打开放出，靠迎面气流吹动涡轮，带动发电机或应急液压泵。应急电源容量均较小，仅能保证提供飞机紧急返回机场或紧急着陆时重要机载用电设备工作所需的电能。

（5）此外，飞机上都备有外部（地面）供电电源插座，用以接通地面电源以及在地面由地面电源车或静变电源（逆变器）向飞机供电，以便于通电检查机上用电设备和起动发动机。外部电源和机上主电源不允许同时接入飞机电网。

飞机上采用的主电源类型随飞机类型及其性能要求、飞机的用途及用电设备的不同而有所不同。目前，国内外正在使用的飞机主电源是多种多样的，包括低压直流电源系统、恒速恒频交流电源系统、变速恒频交流电源系统、变速变频交流电源系统、高压直流电源系统等。

（1）低压直流电源系统。低压直流电源系统是飞机上最早采用的电源，在第二次世界大战期间趋于成熟。其额定电压由6V、12V，逐步发展为28V的低压直流电源系统，一直沿用至今。28V低压直流电源系统主要由直流发电机、调压器、保护器、滤波器和蓄电池等组成。

主发电机额定容量有3kW、6kW、9kW、12kW、18kW和24kW等数种，相应的额定电流为100A、200A、300A、400A、600A和800A。辅助电源和应急电源为航空蓄电池。在大型飞机上由辅助动力装置传动的直流发电机作为辅助电源或备用电源。二次电源为旋转变流机或静止变流机，它将低压直流电转变为400Hz三相或单相交流电或其他形式的电能，供飞机上的其他设备使用。

航空发动机的转速随工作状态而改变，最高工作转速与最低工作转速之比一般小于2∶1。为了使发电机输出电压不变，必须设置电压调节器，靠调节发电机的励磁电流使发电机输出电压不因转速和负载的变化而变化。早期飞机上发电机容量在1kW以下，常用振动式电压调节器。20世纪40年代，发电机容量增加到数千瓦，变为使用炭片式电压调节器。20世纪60年代出现晶体管式电压调节器。发电机与蓄电池并联工作时，为了防止蓄电池的电流在发电机不工作时流入发电机，还有专门的反流保护器。过电压保护器也在大容量飞机直流电源中应用。目前，飞机直流电源系统已应用具有微处理器的发电机控制器，它兼有控制、保护、自检、故障记忆与隔离报警等多种功能，既提高了电源供电质量，又改善了维修性和可靠性。

启动发电机是喷气式飞机诞生后发展起来的双功能电机。发动机工作前，它作为电动机工作，带动发动机转子旋转，达到一定转速后发动机喷油点火，使发动机进入能自持工作的状态。此后，发动机反过来传动电机，使其成为发电机向用电设备供电。一台电机两个用途，减轻了总重量，是航空直流电源的重要发展。

低压直流电源系统的主要优点是简单可靠，用蓄电池作为备用及应急电源很方便。但是随着飞机的发展，用电设备特别是交流用电设备的增多，低压直流电源的弱点也日益暴露。直流发电机的电刷和换向器限制了电机转速，从而限制了电机的最大容量，通常飞机直流发电机的最大容量为18kW。电源容量加大后，飞机直流电网的重量显著增加。

二次电源为旋转式变流机,它的效率低、重量大。

随着电力电子技术的发展,无刷直流发电机和静止变流机等设备的出现,为低压直流电源系统提供了新的发展条件。

低压直流电源系统是适合于中小型飞机使用的一种电源系统,目前大中型飞机上已经很少采用 28V 低压直流电源系统作为主电源系统。

(2) 恒速恒频交流电源系统。1946 年,美国发明恒速传动装置(Constant Speed Drive,CSD),开辟了航空恒速恒频(Constant Speed Constant Frequency,CSCF)交流电源的时代。目前飞机恒频交流电的额定频率为 400Hz、电压为 115V/200V。飞机交流发电机通过恒速传动装置由航空发动机传动。恒速传动装置将变化的航空发动机转速变为恒定的转速传动交流发电机,故发电机能输出 400 Hz 交流电。恒频交流发电机的额定容量有 15kVA、20kVA、30kVA、40kVA、60kVA、90kVA、120kVA 和 150kVA 等数种。大中型飞机的辅助电源为辅助动力装置传动的发电机。应急电源有冲压空气涡轮发电机、蓄电池、静止变流机或液压马达驱动发电机。二次电源为变压器和变压整流器。恒频交流电源的应用消除了低压直流电源的缺点。

几十年来,恒速恒频交流电源系统经历了四个发展阶段。20 世纪 50 年代为第一阶段,采用差动液压恒速传动装置、有刷交流发电机和电磁机械式调节保护器。20 世纪 60 年代为第二阶段,采用齿轮差动液压恒速传动装置、无刷交流发电机和电磁式控制保护器。20 世纪 70 年代进入第三阶段,发展了组合传动发电机(Integrated Drive Generator,IDG),其特点是:恒速传动装置与发电机一体化设计,减少了零部件,使结构紧凑;发电机采用喷油冷却,铁心采用高性能铁钴钒软磁材料,转速可升高到 12 000r/min 或 24 000r/min,这样,电源的功率质量比显著增大,过载能力增强,可靠性进一步提高。其以 IDG 为核心部件组成的恒速恒频交流电源系统框图如图 0-1 所示。20 世纪 80 年代进入第四阶段,交流电源的设计思想由以降低质量为主转变为以提高维修性和降低全周期费用为主,于是由微型计算机构成的控制器居主导地位,标准化、模块化、智能化成为重要的考虑因素。

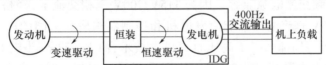

图 0-1 恒速恒频交流电源系统框图

恒速恒频交流电源系统的优点是:工作环境温度高,过载能力强。其主要缺点是:CSD 生产制造、使用维护困难;电能变换效率较低,主电源效率约为 70%;电能质量难以进一步提高;难以实现起动发电。

恒速恒频交流电源系统是目前应用最为广泛的一种飞机电源系统。

(3) 变速恒频交流电源系统。电力电子技术的发展为变速恒频(Variable Speed Constant Frequency,VSCF)电源奠定了基础。1972 年,美国 GE 电气公司研制的 20 kVA VSCF 电源首次装机(A4 飞机)使用。变速恒频交流电源系统框图如图 0-2 所示。40 多年来 VSCF 电源有了迅速的发展,成为新型飞机电源发展的方向。VSCF 电源的优点是:电能质量和电能转换效率高;旋转部件少;工作可靠;结构灵活性大;能实现无刷起动发电;生产使用维修方便。这种电源的缺点是:电力电子器件的应用,使其允许的工作环境温度较低；承受过载和短路能力较差。

图0-2 变速恒频交流电源系统框图

VSCF电源与CSCF电源不同之处仅在于主电源。CSCF电源的主电源由恒速传动装置、交流发电机和发电机控制器构成，VSCF则由交流发电机、功率变换器和控制器构成。功率变换器有两种类型：交-交型变换器和交-直-交型变换器。目前，变换器中的功率器件大都采用晶闸管或功率晶体管，由于功率晶体管允许结温比晶闸管高，且晶体管变换器所用功率器件少，故可靠性高。从20世纪80年代起，变速恒频电源已广泛采用晶体管变换器。

（4）变速变频交流电源系统。变速变频(Variable Speed Variable Frequency, VSVF)交流电源系统是最早应用在飞机上的交流电源系统。在变速变频交流电源系统中，交流发电机是由发动机通过减速器直接驱动的，因而输出的交流电频率随发动机转速的变化而变化。它主要用于装有涡轮螺旋桨发动机和涡轮轴发动机的飞机或直升机上，并称之为窄变频交流电源系统。新一代民航飞机A380和B787已使用360Hz~800Hz宽变频交流电源系统。

变速变频交流电源系统的最大优点是省去了恒频交流电源的恒速传动装置或电力电子变换器，显著简化了飞机主电源，使电源的效率提高到90%左右。由于飞机上的辅助动力装置、冲压空气涡轮发电机、变压器、变压整流器等辅助应急电源和二次电源仍可沿用恒频电源的，飞机配电元件如熔断器、开关、继电器、接触器、电连接器和飞机导线与恒频电源系统相同，从而大幅度降低了变频交流电源发展的风险和成本。所以，变速变频交流电源系统具有结构简单、能量转换效率高、功率密度高等优点。

（5）高压直流电源系统。高压直流电源系统输出额定电压为270V，可以和115V/200V、400Hz的恒频交流电源兼容。因为115V/200V三相交流电，经桥式整流后的直流电压是270V。270V直流电源系统由发电机和控制器构成。美国的F-14A战斗机、S-3A和P-3反潜机等局部采用了高压直流供电技术，而F-22战斗机上已采用了65kW的270V高压直流电源系统，F-35战斗机则采用了250kW、270V高压直流起动发电系统。因此270V直流电源系统也将是今后飞机电源的发展方向之一。

恒速恒频交流电源效率在68%左右，而高压直流电源的效率可达到85%以上。270V高压直流电源系统具有结构简单、工作可靠、效率高、重量轻、费用低、易实现不中断供电以及使用安全等优点，因此270V直流电源系统是今后飞机电源的发展方向之一。

0.3 飞机输配电系统的功用及组成

飞机输配电系统又简称为配电系统，其作用是将电源所产生或变换的电能传输并分配到飞机各个用电设备，该系统通常由以下设备或装置组成：

（1）导线和电缆以及连接装置（包括汇流条、接线板、配电板和连接器等），它们用于飞机电源和用电设备之间的连接，以及用电设备之间的相互连接，起传输电能的作用。

（2）电路控制装置（又称配电装置），它用来接通、断开或转换电路，包括开关、继电器、接触器和固态功率控制器等。

（3）电路保险装置，当电路发生短路或长时间过载时，它自动将短路（或较大过载）的部分立即从电路中切除，从而保证电源的正常供电和其他电气设备的正常工作。飞机电路保险装置包括各种熔断器、自动保险电门等。

（4）电路检测设备，包括各种指示、显示仪表及信号装置等。

（5）抗干扰装置，如各种滤波器、防波套及其他屏蔽装置等。

输电和配电系统所组成的网络通常称为电网。

按电网的电压分类，有低压和高压两种。

按电网的电流类型来分类，则有直流电网和交流电网两种。交流电网又有单相和三相之分。

按电网的线制分类，则有单线、双线、三线和四线等。低压直流电源系统采用单线制，直流发电机的负线接到机体上，减轻了电网的重量。现代大中型飞机上普遍采用的是三相交流供电系统，其连接方式主要有以下两种。

（1）以机体为中线的三相四线制。图0-3是以机体为中线的三相四线制交流电网示意图。以机体为中线，可以省去一根馈线，有利于减轻电网的重量。这种供电方式可以提供两种规格的电压，即相电压115V和线电压200V，同时机上人员也比较安全，因为馈线对飞机壳体的最大电压为相电压。连接在各相上的负载力求相等，以保持三相系统的对称。这种形式是现代飞机普遍采用的供电方式。

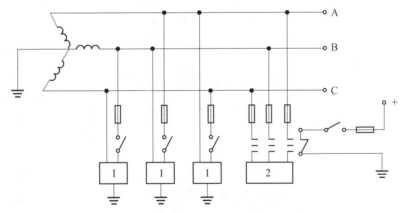

图0-3 以机体为中线的三相四线制交流电网示意图
1—单相用电设备；2—三相用电设备。

在大量采用复合材料作为飞机构件后，飞机机体的局部（或较大部分）将不再是金属结构，飞机机体将不能替代导线来起到输送电能的作用。

（2）中点不接地的三相三线制。图0-4是中点不接地的三相三线制供电示意图。这种连接方式负载只能得到一种电压，即线电压。正常情况下比较安全，但若发生一相对机体的短路故障，其他两相对机体的最大电压为线电压，故对机上人员不够安全。

从用电设备汇流条到用电设备之间的电网配电方式有四种：集中式配电、分散式配电、混合式配电和独立式配电。

（1）集中式配电方式的原理电路如图0-5所示。采用集中式输配电电网时，所有电源产生的电能都输送到中央配电装置，然后再由该配电装置将电能分配到各用电设备。

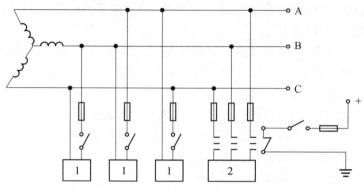

图 0-4 中点不接地的三相三线制
1—单相用电设备；2—三相用电设备。

其主要优点是当一台发电机损坏时，用电设备仍能由其他发电机继续供电，操作维护方便。因此，这种配电方式在直流配电系统中仍有广泛应用。而缺点是配电系统质量大，中心配电装置笨重，一旦受到损坏，所有用电设备均断电。集中式配电方式比较适合于轻型飞机，这种飞机用电设备和用电量都比较小，电网质量大小不是矛盾。飞机上的二次电源往往都采用集中式配电方式，以提供质量较高的电能和减小二次电源总重量。

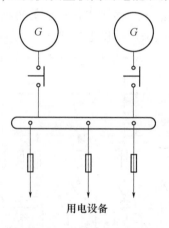

图 0-5 集中式配电原理图

（2）分散式配电方式的原理电路如图 0-6 所示。采用分散式输配电电网时，各电源产生的电能分别输送到各自的配电装置，然后由各配电装置给其靠近的用电设备供电。系统中各发电机不并联运行，即每个电源各自的电源汇流条和用电设备汇流条互不并联，但能转换。分散式配电方式适用于电路分支多、用电设备连接导线截面较大的场合，尤其在两台发动机的飞机上得到广泛使用，如当前两台发动机的民用飞机，几乎都采用这类配电方式。

（3）混合式配电方式的原理电路如图 0-7 所示。采用混合式输配电电网时，在这种系统中，由电源产生的电能都输送给中心配电装置，一般系统的电源汇流条均设置于此装置中。除中心配电装置处，系统还设分配电装置，它们安装在飞机的不同部位。各用电设备可分别就近由上述两种配电装置获取电能；而一些大功率用电设备，一般由中心配电装置供电。这种配电系统可大大减小导线用量，简化中心配电装置，减轻其重量。但

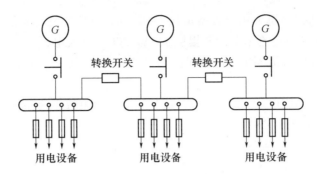

图 0-6　分散式配电原理图

只要中心配电装置遭到破坏,全部用电设备的供电立即中断,与集中式配电一样。这种配电方式目前广泛用于中型飞机。

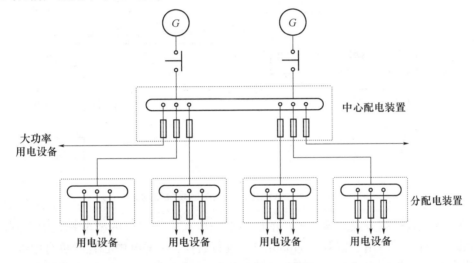

图 0-7　混合式配电原理图

（4）独立式配电方式是指供电系统中各个电源各自设置配电装置与相应用电设备相连接,往往由多个集中配电子系统或混合配电子系统组成。正常情况下,各配电子系统互不相通,而当系统中某个配电子系统故障时,其用电设备的供电电路将切换,由其他子系统提供电能。独立式配电方式是集中式和混合式两种方式的组合,是因系统中电源间电气参数如电压、频率等不相等,不能并联而采取的方式。

按电网的控制方式,飞机电网又可分为常规式、遥控式和固态式 3 种。

（1）常规控制方式。该方式是目前绝大多数飞机配电系统采用的控制方式。控制装置采用了诸如继电器、接触器、断路器、限流器等机电式配电设备。为了使空勤人员能直接操纵和控制这些配电设备,配电中心就安装在驾驶舱内。由于发电机馈电线必须从发电机端敷设到驾驶舱,然后再从驾驶舱返回到机身中部的负载中心,因而主馈电线又长又重。

常规配电控制系统的布局如图 0-8 所示。系统主电源将交流系统中发电机的输出功率加到一个或多个主交流电源汇流条上,再按下述方式分配电力：

① 通过用电设备汇流条直接向不重要的交流用电设备提供 115V/200V 交流电；

② 把电输送到交流重要用电设备汇流条和(或)应急交流电源汇流条,由它们向保证安全飞行必不可少的交流用电设备提供 115V/200V 交流电;

③ 把电加到变压整流器上,再通过主直流电源汇流条向不重要的直流用电设备提供 28V 直流电;

④ 通过直流重要用电设备汇流条和(或)应急直流电源汇流条向保证安全飞行必不可少的直流用电设备提供 28V 直流电。

通过转换措施,可使应急电源向应急电源汇流条和(或)重要用电设备汇流条供电,以及使外电源向机上用电设备供电。

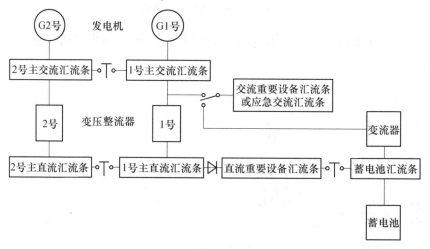

图 0-8　常规控制方式配电系统布局

(2) 遥控式控制方式。该方式目前已经在一些大中型飞机的配电系统中得到应用。遥控配电控制是对不用于座舱的那部分电力进行遥控,其配电中心置于机身中部。由于主馈电线只需敷设到飞机中部,可大大减轻电网质量。图 0-9 比较了常规配电控制与遥控配电控制配电系统电网电缆线路的布局。

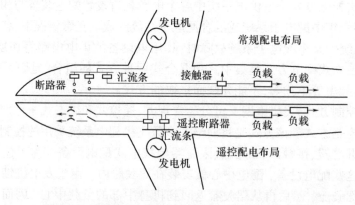

图 0-9　常规配电布局和遥控配电布局的结构示意图

遥控配电控制的关键配电设备是遥控断路器。在 20 世纪 80 年代前,都采用老式遥控断路器,由空勤人员操作,遥控断路器线路要接于驾驶舱中的指示/控制装置,所以还需将控制信号线路引入座舱。虽然导线总质量有所减轻,但导线总长度反而比常规配电控制有所增加。

(3) 固态式控制方式。20 世纪 80 年代后,研制出了新式遥控断路器。采用微处理机来实现控制和监测功能,并与计算机化的总线管理综合,实现了采用多路传输和微处理机技术的遥控配电控制,其布局如图 0-10 所示。

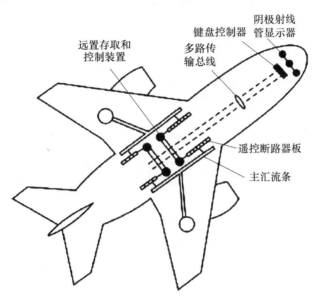

图 0-10 采用多路传输技术和微处理机的遥控配电布局

由于采用了多路传输技术,电线长度和质量将进一步减少;由于采用微处理机来完成所要求的控制和监控功能,提高了配电系统的效率和可靠性;由于用键盘控制器和显示器取代了众多的指示/控制装置,也缓和了驾驶舱控制板上设备的拥挤程度。

在电气多路传输系统中,由电气负载管理中心的固态功率控制器来控制负载的接通和断开。数据处理机将按程序和飞行、供电状态来确定接通或断开相应的负载以及在故障情况下重新配置供电系统。为了提高向重要飞行负载供电的可靠性,可给电气负载管理中心配备备份电源(如蓄电池),或者由两个电气负载管理中心向同一个重要飞行负载供电。

此配电控制,其负载的接通与断开是直接由固态功率控制器来实现的,故称其为固态式配电控制方式。目前,此控制方式正在发展中。

0.4 飞机用电设备

飞机用电设备是指飞机上利用电能进行工作的设备。在用电设备中电能被转换为机械能、热能、光能、声能或化学能,以达到某种特定的目的。

按照重要性划分,飞机用电设备可以分为重要负载、主要负载和次要负载三类。

(1) 重要负载(又称应急负载)是确保飞机安全返航或就近降落(包括维持可操纵飞

行)所必需的最低限度的用电设备,如地平仪、火警探测器和灭火设备等。重要负载一旦断电,将威胁飞机和机上人员的安全。为此,必须将其配置在重要的负载汇流条上。正常供电期间由主电源供电,当主电源失效转入应急供电时,应能自动地或人工地转为由应急电源供电。

(2) 主要负载是保证飞机安全飞行和完成特定任务所需要的用电设备,是机上电能的主要使用者。但在飞机应急供电时,为确保重要负载得到供电,将视故障严重程度,切除部分以至全部主要负载。

(3) 次要负载是与飞行安全无关的负载,为完成某项任务或满足某项要求而设置的用电设备,如民航客机厨房中的某些用电设备。次要负载不工作时,并不危及飞行安全,故当主电源发生局部故障而提供的功率有限时,为确保对重要负载和主要负载的供电,根据故障的严重程度,将首先切除部分以及全部次要负载。

模块1 电气维护的基本知识

本模块主要介绍做好航空电气设备维护工作所必备的基本知识。作为一个航空电气设备维护人员必须具备一定的维护基本知识,才能做好航空工程机务工作。在学习中,要求我们不仅要注重理解,同时还要加强记忆,尤其要掌握基本方法。在今后的学习和工作中,要学会运用这些基本知识和方法研究具体设备的维护,指导航空维修工作,以便在实践中提高维护操作技能,进一步做好自己的本职工作。

项目1 常用的工具和量具及其使用

 学习指南

【教学目标】

  知识目标:(1)知道常用工具的名称和使用方法。
  　　　　　(2)知道常用量具的名称和使用方法。
  能力目标:(1)见到常用的工具和量具,能叫出名称。
  　　　　　(2)能正确使用常用的工具和量具。
  情感目标:(1)培养分析问题和解决问题的能力。
  　　　　　(2)树立认真负责的工作态度,懂得"机务工作无小事"的道理。
  　　　　　(3)培养团队协作精神。

【教学重点】

(1)常用工具的使用方法和注意事项。
(2)常用量具的使用方法和注意事项。

【教学难点】

(1)如何引导学生通过以前所学知识来分析问题和解决问题,最终归纳总结,达到掌握知识、提高能力的目的。
(2)在学生实际操作中,如何做到有效引导,既充分调动学生的积极性,又要避免一些安全事故的发生。
(3)如何培养学生团结协作的精神,让学生懂得集体利益永远大于个人利益。

 **课前任务**

请同学们根据日常生活经验或者通过查阅资料完成下列任务。

课前任务1　图1-1中左列为常用工具的图片,右列为常用工具的名称。请用直线将常用工具的图片与对应的名称连接起来,并将你使用过的工具及使用感受写在下面横线上。

_____

_____

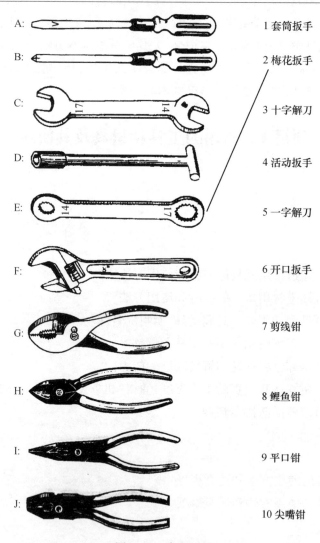

图1-1　常用工具

课前任务2　图1-2所示为常用量具的图片,请将你认识的常用量具的名称写在对应的横线上,并将你使用过的量具及使用感受写在下面横线上。

_____

_____

_____

模块1 电气维护的基本知识

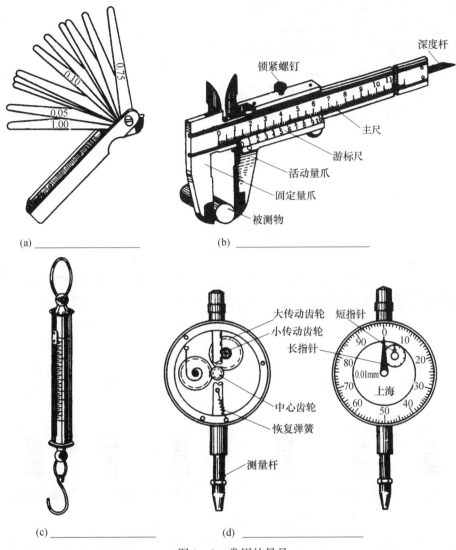

(a) _____　　(b) _____

(c) _____　　(d) _____

图 1-2　常用的量具

如果同学们找不到答案也没关系,通过学习本节内容,所有问题都可以解决。

 情境创设

航空电气设备维护工作的进行,如机件的拆装、分解、清洗、检查、校验、调整和排除故障缺陷等,常常要借助工具和量具。因此,正确地使用各种工具和量具是电气设备维护工作的一项基本技能。

工作项目:常用的工具和量具及其使用

【任务内容】

任务1　使用常用工具拆装一字螺钉。

19

任务2 使用常用工具拆装六角螺帽。
任务3 使用常用工具拆装固定销。
任务4 使用常用工具拆装连接螺钉和连接螺帽。
任务5 使用常用工具拆装锁紧丝。
任务6 使用常用工具拆装电缆插销。
任务7 使用常用工具拆装开口销。

【任务准备】

准备好一字解刀、十字解刀、剪线钳、鲤鱼钳。

【任务执行】

任务1 使用常用工具拆装一字螺钉

使用常用工具拆装一字螺钉的方法如下：

（1）拆装前，要根据螺钉顶槽的大小，选择合适的一字解刀，解刀刀口的宽度约等于螺钉顶槽的长度，刀口的厚度略小于顶槽的宽度，如图1-3所示。刀口太薄，容易损伤解刀；刀口太厚，容易损伤螺钉顶槽；刀口太窄，可能拧不动螺钉，并且容易损坏解刀；刀口太宽，容易损伤机件表面。

图1-3 选择一字解刀的要求

（2）拆装时，先将解刀刀口对正螺钉顶槽，扶住解刀，再垂直压紧，如图1-4所示。按逆时针方向转动，将螺钉拧松。开始拧时，压的力量应比拧的力量大一些，否则解刀容易划出，损伤机件表面。螺钉拧松后，就可用手拧出。取出螺钉时，精力要集中，动作要细、要稳，必要时可用布放在螺钉的下面，以防螺钉、垫圈或弹簧垫圈掉在飞机上。

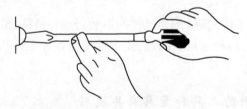

图1-4 用解刀拧一字螺钉

（3）安装时，先把弹簧垫圈套在螺钉上，再将螺钉对正螺孔，然后用手按顺时针方向拧进。当用手拧不动时，再用解刀来拧紧。开始拧螺钉时，如果感到有较大阻滞，说明螺纹没有对正，应退出重装，不可强拧，以免将螺纹拧坏。

如果在拆装螺钉时遇到下列问题,可采用以下方法:

(1) 螺钉生锈。螺钉生锈后,常常会拧不动。这时可在螺纹的结合处滴上几滴汽油,待汽油把锈浸透后再拧。

(2) 螺钉顶槽损坏。螺钉顶槽损坏后,解刀容易滑出顶槽,甚至拧不出螺钉。这时,可换一把刀口较厚的解刀,用力压紧再拧。

(3) 螺钉螺纹磨损。螺钉螺纹磨损后,用解刀拧动时,往往只能转动不能拧出,这种现象称为"滑丝"。这时,可用镊子或薄刃小刀把螺钉撬起一些,然后边撬边拧,即可取出。

任务 2　使用常用工具拆装六角螺帽

使用常用工具拆装六角螺帽的方法如下:

(1) 拆装前,应根据螺帽的大小选择合适的扳手。例如,拆卸 17 号螺帽,就要选择 17 号扳手。如果用了口宽较大的扳手,螺帽的棱角就可能被磨坏。

(2) 使用开口扳手拆卸时,要使扳手口全部套住螺帽,并保持平正,如图 1-5 所示。再按逆时针方向转动扳手,拧下螺帽。使用套筒扳手时,必须将扳手垂直套住螺帽,用手扶稳后再拧。

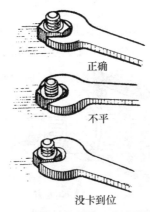

图 1-5　用开口扳手套六角螺帽的要求

(3) 安装时,先用手将螺帽拧在螺栓上,然后用扳手将它拧紧。拧紧时,用力不能过大,以免将螺栓拧断。用力的大小,应根据螺栓的材料和粗细来确定。铜的、细的螺帽用力应该小一些;钢的、粗的螺帽用力应该大一些。

(4) 拆装六角螺栓上的螺帽时,为避免螺栓随螺帽一起转动,可先用一把扳手将螺栓固定住,然后再拧。

任务 3　使用常用工具拆装固定销

在拆固定销时,为了减少固定销上承受的压力,可先把机件托住,再用手把它拔出。带止退片的固定销,应先把止退片扳直再拔;带止退螺旋弹簧的固定销,拔出后,还要将固定销逆时针旋转一个角度,使止退弹簧处于压缩状态。

在装固定销时,先托住机件,使各个销孔对正,然后将固定销插入。有止退片的固定销,要将止退片扳转 90°;带止退螺旋弹簧的固定销,只要将固定销按顺时针方向转动到使止退弹簧伸张时,固定销就能弹入销孔内。

任务 4　使用常用工具拆装连接螺钉和连接螺帽

拆装连接螺钉和连接螺帽的方法同拆装螺钉、螺帽的方法是一样的,但要注意以下几点:

（1）拧松或拧紧连接螺帽时，先要用手扶住导线接头的根部，否则，导线接头会随连接螺帽一起转动，将导线扭断。

（2）连接涂锡的导线接头时，要将导线接头全部插入接线孔内，否则，连接就不牢靠；同时，导线线芯外漏，也容易造成短路。

（3）一根接线柱上连接几个导线接头时，应把它们叉开放置。若重叠起来，不仅连接螺帽不易拧紧，而且还可压断导线接头。接线柱上带有中间连接螺帽的，在装导线接头之前，一定要检查中间连接螺帽是否拧紧。如果不紧，要将它拧紧，否则也会造成连接不牢。

任务5 使用常用工具拆装锁紧丝

各种机件上锁紧丝的拆装方法大体上是相同的，现以插销上的锁紧丝为例，来说明其拆装方法。

1. 拆锁紧丝的方法

首先，用剪线钳剪断穿过锁紧孔的一股锁紧丝，然后从锁紧孔中抽出锁紧丝。切忌：不剪断锁紧丝，就用尖嘴钳或平口钳夹住锁紧丝硬拽的做法，以防止拉豁连接螺帽上的锁紧孔。拆下的锁紧丝不准乱丢，必须一根不漏地收集起来，以免掉在飞机上，造成事故。

2. 装锁紧丝的方法

（1）选择锁紧孔。根据连接螺帽能被拉紧，又便于装锁紧丝的要求，找出两个靠近的锁紧孔。一个应在连接螺帽上，另一个应在固定点（即固定螺钉）上，如图1-6所示。

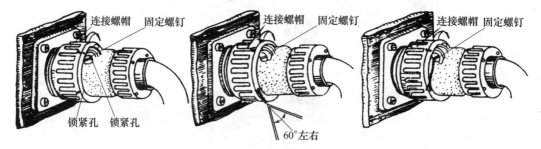

图1-6 装锁紧丝的方法

（2）截取锁紧丝。根据两个锁紧孔的大小及相互间的距离，截取一段粗细和长短都适合的锁紧丝。锁紧丝不要截得过长，以免造成浪费。

（3）编锁紧丝。先将锁紧丝穿过连接螺帽的锁紧孔，拉成长度相等的两段，均匀地编成"麻花"形状。编第一、二节"麻花"时，两股锁紧丝的夹角要大些（约120°），以便锁紧，而后以60°左右的夹角，一直编到固定螺钉处为止。

（4）固定锁紧丝。把一股锁紧丝穿过固定螺钉的锁紧孔，拉紧之后再编3个~5个"麻花"。然后，把多余的部分剪去，将结尾的一段压贴在固定螺钉上，以免日后工作时把手划伤。

装好的锁紧丝应该是方向正确、松紧适当、"麻花"均匀。

多个螺钉（螺帽）需要装锁紧丝时，也可用锁紧丝顺着每个螺钉（螺帽）拉紧的方向连成一圈来防松，如图1-7所示。

任务6 使用常用工具拆装电缆插销

使用常用工具拆装电缆插销的方法如下：

（1）拆卸时，先剪去锁紧丝，然后一边逆时针拧松连接螺帽，一边垂直拔插头，就可以

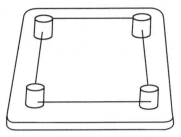

图 1-7 多个螺钉装锁紧丝的方法

将插头与插座分开。拔插头时,切忌摇动插头,以免插孔扩大,插钉变形。也不要拧动防退螺帽,以免把插头分解开。如果用手拧不动连接螺帽,可用布或胶皮包住连接螺帽,用鲤鱼钳夹住拧松,但夹得力量不能过大,以防连接螺帽变形或损坏。

(2) 安装时,首先将插头上的定位槽对准插座上的定位销,将插头平直地插到插头上,然后边插入插头,边拧紧连接螺帽,将插头装好,最后装锁紧丝。

(3) 在拆装插销时,不得手握插头根部,以免电缆内的导线因受力过大而折断。

任务7 使用常用工具拆装开口销

使用常用工具拆装开口销的方法如图 1-8 所示。

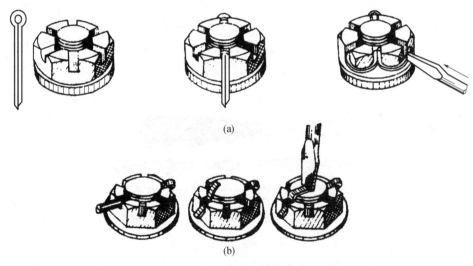

图 1-8 装开口销的方法

(1) 拆开口销时,先用钳子将开口销的尾部扳直,然后把它从螺栓中拉出。

(2) 装开口销时,先使螺帽的槽口对准螺栓上的孔,再根据螺栓孔和螺帽的大小选择一根粗细和长短合适的开口销(长了可以剪去一截),然后将它穿在螺栓和螺帽上,把尾部分开用解刀压入螺帽的槽口内(图 1-8(a))或压在螺栓和螺帽上(图 1-8(b))。

(3) 拆装防松装置时应注意:开口销、锁紧丝、止退片只允许使用一次,不准再次使用。

【结果评价】

以小组为单位进行评分,满分100分,课前任务10分,任务1 10分,任务2 10分,任务3 10分,任务4 10分,任务5 10分,任务6 20分,任务7 20分。

课前任务	任务1	任务2	任务3	任务4	任务5	任务6	任务7

 知识导航

1. 常用的工具

1) 解刀

解刀也称为螺丝刀、螺钉旋具、改锥或起子,用来拆卸或紧固螺钉。它的种类很多,按照头部形状的不同,可分为一字和十字两种;按照手柄材料和结构的不同,可分为木柄、塑料柄、夹柄和金属柄四种;按照操作形式可分为手动、电动和气动等形式。

常用的解刀有一字解刀和十字解刀,如课前任务1图1-1中的A和B所示,分别用来拧一字螺钉和十字螺钉。除了常用的解刀之外,还有偏置解刀、气动解刀和棘轮解刀等。

一字解刀(图1-9)又称普通型解刀,主要用来旋转一字槽形的螺钉、木螺丝和自攻螺丝等,有多种规格。通常说的大、小解刀是用手柄以外的刀体长度来表示的,常用的有100mm、150mm、200mm、300mm和400mm等几种。要根据螺丝的大小选择不同规格的解刀。若用型号较小的解刀来旋拧大号的螺丝很容易损坏解刀。使用时应注意,选用一字解刀时,应保证解刀口的刃宽不少于螺钉头上槽口长度的75%。刃口应锋利,与槽口两侧平行,且能插到槽的底部,否则将会损坏螺钉槽口,以至损坏螺钉。在扳动解刀时,要适当用力顶住手柄慢慢拧动,等螺丝松动以后,才可较快地转动手柄,否则也会破坏螺钉槽口及螺钉。

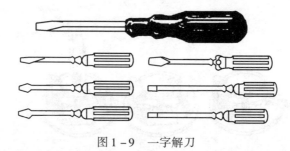

图1-9 一字解刀

十字解刀(图1-10)主要用来旋转十字槽形的螺钉、木螺丝和自攻螺丝等。使用十字解刀时,应注意使旋杆端部与螺钉槽相吻合,否则容易损坏螺钉的十字槽。一种十字螺钉钉头的十字槽为双锥形,且两侧不平行。对应的十字解刀,它的刃较短,可插入较平的孔底。一种十字螺钉钉头的十字槽两侧较直,十字突出,槽宽比同规格的十字螺钉窄,呈单锥状。十字解刀的刃较长且较尖,称作尖十字解刀。十字解刀的规格与一字解刀相同。

另外,还有一种多用途的组合工具,手柄和头部是可以随意拆卸的。它采用塑料手柄,一般都带有试电笔的功能。

解刀的具体使用方法如图1-11所示。当所旋螺钉不需要太大力量时,握法如图1-11(a)所示;若旋转螺钉需要较大力气时,握法如图1-11(b)所示。上紧螺钉时,右手紧握螺丝刀手柄,用力顶住,使刀紧压在螺钉上,以顺时针的方向旋转为上紧,逆时针为下卸。

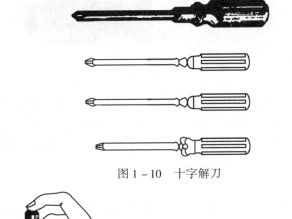

图 1-10　十字解刀

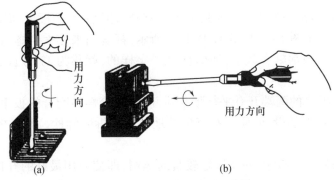

图 1-11　解刀的具体用法

图 1-12　偏置解刀
（a）十字偏置解刀；（b）一字偏置解刀。

　　偏置解刀如图 1-12 所示,用于在垂直空间受到限制时使用。其两端头与杆身成 90°,两刀口互相垂直。交替使用两头,大多数螺钉都能完成拆装。

　　气动解刀用气源作为动力,如图 1-13 所示。这种解刀端头有固定螺丝钉的夹具,不论是拆、装螺丝钉都不会脱落。有些解刀上还设有力矩预置装置,可防止安装时力矩过大。

图 1-13　气动解刀

　　棘轮式解刀是一种手动快速解刀,如图 1-14 所示。它可更换解刀头,使用时可通过手柄处的棘轮装置使解刀头连续旋转。通过手柄的转换开关可以选择旋转方向,以拆装螺钉。

图 1-14　棘轮式解刀

解刀的使用规范：解刀不能当撬棍和凿子使用，应随时注意保持刀头的形状和刃口。当在小零件上用解刀时，应将零件固定在工作台上，不要拿在手上，以免解刀滑开，造成人身伤害。使用棘轮式解刀时，应注意它们不是重负荷工具，最终紧固应该用标准固定式解刀拧紧。

2）扳手

扳手是维修中最常用的工具。常用的扳手有开口扳手、套筒扳手、梅花扳手和活动扳手，分别如课前任务 1 图 1-1 中的 C、D、E、F 所示，都是用来拧六角螺帽的。扳手（活动扳手除外）的头部一般都刻有数字，如刻有"17"字样的，就称为 17 号扳手，用来拧 17 号螺帽。

开口扳手，在扳手的两端开有平行张开的，用于螺栓螺帽配合的扳手口，开口通常与手柄形成 15°角。这样的设计，便于在有限的地方旋转拆装螺栓。开口扳手也有 30°角、60°角的开口。

梅花扳手，俗称圆框扳手，对于固定较紧的螺帽，即使使用最好的开口扳手也可能会出现滑动，损坏螺帽的六角，给拆装造成麻烦。而梅花扳手在其圆框内的内圈有 6 个或 12 个角，旋转时增加了与螺帽 6 个角的接触点，便于力的分布。12 个内角设计，使扳手可在 15°的摆动范围内使用。

梅花扳手对拧松或上紧螺帽是理想的，但螺帽一旦拧松，很多时间都要花在使环圈从螺帽上取下—换向—套上的工作上。此时，用开口扳手比用梅花扳手有更大的优越性。

套筒扳手由套在螺帽或螺栓头上的套筒和连到套筒上的手柄两部分组成。套筒一端内有六角或十二角卡口与螺帽配合，另一端为正方形的开口供安装手柄。多尺寸的套筒装于一个小工具盒内，便于携带，再配上各种类型的棘轮手柄及加力杆、万向铰接头等，便组成了最便捷的工具。

3）钳子

常用的钳子有鲤鱼钳、剪线钳、平口钳和尖嘴钳，分别如课前任务 1 图 1-1 中的 G、H、I、J 所示。

鲤鱼钳也称鱼口钳，是维修常用夹持工具。钳长有 150mm～200mm 不同尺寸，在其铰接点部位有一个双孔槽，通过滑动支点在双孔中的位置，可以改变其夹持物件的范围，同时可以利用其根部剪断铁丝。但维修中，切勿用它夹持拆装螺栓，尤其不能用于铝、铜螺帽的拆装，否则会破坏螺帽的外形，导致正常扳手不能使用。

剪线钳是短钳口的剪切工具，在钳口有一个小角度形成刀刃，用于剪切金属丝、铆钉、开口销和小螺钉。它在拆卸、安装保险丝时不可少。

平口钳的钳口较厚，钳前端平直。平直的钳口有相当的深度可用于凸缘弯边，且咬合齐整，可制作较好的弯曲造型。钳子根部有剪切刃，可用于剪切铁丝等物。

尖嘴钳用于夹持小物体，可在狭小空间进行操作。尖嘴钳有不同长度的半圆形钳口。

它有直尖嘴、斜尖嘴钳两种。

平口钳和尖嘴钳可用来夹持物件,也可用来剪断、弯曲金属丝;鲤鱼钳可用来夹持物件和弯曲金属丝,也可用来拧紧、拧松插销的连接螺帽;剪线钳可用来剪断金属丝。

4)锤子

锤子是用于将金属薄板敲打出一定形状,或者把部件打入机件或物体的一种工具。它由锤头和锤把两部分组成,如图 1-15 所示。

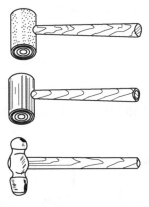

图 1-15　锤子

由于制作锤头的材料不同,锤子有许多种。常用的有铁锤、铜锤、木锤、牛皮锤、橡皮锤等。在机件拆装中,常用的铁锤或铜锤从安装座(孔)中打出或打入螺杆或其他附件。为避免增大机件外表的粗糙度和敲坏机件,有时要用木锤、牛皮锤或橡皮锤。

在使用锤子时,应该根据工作任务选择相应材料的锤头。使用前,要检查手柄是否固定牢靠;敲击时,应以前手臂作为手柄的延长,用弯肘挥动锤头。在一些捶击力要求不大、空间狭小处,可以用手腕的活动来完成,称为腕击。应使锤头的端面始终垂直于所敲击的工件,并应注意保持锤头表面光滑、无污垢,以免损伤工件。

5)钢锯

(1)钢锯的构造。钢锯是锯断金属材料或在工件上切槽的工具,由锯弓和锯条两部分构成。锯弓是用来夹持和拉紧锯条的工具,有固定式和可调式两种。可调式锯弓如图 1-16 所示。

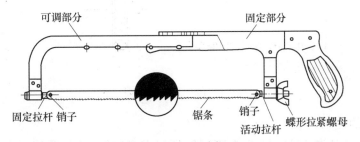

图 1-16　可调式锯弓

锯条由碳素工具钢制成。常用的锯条约长 300mm,宽 12mm,厚 0.8mm。锯齿的形状如图 1-17 所示。

锯齿按齿距 t 的大小可分为粗齿($t=1.6$mm)、中齿($t=1.2$mm)、细齿($t=0.6$mm)三

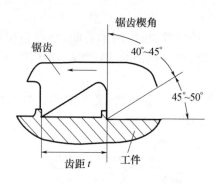

图 1-17 锯齿的形状

种。粗齿锯条适用于锯铜、铝等软金属及厚的工件。细齿锯条适用于锯硬钢、板材及薄壁管子等。加工普通钢、铸铁及中等硬度的工件多用中齿锯条。图 1-18 所示为锯齿粗细对锯削的影响。

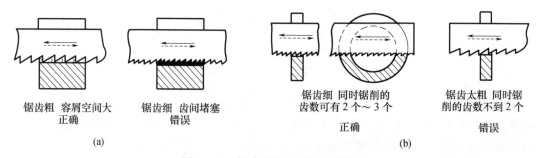

图 1-18 锯齿粗细对锯削的影响
(a) 厚工件要用粗齿；(b) 薄工件要用细齿。

锯齿的排列多为波形(图 1-19)，以减少锯口两侧与锯条间的摩擦。

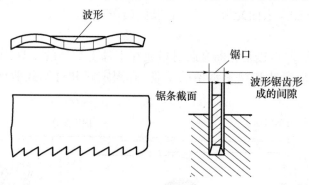

图 1-19 锯齿的排列

(2) 钢锯的使用。

① 钢锯是在向前推时才起切削作用的，所以在安装锯条时，要使锯齿尖端方向朝着前推的方向。锯条的松紧由蝶形螺母来调节，不可过紧或过松。太紧容易折断锯条，太松容易使锯条扭曲，锯缝容易斜歪。其松紧一般以用两个手指拧紧蝶形螺母为宜。

② 工件应尽可能夹在虎钳左边，以免操作时碰伤左手。工件伸出要短，否则锯削时

要颤动。

③ 起锯时,以左手拇指靠住锯条,右手稳推手柄,起锯角度稍小于15°,如图1-20(a)所示。锯弓往复行程应短,压力要轻,锯条要与工件表面垂直。图1-20(b)为起锯时锯条放置角度。锯成锯口后,逐渐将锯弓改为水平方向。

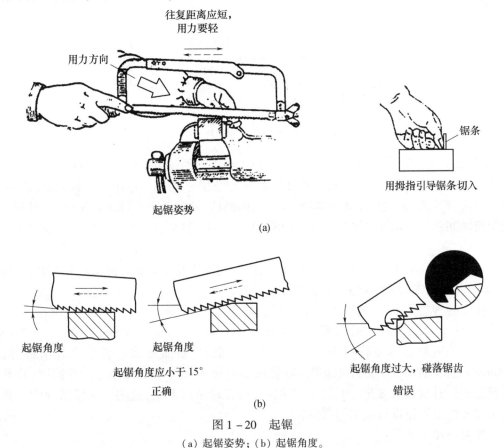

图1-20 起锯
(a)起锯姿势;(b)起锯角度。

④ 锯削时的锯弓握法如图1-21所示。锯弓应直线往复,不可摆动;前推时加压,用力均匀,返回时从工件上轻轻滑过。锯削速度不宜过快,通常每分钟反复30次~60次。锯削时,用锯条全长工作,以免锯条中间部分迅速磨钝。锯钢料时,应加机油润滑。快锯断时,用力应轻,以免碰伤手臂。

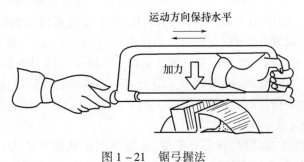

图1-21 锯弓握法

6）锉刀

锉刀是锉削加工的工具，用它可将工件表面锉掉一层金属，使工件达到所要求的尺寸、形状和表面粗糙度。

锉刀由碳素工具钢制成，并经热处理，硬度较高，锉刀由如图1-22所示的几个部分组成。

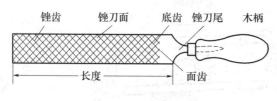

图1-22　锉刀

锉刀的齿纹有单齿纹和双齿纹两种。单齿纹锉刀的锉齿是按同一方向排列的。它的锉削宽度等于锉齿的全长，因此锉削时要费很大的力气，所以一般用来锉软金属，如锡、铝等。双齿纹锉刀，齿纹是交叉排列的，锉齿是间断的，这种锉刀在锉削时能使锉削折断，可减少齿纹间锉屑的堵塞，所以锉削时比单齿纹的省力，但是锉出的加工面粗糙度比单齿纹的高。

锉齿的粗细取决于齿纹的间隔和角度，齿纹间隔用每10mm的齿纹数来表示，锉齿越细，每10mm所含的齿纹越多，齿纹的角度越大。

锉刀的种类很多，普通锉刀按断面形状分有板锉（平锉）、方锉、圆锉、三角锉、半圆锉之分，如图1-23所示。按长度分有100mm、150mm、200mm、250mm、300mm和350mm等。锉刀的完整名称是将锉刀的长度、锉齿的粗细、断面形状三者结合起来称呼，如300mm粗板锉、100mm细三角锉等。除普通锉刀外，还有一种尺寸较小的什锦锉（也称整形锉），一组什锦锉有6把、10把或12把的，有多种断面形状，适用于锉修精细的工件或用于普通锉刀不能进行加工的部位。

锉刀的使用如下：

(1) 首先，要根据工件加工余量的大小，加工等级和工件材料的性质来选用锉齿粗细适宜的锉刀。通常，粗锉刀用于锉软金属，加工余量大、精度等级低和表面粗糙度要求高的工件，或用于精细锉削前的粗加工；细锉刀用于加工余量小、精度等级高和表面粗糙度要求低的工件。所用锉刀的形状，则应根据工件加工部位的形状来选择。

(2) 锉刀的握法根据锉刀的大小、使用地方的不同有好几种，如图1-24所示。

图1-24(a)和(b)所示为较大锉刀的握法，右手心抵着锉刀柄的端面，大拇指放在锉刀柄上面，其余四指放在下面；左手的掌部压在锉刀前端上面，拇指自然伸直，其余四指弯向手心，用食指、中指握住锉刀前端。图1-24(c)是中型锉刀的握法，右手握法同上，左手只需用大拇指和食指捏着锉刀前端。图1-24(d)是较小锉刀的握法，为了避免锉刀弯曲，用左手的几个手指，压在锉刀的中部。图1-24(e)是什锦锉的握法，一般只用一只手拿锉刀，食指放在上面。

(3) 锉削动作要掌握规律，锉刀要平衡，才能锉出正确的平面，为了掌握锉刀的平衡就必须正确地掌握锉削力。在推锉时，两手对锉刀进行用力，应随锉刀的前进过程进行适当调整，如图1-25所示。

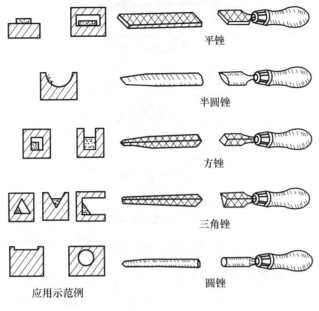

图 1-23 锉刀的种类

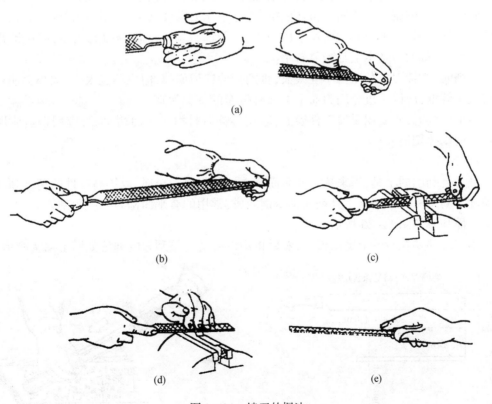

图 1-24 锉刀的握法

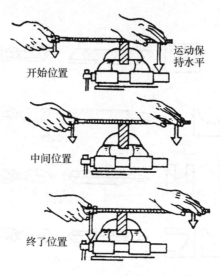

图 1-25 锉削时施力的变化

如果每一只手对锉刀的压力恒定不变,那么在锉削行程开始时,锉刀后端就会向下塌,而在锉削行程终了时,锉刀前端会向下塌,这样就会使工件表面锉成两端低、中间凸的形状。为了保持锉刀平衡,在推锉过程中两手的力应不断变化。开始推锉时,左手压力要大,右手压力要小,随着锉刀的推进,逐渐地加大右手的压力、减小左手的压力。当锉刀推到中间时,两手的压力应相同。再往前推时,左手压力继续减小,右手压力继续加大,一直推到行程终了时,右手压力大而左手压力小。回程时,就不应使锉刀有压力,以免锉齿磨损,锉刀向前推的力基本上都是靠右手。

锉削时,对锉刀的总压力不能太大,否则会使锉齿崩掉,但也不能太小,太小会使锉刀打滑或工效低,应以不过分用力而手上又有阻滞的感觉为宜。

(4) 锉削时,不要用手摸工件表面,以免再锉时打滑。锉面堵塞后,应用钢丝刷顺着锉纹方向刷掉切屑。

7) 刮刀

刮刀是刮削的工具,用来从工件表面刮去一层很薄的金属,以提高工件的精度和降低粗糙度。刮刀一般由碳素工具钢或轴承钢制成,常用的有平面刮刀和三角刮刀。

平面刮刀如图 1-26 所示。

刮刀端部要在砂轮上磨出刃口,然后再用油石磨光。刮刀的握法如图 1-27 所示。

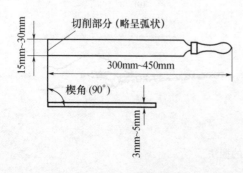

图 1-26 平面刮刀

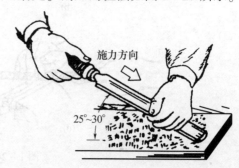

图 1-27 刮刀的握法

刮削时,用力要均匀,刮刀要拿稳,以免刮刀刃口两端的棱角将工件划伤。
三角刮刀用来做曲面刮削,其用法如图1-28所示。

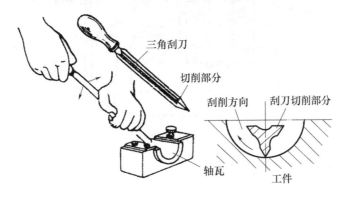

图1-28　用三角刮刀刮削轴瓦

刮削一般分粗刮和细刮两步。对于要精加工的工件在粗刮、细刮之后还要做精刮和刮花,以形成花纹,改善润滑,增加美感。

8)虎钳

虎钳(图1-29)是夹持工件的主要工具,其大小用钳口的宽度表示,常用的为100mm~150mm。

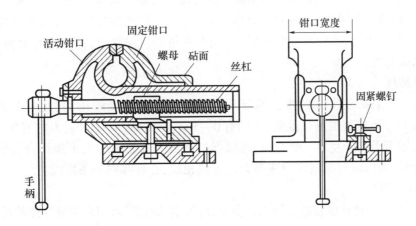

图1-29　虎钳

使用虎钳时,应注意下列事项:

(1)工件应夹在虎钳钳口中部,以便钳口受力均匀。

(2)当转动手柄来夹紧工件时,手柄上不准套管子或用锤敲击,以免虎钳丝杠或螺母上的螺纹损坏。

(3)锤击工件只可在砧面上进行。

9)弓形夹

弓形夹是一种用来支撑一个工件或把两个工件夹在一起的工具。夹子有两块压板,其中至少有一块是可以移动的,如图1-30所示。

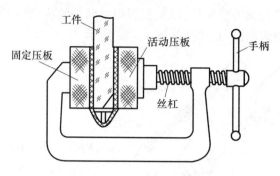

图 1-30 弓形夹

2. 常用的量具

1）钢尺

钢尺是简单的长度量具，用薄工具钢板或不锈钢板制成，常用的是 150mm 长的钢尺，尺面上刻有公制单位的刻度，如 cm、mm 等，最小的单位为 0.5mm。

使用钢尺测量长度时，应将钢尺与被测物体的平面相平行，这样才能测量准确。

2）塞尺

塞尺又称千分垫，由薄厚不一的一些钢片组成，每片上都有厚度标记，常用的塞尺各片的厚度分别为 0.05mm、0.1mm、0.15mm、…直至 1mm，每片厚度差值为 0.05mm（图 1-2(a)）。塞尺主要用来测量间隙。使用时，根据技术数据的要求，选择一片或者几片叠在一起插入被检查的间隙中，若感到略有摩擦时，这几片相加的厚度即为被测间隙的大小。塞尺的钢片有的很薄，使用时应防止碰弯、变形或折断。保管时，应在每片上薄薄地涂上一层油，以防锈蚀。

3）弹簧秤

弹簧秤可用来测量碳刷弹簧的压力、接触器触头的接触压力，也可以用于称重（图 1-2(c)）。弹簧秤的测量范围，小的有 0~50g、0~100g、0~200g，大的有 0~1kg 和零至几千克、零至十几千克等。测量时，可根据被测压力或弹力的大小选择合适的弹簧秤；提拉弹簧秤的方向应与被测压力或弹力的方向相反，并且在同一条直线上。

4）游标卡尺

游标卡尺是一种精度较高且使用较多、功能较全的量具，可用来测量零件的长度、宽度、深度、高度、内径和外径等（图 1-2(b)）。按测量精度，游标卡尺可分为 0.1mm、0.05mm 和 0.02mm 三种。按读数方式可分为普通直读式和电子显示读数式。无论上述哪种，游标卡尺都由主尺、游标尺（又称副尺、游框）、固定量爪、深度杆和锁紧螺钉等组成，如图 1-2 所示。游标卡尺的标记 0.1、0.05、0.02 表示测量精度为 0.1mm、0.05mm、0.02mm。主尺的长度有 125mm、200mm、300mm 三种。主尺的长度决定游标卡尺的测量范围。

游标卡尺比钢尺的测量精度高的原因是：游标卡尺除了有与钢尺相同的一个直尺外，还有一个能沿主尺来回移动的游标尺，利用游标尺刻度与主刻度的关系，就能够达到较高的测量精度。现以测量精度为 0.1mm 的游标卡尺为例来说明其原理和使用方法。

（1）刻度原理。主尺的刻度每小格为 1mm。取主尺为 9mm 的长度，分成 10 等分，刻成游标尺。因此，游标尺每小格长度为 0.9mm（图 1-31(a)），主尺每小格长度同游标尺

每小格长度之差为

$$1\text{mm} - 0.9\text{mm} = 0.1\text{mm}$$

所以,当主尺和游标尺的 0 线后的第一条相互对齐时,两量爪间的距离就是 0.1mm,如图 1-31(b)所示;第二条刻线相互对齐时,两量爪间的距离就是 0.2mm,如图 1-31(c)所示……依此类推。

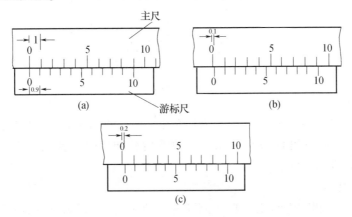

图 1-31 测量精度为 0.1mm 的游标卡尺的读数举例

测量精度为 0.05mm 和 0.02mm 的游标卡尺,其原理与上述相同。测量精度为 0.05mm 的游标卡尺,取主尺为 19mm 的长度,分成 20 等分刻成副尺,则副尺每小格为 0.95mm,主副尺每小格之差为 0.05mm(图 1-32(a)),故其可测出的最小值为 0.05mm。测量精度为 0.02mm 的游标卡尺,取主尺 49mm,分成 50 等分,刻成副尺,则副尺每小格为 0.98mm,主、副尺每小格之差为 0.02mm(图 1-32(b)),故其可测出的最小值为 0.02mm。它较前者的测量精度又高一些。

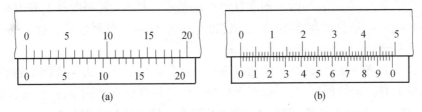

图 1-32 测量精度为 0.05mm 和 0.02mm 的游标卡尺刻度原理
(a) 测量精度为 0.05mm;(b) 测量精度为 0.02mm。

(2) 使用方法。

① 测量长、宽、高和内外径的方法。将被测工件按图 1-2(b)所示卡好,照下列方法读数:

先在主尺上查看整数,若工件卡好后,主尺与游标尺的相互位置如图 1-33 所示。

先在主尺上查看整数,就是找出副尺 0 线前主尺上的整数,图例中整数为 22mm。再从副尺上查小数,即找出与主尺上任一刻线对齐的副尺刻线的次序数(即离副尺 0 线的刻线数),再将副尺刻线的次序数乘以主副尺差值,即可得出小数。图例中,副尺 0 线后第 7 条刻线与主尺某一刻线对齐。将副尺上刻线次序数 7 乘以主副尺差值 0.1mm,即为小数:

$$7 \times 0.1\text{mm} = 0.7\text{mm}$$

最后,将所得的整数与小数相加,即得到工件的尺寸,即

$$22\text{mm} + 0.7\text{mm} = 22.7\text{mm}$$

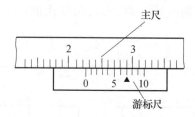

图1-33 读数方法举例

② 测量深度的方法。把主尺的右端紧靠在被测孔的端面上,使尺身与被测孔的中心线平行。移动副尺使深度杆插入孔的底部,则深度杆伸出的长度就是孔的深度。读数方法与测量长度的方法相同。

③ 注意事项。

a. 量爪接近被测零件时用力要轻,不要强压在零件上,否则,可能损坏量爪及零件表面,也会使测量的数值不准确。

b. 在游标卡尺上读数时,应把游标卡尺水平地握持,人的视线尽可能和刻线表面垂直,以免视线歪斜造成读数误差。

5) 百分表和千分表

百分表和千分表主要用来检验零件的偏摆度(即偏摆量)、同心度、平行度,也可以测量轴向间隙等(图1-2(d))。它们的结构原理没有什么大的不同,就是千分表的读数精度比较高,即千分表的读数值为0.001mm,而百分表的读数值为0.01mm。

百分表的读数:百分表的两个刻度盘的刻度是不一样的,大刻度盘上有100个小格,每小格为0.01mm;小刻度盘有10个小格,每小格为1mm。当测量杆上移1mm时,长指针转1圈,短指针转1小格,指示都为1mm。

使用百分表测量零件尺寸时,要用专用架将百分表固定住。为保证测量的准确,测量前应使齿杆上有一定的预压力,一般可将百分表的测量杆放在被测零件上,使长指针有所指示,然后转动百分表的外圈,使刻度盘的"0"对准指针,再进行测量。

3. 工具和量具的保管

工具和量具是航空维修工作中不可缺少的器具。工具和量具的损坏和丢失直接影响工作的顺利进行,因此,保管好工具和量具是一项重要工作。

(1) 工具、量具必须有专门部门或专人管理,并建立保管制度。

(2) 简单个人常用工具,由维修单位制定个人保管工具规则和清单。个人或小组保管的工具必须做出明显的标记,以免与其他工作单位相混。

(3) 应设立工具使用等级,常用工具与不常用工具分开管理。在保管期间工具增、减变动时应在清单上登记,未经登记的工具严禁带入工作场所。

(4) 工具应按其用途使用,不得随意互相替代,不得随意抛扔和敲打。

(5) 工具应放在工具箱内,工作中不得随意乱放,不准将工具带出工作场所,不得将

工具放在飞机上。

(6) 工具在使用过程中,应坚持做到开工前、工作结束后、地点转移前的三清点制度,以防丢失。

(7) 所有精密、复杂、专用的量具,应由设备管理部门或专人统一管理,并建立管理制度。

(8) 维修单位使用的所有量具、计量仪器,要按国家规定定期校验和标定,以保证计量工作的准确可靠。记录不清或超期的量具不准使用。

4. 紧固零件、连接零件及其防松装置

电气设备的机件都是用紧固零件固定在飞机上的。机件与导线、机体与电缆、机件与导管的连接,都是通过连接零件连接起来的。

1) 紧固零件

(1) 螺钉。常用的螺钉,有一字螺钉和十字螺钉,如图1-34所示。将螺钉穿过机件的固定孔,再拧入飞机机体上的螺孔,就能将机件固定住。

(2) 螺帽。常用的螺帽有六角螺帽和羊角螺帽两种,如图1-35所示。六角螺帽的大小,以它的对边间的距离(mm)来表示。例如,对边距为17mm的螺帽,通常称为17号螺帽。

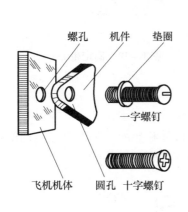

图1-34　一字螺钉和十字螺钉

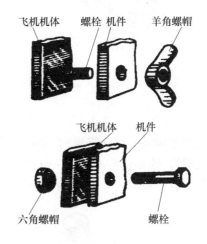

图1-35　六角螺帽和羊角螺帽

将机件的固定孔与飞机机体上的安装孔对正,把螺栓穿过去,再把螺帽拧紧在螺栓上,就能把机件固定住。

(3) 固定销。常用的固定销有两种:一种带有止退片,一种带有止退弹簧,如图1-36所示。将固定销插入飞机机体和机体的销孔内,就能将机件固定住。

(4) 固定箍。它常用来固定机件或电缆保护套,如图1-37所示。

(5) 固定卡。如图1-38所示,它用来固定插销、电缆,将插销放在固定卡里,扣好搭扣,就可把它们固定好。

(6) 固定带。它一般用聚氯乙烯制成,如图1-39所示,主要用来捆扎电缆。

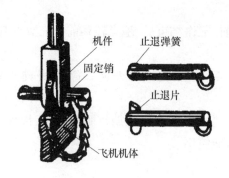

图1-36 各种固定销

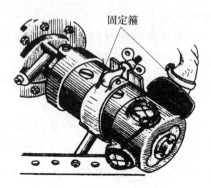

图1-37 固定箍

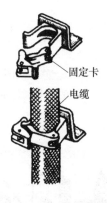

图1-38 固定卡

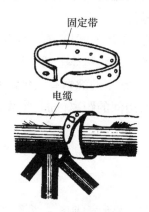

图1-39 固定带

2）连接零件

常用的连接零件有连接螺钉、连接螺帽、连接插销等。

连接螺钉、连接螺帽如图1-40所示，用来连接机件和导线。某型终点电门的接线就是用连接螺钉连接的，GB型惯性保险丝的连接是用连接螺帽连接的。

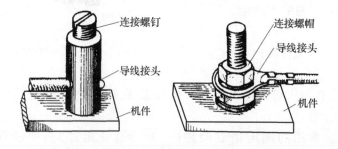

图1-40 用连接螺钉和连接螺帽连接导线

连接插销（图1-41）用来连接机件与电缆或电缆与电缆。

3）紧固零件和连接零件的防松装置

防松装置是用来防止紧固零件和连接零件松动的。常用的防松装置有如下几种：

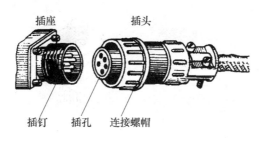

图1-41　连接插销

(1) 锁紧丝。又称机械保险丝,是一种镀锌的钢丝。将它穿过螺帽(钉)上的锁紧孔,顺着螺帽(钉)拧紧的方向拉紧,然后将其固定住(图1-42),即可防止螺帽(钉)松动。

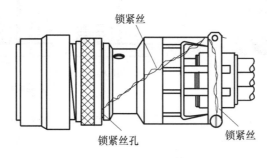

图1-42　锁紧丝防松

(2) 弹簧垫圈。它是一个有翘起的切口并具有弹性的钢圈,如图1-43所示。把它垫在螺帽(钉)的下面,当它的切口被螺帽(钉)压平后,其弹力的作用,使螺纹间经常保持一定的摩擦力,因而就可以防止螺帽(钉)松动。

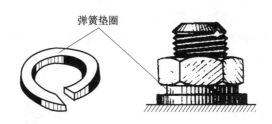

图1-43　弹簧垫圈防松

(3) 止退垫圈。止退垫圈具有凸边的金属垫圈,垫在螺帽(钉)下面。拧紧螺帽后,把它的凸出部分折弯,压在螺帽和机件的侧边,如图1-44所示。利用凸边与螺帽、凸边与机件的摩擦力,就可以防止螺帽松动。

(4) 开口销。它是用钢丝做成的销子,把它穿在螺帽和螺栓上,如图1-45所示,就能防止螺帽松动。

(5) 自锁螺帽。它有横向切口螺帽和纵向切口螺帽两种。横向切口螺帽一般都镶在机件上,如图1-46所示。

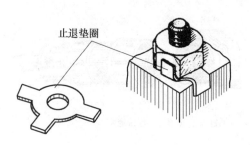

图1-44 止退垫圈防松

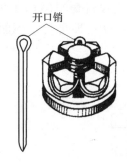

图1-45 开口销防松

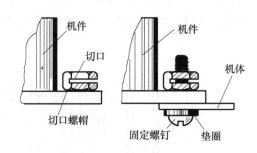

图1-46 横向切口螺帽

当螺钉拧入时,其上半部被迫向螺钉前进方向移动。与弹簧垫圈防松的道理一样,利用切口螺帽的上半部恢复原状的弹力,也能防止螺钉松动。

纵向切口自锁螺帽(图1-47)内螺纹的直径通常稍小于螺杆外螺纹的直径。当螺帽拧紧时,自锁螺帽将被迫胀大而产生收缩的弹力,使螺帽与螺杆的螺纹之间互相箍紧,摩擦力增大,从而起保险作用。

(6)双螺帽。在同一根螺栓上,先后拧上两个螺帽(图1-48),先拧上的一个称为主螺帽,后拧上的一个称为副螺帽。拧紧后,利用两个螺帽的互压力使螺纹间经常保持一定的摩擦力,可以防止螺帽松动。

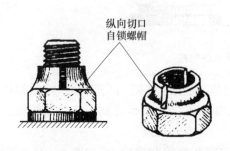

图1-47 纵向切口自锁螺帽

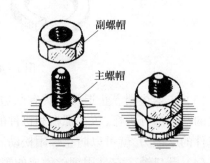

图1-48 双螺帽防松

此外,还有用别针来防松的,用于经常拆卸或动作的部位,如放油开关、整流罩包皮等。

模块1 电气维护的基本知识

材料:RFID物联网技术助推航空机务资产工具安全运营

基于RFID技术的资产管理系统有效地解决当前航空机务资产(包括工量具与设备)运维管理中存在的问题。系统实现的具体功能包括:

(1)利用RFID电子标签对工量具进行唯一标识。

(2)利用自助借还一体机设备,实现机务工具的快速借还。

(3)采用RFID门禁多次复核方案,确保工具的借还信息无遗漏,保证数据的安全。

(4)通过RFID手持式设备实现工具即时清点,如图1-49所示。

(5)采用工量具柜管理、RFID智能工具车结合智能化仓储管理方案,实现了工具随地借还的需求,不受场地限制,进一步降低工具借还管理难度,提高日常运维管理效率。

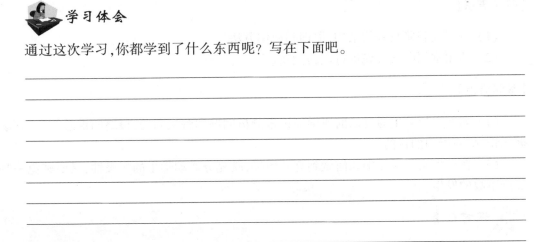

图1-49 工具管理数字化

通过这次学习,你都学到了什么东西呢?写在下面吧。

_____
_____
_____
_____
_____
_____
_____
_____

? 课后任务

(1)常用的工具和量具的名称是什么?

(2)常用工具和量具的使用方法和注意事项是什么?

(3)如何使用常用工具拆装一字螺钉和六角螺帽?

（4）如何使用常用工具拆装固定销？
（5）如何使用常用工具拆装连接螺钉和连接螺帽？
（6）如何使用常用工具拆装锁紧丝、电缆插销和开口销？
（7）保管工具和量具时应注意哪些问题？
（8）紧固零件、连接零件及其防松装置有哪些？

项目 2　电路测量

【教学目标】

知识目标：（1）知道常用电气仪表的名称和使用方法。
　　　　　（2）知道使用常用电气仪表的注意事项。
能力目标：（1）能使用万用表测量直流电流、直流电压、交流电压和电阻等。
　　　　　（2）能正确使用兆欧表。
　　　　　（3）能使用电气仪表测量电路断路和短路部位。
　　　　　（4）能进行电路错线的测量。
情感目标：（1）培养学生的自学能力。
　　　　　（2）树立认真负责的工作态度，懂得"机务工作无小事"的道理。
　　　　　（3）培养吃苦耐劳的精神。

【教学重点】

（1）万用表和兆欧表的结构、原理和使用方法。
（2）使用常用电气仪表进行电路测量。

【教学难点】

（1）如何引导学生通过以前所学知识来分析问题和解决问题，最终归纳总结，达到掌握知识、提高能力的目的。
（2）在学生实际操作中如何做到有效引导，既充分调动学生的积极性，又要避免一些安全事故的发生。

请同学们回忆一下，以前学过哪些常用的电气测量仪表呢？大家把它们的名称和使用的注意事项写在下面吧。

_____
_____
_____

模块1 电气维护的基本知识

航空电气设备,随着工作时间的增长和受到外界因素的影响,如振动、温度、湿度、油污、尘土等,其机件性能会发生变化,接触部位会出现接触不良,甚至电路会发生短路、断路等故障。工作中的人为差错也可能造成错线故障。电路潜在的故障、电子元器件性能的变化,必须通过电路测量才能发现和掌握。所以,电路测量是一项基本技能,而要掌握这一基本技能,必须会使用测量仪表。

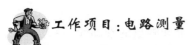

工作项目:电路测量

【任务内容】

任务1　使用万用表测量直流电流、直流电压、交流电压和电阻等。

任务2　使用兆欧表。

任务3　测量电路断路部位。

任务4　测量电路短路部位。

任务5　测量电路错线的方法。

【任务准备】

准备好万用表、兆欧表。

【任务执行】

任务1　使用万用表测量直流电流、直流电压、交流电压和电阻等

指针式万用表的使用方法如下。

1. 准备工作

(1) 熟悉转换开关、旋钮、插孔等的作用,检查表盘符号。

(2) 了解刻度盘上每条刻度线所对应的被测电量。

(3) 检查红色和黑色两根表笔所接的位置是否正确,红表笔插入"+"插孔,黑表笔插入"−"插孔。有些万用表还有交直流2500V高压测量端。在测高压时,黑表笔不动,将红表笔插入高压插口。

(4) 机械调零。旋动万用表面板上的机械零位调整螺钉,使指针对准刻度盘左端的0位置。

2. 测量直流电压

(1) 把转换开关拨到直流电压挡,并选择合适的量程。

(2) 把万用表并接到被测电路上,红表笔接到被测电压的正极,黑表笔接到被测电压的负极,不能接反。

43

（3）根据指针稳定时的位置及所选量程正确读数。

3. 测量交流电压

（1）把转换开关拨到交流电压挡，并选择合适的量程。

（2）将万用表两根表笔并接在被测电路的两端，不分正负极。

（3）根据指针稳定时的位置及所选量程正确读数。

4. 测量直流电流

（1）把转换开关拨到直流电流挡，并选择合适的量程。

（2）将被测电路断开，万用表串接于被测电路中。注意正负极性：电流从红表笔流入，从黑表笔流出，不可接反。

（3）根据指针稳定时的位置及所选量程正确读数。

5. 用万用表测量电压或电流时的注意事项

（1）测量时，不能用手触摸表笔的金属部分，以保证安全和测量的准确性。

（2）测直流量时，要注意被测电量的极性，避免指针反打而损坏表头。

（3）测量较高电压或大电流时，不能带电转动转换开关，避免转换开关的触点产生电弧而被损坏。

（4）测量完毕，将转换开关置于交流电压最高挡或空挡。

6. 测量电阻

（1）把转换开关拨到电阻挡，合理选择量程。

（2）两表笔短接，进行电调零，即转动零欧姆调节旋钮，使指针打到电阻刻度右边的 0Ω 处。

（3）将被测电阻脱离电源，用两表笔接触电阻两端，从表头指针显示的读数乘所选量程的倍率数即为所测电阻的阻值。

7. 用万用表测量电阻时的注意事项

（1）不允许带电测量电阻，否则会烧坏万用表。

（2）万用表内干电池的正极与面板上"－"号插孔相连，干电池的负极与面板上的"＋"号插孔相连。在测量电解电容和晶体管等器件的电阻时要注意极性。

（3）每换一次倍率挡，要重新进行电调零。

（4）不允许用万用表电阻挡直接测量高灵敏度表头内阻，以免烧坏表头。

（5）不准用两只手捏住表笔的金属部分测电阻，否则会将人体电阻并接于被测电阻而引起测量误差。

（6）测量完毕，将转换开关置于交流电压最高挡或空挡。

任务2 使用兆欧表

兆欧表俗称摇表，它是专门用于测量电气设备、供电线路电阻的一种便携式仪表。主要由一只磁电系比率表和一台手摇发电机组成。图1-50为某型兆欧表。

1. 正确选用兆欧表

兆欧表的额定电压应根据被测电气设备的额定电压来选择。测量500 V 以下的设备，选用500 V 或 1000 V 的兆欧表；额定电压在500 V 以上的设备，应选用1000 V 或 2500 V 的兆欧表；对于绝缘子、母线等要选用2500 V 或 3000 V 的兆欧表。

图 1-50　某型兆欧表外形

2. 使用前检查兆欧表是否完好

将兆欧表水平且平稳放置,检查指针偏转情况:将 E、L 两端开路,以约 120r/min 的转速摇动手柄,观测指针是否指到 ∞ 处;然后将 E、L 两端短接,缓慢摇动手柄,观测指针是否指到 0 处,经检查完好才能使用。

3. 正确使用

(1) 兆欧表放置平稳牢固,被测物表面擦干净,以保证测量正确。

(2) 正确接线。兆欧表有三个接线柱,即线路(L)、接地(E)、屏蔽(G)。根据不同测量对象,作为相应接线。

如图 1-51 所示,测量线路对地绝缘电阻时,E 端接地,L 端接于被测线路上。

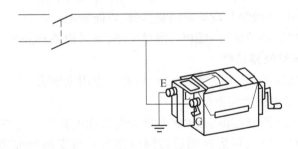

图 1-51　测量线路对地绝缘电阻

在测量电动机或设备绝缘电阻时,如图 1-52 所示。E 端接电动机或设备外壳,L 端接被测绕组的一端;测量电动机或变压器绕组间绝缘电阻时,先拆除绕组间的连接线,将 E 端、L 端分别接于被测的两相绕组上。

测量电缆绝缘电阻如图 1-53 所示,E 端接电缆外表皮(铅套)上,L 端接线芯,G 端接芯线最外层绝缘层上。

(3) 由慢到快摇动手柄,直到转速达 120r/min 左右,保持手柄的转速均匀、稳定,一般转动 1min,待指针稳定后读数。

(4) 测量完毕,待兆欧表停止转动和被测物接地放电后方能拆除连接导线。

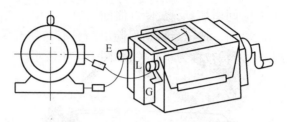

图 1-52　测量电动机或设备绝缘电阻

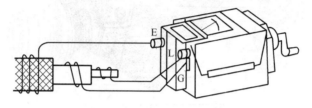

图 1-53　测量电缆绝缘电阻

4. 注意事项

由于兆欧表本身工作时产生高压电，为避免人身及设备事故必须重视以下几点：

（1）不能在设备带电的情况下测量其绝缘电阻。测量前，必须切断被测设备电源和负载，并进行放电；已用兆欧表测量过的设备如要再次测量，也必须先接地放电。

（2）兆欧表测量时，要远离大电流导体和外磁场。

（3）与被测设备的连接导线应用兆欧表专用测量线，或选用绝缘强度高的两根单芯多股软线，两根导线切忌绞在一起，以免影响测量准确度。

（4）测量过程中，如果指针指向 0 位，表示被测设备短路，应立即停止转动手柄。

（5）被测设备中，如有半导体器件，应先将其插件板拆去。

（6）测量过程中，不得触及设备的测量部分，以防触电。

（7）测量电容性设备的绝缘电阻时，测量完毕，应对设备充分放电。

任务 3　测量电路断路部位

测量电路断路部位，通常用欧姆表进行，但有时也用电压表（或检查灯）进行。

1. 用欧姆表测量电路断路部位

用欧姆表测量电路断路部位，必须将欧姆表与被测电路连成通路，同时断开与被测电路并联的支路（不易断开时，可通过测量被测电路与并联支路的准确的电阻值来判断被测支路的状况）。若欧姆表指零或指一定的电阻值，则说明这段电路良好；如果表指无穷大，则说明这段电路有断路。由于电气设备电路一般都由几段组成，中间用插销或者接线装置连接。因此，测量时可按照有利于迅速缩小查找故障范围和先易后难的原则，把被测电路分成两段，将欧姆表分别与两段电路连成通路，找出其中有断路的一段，然后将有断路的一段再分成两段，再测量出其中有断路的一段……，如此不断地一分为二，逐段测量，就可以找到断路的具体部位。

用欧姆表测量断路的方法之一如图 1-54 所示。

可先拔开 P-2 插销，把被测电路分成两段，将欧姆表一端接地，另一端依次接 P-2 插销的插钉和插孔，使欧姆表与这两段电路（一端为灯泡电路，另一段为 P-2 插孔到配

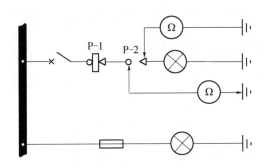

图 1-54 用欧姆表测量断路的方法之一

电条电路,在接通电门后,它借配电条和连接在配电条上的一条良好电路与地构成通路)连成通路。若在插钉处测量,表指灯泡的电阻值,而在插孔处测量表指无穷大,则说明断路部位在插孔到配电条这段电路上,然后把 P-1 插销拔开,把存在断路的这段电路再分成两段(一段由 P-1 插钉到 P-2 插孔,另一段由 P-1 插孔到配电条),再将欧姆表分别与这两段电路连成通路,如图 1-55 所示。

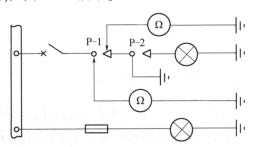

图 1-55 用欧姆表测量断路的方法之二

为使欧姆表与 P-1 插钉到 P-2 插孔这段电路连成通路,可将 P-2 插孔(或 P-1 插钉)搭铁。这时,若在 P-1 插钉处测量表指无穷大,则断路部位在或 P-1 插钉至 P-2 插孔之间的一段电路上。

由于各段电路连接情况不同,欧姆表与这些电路连成通路的形式也不同,一般有以下两种:

(1) 借用飞机机体构成通路,一般有以下三种形式:

① 被测电路一端与机体相通的,如图 1-54 所示,可按图 1-54 所示连接。

② 被测电路一端与配电条连接的,如图 1-55 中 P-1 插孔到配电条这段电路,可先接通电门,再把欧姆表按图 1-55 连接。这样,欧姆表与被测电路便经配电条和其他已连通的电路通过机体构成通路。

③ 被测电路两端与其他电路都不同的,如图 1-55 中 P-1 插钉到 P-2 插孔之间一段电路,可将其一端搭铁,再把欧姆表按图 1-55 连接;也可把 P-2 插销的插孔与插钉插好,欧姆表仍按图 1-55 所示形式连接,利用已测过的电路连接成通路。

(2) 直接并联。被测电路两端距离较近,或者同接在一个接线板上,或者同接在一个插头或插座中的,可将欧姆表按图 1-56 所示形式连接。

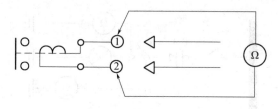

图 1-56 直接并联欧姆表接法

2. 用电压表(或检查灯)测量电路断路部位的方法

被测电路内有常开触头,如图 1-57 所示。

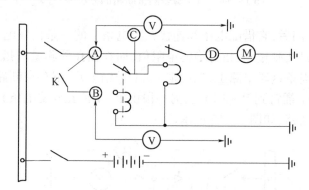

图 1-57 用电压表测量断路部位的方法

在不通电的情况下,用欧姆表测量不能判断触头的接触情况和电路内是否有断路故障;如果通电使触头接通,则又不能用欧姆表测量,而用电压表(或检查灯)测量就可以准确判明触头是否接通和电路内是否有断路故障。在测量时,先接通电源和被测电路的电门,使电压表负端搭铁(检查灯的任一端搭铁),另一端与被测电路适当的连接点相接。根据电压表的指示(或检查灯的亮灭),就可判明电路断路的部位。如图 1-57 所示,电压表负端搭铁,正端接被测电路 A 接线柱。若电压表指示电源电压,则表明由 A 接线柱到配电条这段电路良好。接通开关 K,将电压表正端与 B 接线柱相接。若电压表指示电源电压,则表明 K 开关良好。然后,把电压表正端依次与接线柱 C、D 相接,就可找出断路部位。电压表指电源电压,表明这段电路正常;电压表不指示,表明这段电路内有断路故障。

在测量中,选取测量点也应本着有利于迅速缩小查找范围(一般应先选择电路的中间连接点)和先易后难的原则。当被测电路的连接点比较集中并且便于连接时,就可以由高电位点到低电位点依次测量,也能迅速地找到断路部位。

任务 4　测量电路短路部位

电路存在短路故障,不允许通电,所以,测量电路短路部位只能用欧姆表进行。测量时,首先将被测电路与飞机机体断开,然后将欧姆表一端搭铁,另一端与被测电路的适当的连接点相接触,造成欧姆表既与被测电路接触,又构不成通路,如图 1-58 所示。

拆下负极线或卸下灯泡,拔开 P-2 插销,使欧姆表一端搭铁,另一端与 P-2 的插钉相接。若表指零,则表明电路有短路;若表指无穷大,则表明电路无短路。这个电路,不卸

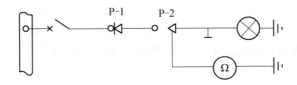

图 1-58　用欧姆表测量短路部位的方法

灯泡、不拆负极线测量也可以。若表指灯泡电阻值,则表明电路无短路。但对正常电阻值很小的被测电路,则必须将其与机体断开。

切断被测电路与飞机机体连接的方法有以下两种。

(1) 被测电路一端与飞机机体相通的,可以拆下负极线,也可以拆下机件上的正线(或拔开机件的插销),或者拆下机件。

(2) 被测电路一端与配电条连接的,可断开电门,或拔下熔断丝,以免被测电路通过配电条和其他电路与飞机机体构成通路,造成测量的错误。

测量点的选择,仍应本着有利于迅速缩小查找范围和先易后难的原则。

归纳起来,测量电路断路、短路部位的方法就是要分段测量,按照有利于迅速缩小查找范围和先易后难的原则选择适当的测量点,把存在断路、短路的电路分成两段。测量各段电路有无断路,要将欧姆表与被测电路连成通路,并断开与被测电路并联的电路,看表是否指示无穷大来判明;测量各段电路有无短路,要切断被测电路与飞机机体的连接,使欧姆表与被测电路相连接但不成通路,看表是否指零来判明。各段电路的连接情况不同,欧姆表与被测电路的连接形式也应不同,测量时应正确地选择。

任务 5　测量电路错线的方法

电路发生错线时,可用欧姆表进行测量来查清。测量时,先按照电路图弄清被测电路各支路的特点及连接关系,再将欧姆表依次接在被测电路上,然后操纵电路中的电门、按钮来控制电路的通断,看欧姆表的指示来判明。

下面以图 1-59 所示电路为例,说明怎样查找错线。

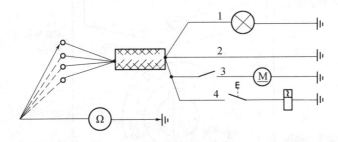

图 1-59　测量错线的方法

将欧姆表一只表笔搭铁,另一只表笔分别接在每条电路的导线接头上,逐条进行测量。在测量过程中,注意观察表的指示:如果表指示为零,说明是 2 号电路;如果表指示一定的数值,说明是 1 号电路;如果表指示无穷大,则说明是 3 号或 4 号电路。为了分清 3 号 4 号电路,可接通 3 号电路上的电门,表指示一定数值的,就是 3 号电路,另一条就是 4 号电路。

【结果评价】

以小组为单位进行评分,满分100分,课前任务10分,任务1 10分,任务2 20分,任务3 20分,任务4 20分,任务5 20分。

课前任务	任务1	任务2	任务3	任务4	任务5

 知识导航

1. 指针式万用表的结构和原理

万用表是一种多功能、多量程的便携式电工仪表,一般的万用表可以测量直流电流、直流电压、交流电压和电阻等。有些万用表还可测量电容、功率、晶体管共射极直流放大系数h_{FE}等。所以,万用表是航空电气修理工必备的仪表之一。万用表可分为指针式万用表和数字式万用表。下面着重介绍指针式万用表的结构及工作原理。

1) 指针式万用表的结构

图1-60为MF-30型万用表外形。该万用表可以测量直流电流、直流电压、交流电压和电阻等多种电量。

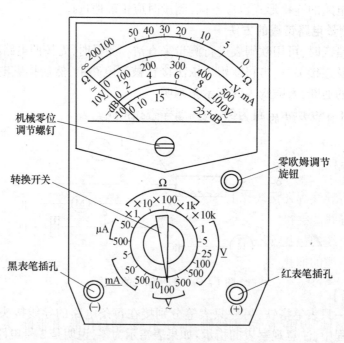

图1-60 MF-30型万用表外形

2) 指针式万用表的工作原理

指针式万用表最简单的测量原理如图1-61所示。

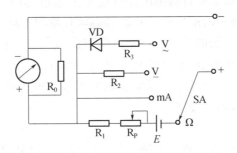

图 1-61 指针式万用表最简单的测量原理

2. 示波器的使用

示波器是利用电子示波管的特性,将人眼无法直接观测的交变电信号转换成图像,显示在荧光屏上以便测量的电子测量仪器,它由示波管和电源系统、同步系统、X 轴偏转系统、Y 轴偏转系统、延迟扫描系统、标准信号源组成。某型示波器外观如图 1-62 所示。

图 1-62 某型示波器外观

1) 示波器的各个系统和控制

示波器包含四个不同的基本系统,即垂直系统、水平系统、触发系统和显示系统。

(1) 垂直系统和控制:波形垂直的位置和标度由垂直控制部分调控,垂直控制还能设置耦合方式和其他的信号条件。

(2) 水平系统和控制:示波器的水平系统与输入信号有更多的直接联系,采样速率和记录长度等需要在此设定。水平控制用来表示波形水平方向的位置和标度。

(3) 触发系统和控制:示波器的触发功能可以在信号的正确点处同步水平扫描,这对表现清晰的信号特性非常重要。触发控制可以稳定重复波形,采集单脉冲波形。

(4) 显示系统和控制:示波器的前面板包括的内容有显示屏、旋钮、按钮、开关,以及用来控制信号捕获和显示的指示器。前面板控制通常分为垂直、水平和触发几个区域。前面板还包括输入连接器。

2) 将示波器接地

将示波器接地,就是将它连接到一个不带电的参考点上。通过把三脚插头的电源线插入接地的电源插座而将示波器接地。将示波器接地是为了安全。如果高电压接触到了示波器的外壳的任一部分,包括看似绝缘的按钮,示波器的用户就会遭到电击。然而,如果示波器正确接地,电流将会通过接地的路线而不是通过其用户流入地球地面。示波器是否接地还会影响到其测量的准确性。示波器必须和待测电路共地。一些示波器不要求单独接地,这些示波器的绝缘的外壳和按钮可以防止用户遭到电击。

将自己接地:如果对集成电路进行操作,也需要将自己接地。集成电路中的微小导电通路会被人体的静电损坏。可以通过佩戴接地的腕带来解决这个问题,这个腕带可以安全地将身体内的静电送入地球地面。

3) 设置控制方式

接通示波器电源之后,再来看一下前面板。前面板可以划分为三个主要部分,分别标定为垂直、水平和触发器部分。取决于不同的样式和类型——模拟的或数字的,示波器可能还会有其他的部分。示波器上的输入连接器是用来连接探头的。大多数示波器有两路输入,并且每一路都能在显示屏上显示一个波形。多路有助于不同波形之间的比较。一些示波器具有 AUTOSET 和/或 DEFAULT 按钮,仅通过一次调整操作就可以使其适应信号。反之,如果示波器没有此项功能,则需要在具体操作之前把控制按钮调整到标准位置。

将示波器设置到标准位置的通用指令如下:

(1) 设置示波器显示通道 1 信号。

(2) 将垂直电压伏特/格旋钮和位置控制按钮调整到中值位置。

(3) 关掉可变的伏特/格。

(4) 关掉所有的放大倍数设置。

(5) 将通道 1 输入耦合设置为直流(DC)。

(6) 设置触发模式为自动(AUTO)。

(7) 将触发源设置为通道 1。

(8) 将触发延迟减至最小或将其关掉。

(9) 如果可以,将亮度控制按钮设置为标称值。

(10) 如果可以,调整聚焦控制按钮直到锐利显示。

(11) 将水平时间秒/格和位置控制按钮调整到中值位置。

4) 使用探头

将探头连接到示波器上。使用与示波器有着较好匹配的探头,可以充分发挥示波器所有的能力和性能,并能确保所测信号的完整性。

5) 校正探头

必须依据示波器对无源衰减探头进行校正。在使用一个无源探头之前,必须对其进行校正——使其电气特性与特定的示波器相平衡。应该养成每次开启示波器时校正探头的习惯,因为一个没有调校好的探头会使测量结果不精确。大多数示波器在面板上有一个用来校正探头的方波参考信号。校正探头的通用方法如下:

(1) 将探头连接上一个垂直通道。

(2) 将探头尖端与探头校正信号(即方波参考信号)相连。

(3) 将地线夹子接地。

(4) 观察方波参考信号。

(5) 对探头进行适当调整,使方波的角为直角。

3. 电路故障预防测量法

飞机电气设备的任一电路都有一定的电阻。在使用过程中,各电路的电阻值一般都会发生变化,单纯数量上的变化,到一定时候就会转变为质的变化,当电阻数值变化到一定程度时,设备就会发生工作不正常,甚至出现故障。因此,选择便于操作的测量点(一般选择在信号灯或工作灯插座上),定期地测量电路或设备的电阻数值,掌握其变化情况,就可以预防和及时发现线路或机件存在的故障。

电路或机件正常电阻值和不正常电阻值(称临界电阻值)的界限,一般根据测量时积累的经验,并参照机件性能数据和计算、试验来确定。

4. 电路测量的注意事项

(1) 测量电路前,必须对所测电路进行认真研究,搞清被测电路与其他电路的连接关系,制定好测量方案,以免出现误测。

(2) 用欧姆表测量前,要拔下飞机蓄电池的插头,在地面电源插座上挂上不准通电的牌子以免烧坏欧姆表,并将三用表的选择开关放在 Ω 位置,再根据被测电阻的大小选好欧姆挡位。被测电路只有几欧至几十欧的,一般放在 ×1 挡;几十欧至几百欧,一般放在 ×10 挡;……依此类推。挡位选好后,将两表搭在一起,将指针调到零位。

(3) 表笔搭铁应确实可靠,不应接在绝缘层上(如飞机蒙皮喷漆的表面、机件涂漆的地方)或有油垢的地方,以免接触不良。为了判明表笔搭铁是否良好,可将两支表笔同时搭铁来检验。

(4) 在插座或插头处测量时,应看清插钉或插孔的标号,以免接错。两支表笔不可相碰,不能靠在外壳上,也不能与其他插钉或插孔相碰;否则,测量的结果就不正确。

(5) 测量电压时,应检查万用表是否在电压位置、量程是否合适,并注意防止表笔搭铁短路。

5. 飞机上使用的机械开关

1) 扳钮开关

扳钮开关有时也称为转换开关,它在电路中可以完成一般开关功能,应用相当广泛。典型的扳钮开关如图 1-63 所示。

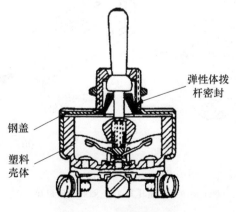

图 1-63 典型扳钮开关

在一些实际应用中,扳钮开关可以控制几条独立的电路。图 1-64 就是在某些飞机上利用一组扳钮开关同时接通三条电路的例子。另外,它也可以通过分离扳钮来控制不同的线路。当松开扳钮时,它在弹簧的作用下又恢复到原位。

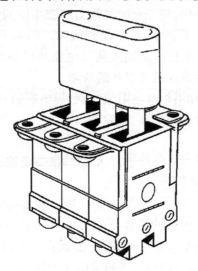

图1-64 带锁的扳钮开关

2) 按钮开关

按钮开关主要应用于短时间的操纵,例如,当电路将要接通或断开的瞬间,或线路将要被转换的时刻。另外,按钮开关在断开一个线路时,还可以接通另一个或多个其它线路(通过分离触点)。基本按钮开关用按钮操纵弹簧柱塞,推动一个或多个接触片,从而使固定触点之间实现电气连接。开关触点也设计成能相反的两组触点,即"动合"触点和"动断"触点。为了在按钮开关上提供警告和显示功能,在半透明屏后安装一个微型灯泡。当点亮灯泡时,按钮显示屏上将以相应的颜色显示出,例如"On"、"Close"或"Fail"等字样。

简单型按钮开关的结构和照明型按钮开关如图1-65所示。

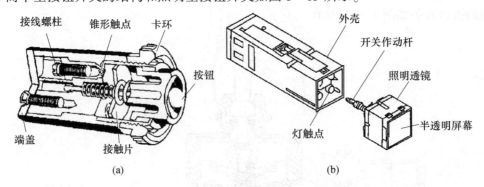

图1-65 按钮开关
(a) 简单型按钮开关;(b) 照明型按钮开关。

3) 微动开关

微动开关是一种特殊类型的开关。在飞机电气设备中,它是应用最广泛的一种开关。

它可以完成不同系统和组件的安全控制。微动开关的含义是,开关触点的"通"与"断"之间的距离很小(大约千分之一英寸,1英寸=25.4mm)。触点的"通"与"断"运动由预先绷紧的弹簧驱动,其原理如图1-66所示。长弹簧片是支撑悬臂,调节杆承受着弹簧片的反作用力。短弹簧片以弓形的形状固定。在非工作状态,长弹簧片末端的触点与上固定触点接通。当用力压调节杆时,长弹簧片向下弯曲,其触点与下固定触点接通。如果去掉调节杆的力,长弹簧片在弹力的作用下将恢复到初始位置。

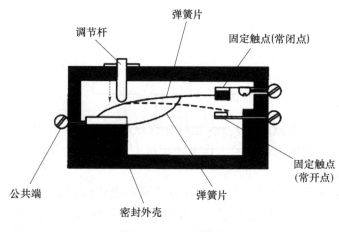

图1-66 微动开关

作动微动开关的方法主要取决于为系统提供作动信号的方式。一般可以通过杠杆、滚轮或凸轮来完成。开关的转换既可以由人工控制,也可以由电气控制。微动开关的工作周期由调节杆的运动决定,这就使触点的动作具有了一定数量的预行程。也就是说,在开关断开之前,微动开关可以自由地运动,即允许一定量的超行程运动。

另外,飞机上使用的还有水银开关、压力开关、热敏开关等等。

6. 电路保险装置

现代飞机上用电设备多,输电导线长,多数飞机又是以金属机体作公共负线或"地线"。如果对飞机电气设备使用不当或者由于摩擦、振动等原因,很可能使用电设备和输电导线受到损伤,绝缘层遭到损坏,造成短路。另外,当用电设备不正常时,还可能出现长时间过载的情况。短路故障和长时间过载,不仅会损坏用电设备,还可能引起火灾而酿成严重后果。为防止此类事故的发生,飞机输电线路中设置了保险装置。当电路发生短路或长时间过载时,保险装置自动将短路(或较大负载)的部分立即从电路中切除,从而保证电源的正常供电和其他电气设备的正常工作。

飞机电路保险装置主要包括熔断器、自动保险电门两种。

1) 对电路保护装置的基本要求

飞机上的各种用电设备都有一定的过载能力,即用电设备在过载情况下短时间保持正常工作的能力,各种用电设备的过载能力可用它的安秒特性曲线表示。所谓安秒特性,就是指用电设备的温度达到绝缘材料所允许的最高温度的时间$t(s)$同负载电流$I(A)$的关系,如图1-67所示。

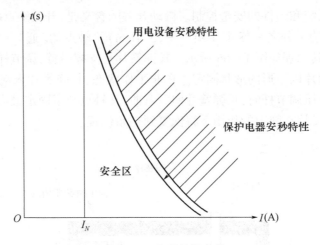

图 1-67　安秒特性曲线

当用电设备的电流为额定值 I_N 时,达到允许最高温度的时间为无限长,说明用电设备可以长时间工作。当用电设备的工作电流超过 I_N 时,过载电流越大,达到允许温升的时间就越短,表明允许过载的时间越短。

安秒特性曲线右上方斜线部分是用电设备所不允许的过载危险区;安秒特性曲线与额定电流之间的区域为过载安全区。为使用电设备既能充分发挥其允许的过载能力而又不被烧坏,这就要求电路保护装置在过载电流和过载时间未超过安全区域时不要动作;而当过载电流和过载时间接近过载危险区时应能立即动作,将电路切断。所以,电路保护装置必须具备适当的惯性,即遇到过载电流时它不是马上动作,而要经过一段延迟时间才动作。这个动作的延迟时间应该同用电设备允许的过载时间相接近,即保护装置的安秒特性曲线应该与用电设备的安秒特性曲线基本相同,一般是使保护装置的安秒特性曲线略低于用电设备的安秒特性曲线,这就是对电路保护装置的基本要求。

2) 熔断器

熔断器俗称为保险丝,它是一种一次性使用的电路保护装置。它的主要元件是金属熔丝,常用锡、铅、锌、铜及其合金等材料制成。当被保护电路出现长时间过载或短路故障时,熔丝发热到融化温度而熔断,从而将电路切断。飞机上常用的熔断器有易熔熔断器、难熔熔断器和惯性熔断器三种。

(1) 易熔熔断器。易熔熔断器中的熔丝常用银(熔点 960.8℃)、铅(熔点 327.3℃)、锡(熔点 231.9℃)、锌(熔点 419.5℃)、镉(熔点 321℃)、铋(熔点 271.2℃)等低熔点材料制成。飞机上的易熔熔断器装于玻璃管或陶瓷管内,这样既能保护熔丝,又能起到灭弧作用。这种熔断器的熔丝惯性小,主要用于保护过载能力比较小的用电设备电路中。典型的易熔熔断器如图 1-68 所示。

在英美制造的飞机上一般使用指示灯式熔断器。这种管装熔断器在 115V/200V 交流电源系统中应用较多,有不带指示灯与带指示灯两种形式。带指示灯的熔断器,即在其管座顶部有一个与熔丝并联的指示灯,它的结构和电路如图 1-69 所示。用于交流电路的指示灯为氖光灯,琥珀色透明灯罩;用于直流电路的则为白炽灯,淡色透明灯罩。当熔

模块1　电气维护的基本知识

图1-68　典型的易熔熔断器

丝完好时,灯泡被熔丝短路而不亮;当短路或长时间过载时熔丝熔断,指示灯被点亮,显示该电路故障。

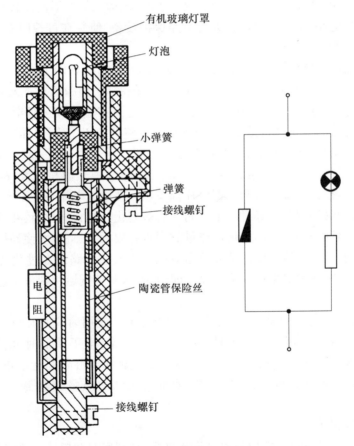

图1-69　指示灯式熔断器

易熔熔断器的额定电流一般为0.15A~20A,为适应电子计算机、微型电子设备等现代化科学技术发展的需要,已出现微电流(如2mA)规格的小型化熔断器。

(2) 难熔熔断器。在大电流电路中采用难熔金属铜作熔断片(铜熔点1083℃)。在铜片上挂上薄层锡(熔点231.9℃)。这样,在熔断片发热到锡的熔点时,便有一部分锡熔化并渗入到铜片中去,形成类似锡铜合金,其熔点比纯铜降低。

当过载或短路时将铜片熔断。熔片周围包有石棉水泥,它能吸收一部分热量而增大熔断片的热惯性,还具有灭弧作用,如图1-70所示。这种熔断器主要用于飞机电源系统的短路保护。

图1-70 难熔熔断器

飞机上常用的难熔熔断器的额定电流一般为200A~900A,典型型号为NB-100、NB-200和NB-300等。

(3) 惯性熔断器。对于某些用电设备,要求在工作过程中允许短时间过载,如电动机启动电源电路,采用前述熔断器是不能满足要求的,因为它们的惯性比较小。要保护有较大短时间过载的电路,则需要惯性较大的电路保护设备,使其在过载时有较长延时,而在短路时能很快熔断。

惯性熔断器由短路保护和过载保护两部分组成,其结构如图1-71所示。短路保护部分是靠正端的黄铜熔片起作用的,它装在纤维管隔腔内,周围填充有灭弧用的石膏粉或磷石灰粉。黄铜片的熔断电流比额定电流大得多,它只在短路或过载电流很大时才能熔断。过载保护部分的熔化材料是低熔点的焊料,它将两个U形铜片焊接在一起,当过载电流和时间达到安秒特性曲线的要求时将电路切断。熔化焊料所需要的热量,主要由靠近负端的加温元件经过铜板供给。由于铜板的热容量和散热面积较大,故有较大的热惯性。当有电流通过时,加温元件和黄铜熔片都发热。在过载电流不特别大的情况下,黄铜熔片不会熔断,而易熔焊料在经过一定时间之后被熔化。焊料熔化后,在弹簧作用下将U形铜片拉开,电路即被切断。因为传递热量的铜板有较大的热惯性,使易熔焊料达到熔化需要一定的时间,这便是所需要的惯性延迟时间。当发生短路或在过载特别严重的情况下,易熔焊料由于铜板的热惯性大不可能立即熔断,这时黄铜熔片则可迅速熔断而将电路切断。

惯性熔断器是有正、负极性的,如图1-71所示。使用时应加以注意,否则将难以起到电路保护的作用。这是因为导体通电时产生热量,电子流动时也传递热量,其方向与电流方向相反。如果电路中通的是直流电,热量就会由高温处沿电流的反方向传递出去,所以必须按规定极性连接,才能使加温元件的热量传递到焊料与黄铜熔片一端。

3) 自动保险电门

自动保险电门又叫自动保护开关或称断路器,它利用双金属片发热变形的原理,在短路或过载时自动操纵电门的触点使之断开用以保护电路。它不仅将电路保护和普通开关的作用合二为一,而且能多次使用。因此自动保险电门在飞机上被大量采用以取代熔断器。自动保险电门的类型很多,按其操作机构可分为扳动式和按压式两种。

(1) 扳动式自动保险电门。飞机上采用的自动保险电门有非自由脱钩型(如国产ZKC型)和自由脱钩型(如国产ZKP型)两种,它们都具有扳动开关和保护设备的双重作

模块1 电气维护的基本知识

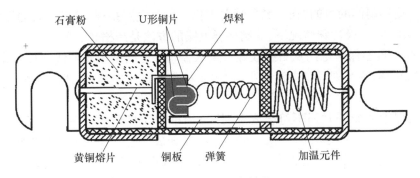

图1-71 惯性熔断器

用,其构造也都有开关结构和保护机构两部分组成。

① 非自由脱钩型 ZKC 型自动保险电门。这种保险电门的结构如图1-72所示。它的开关机构主要由手柄、拨板和触点组成,保护机构又叫双金属,主要由双金属片、挡板、复位弹簧、胶木滑块和固定于胶木滑块下的卡销组成。

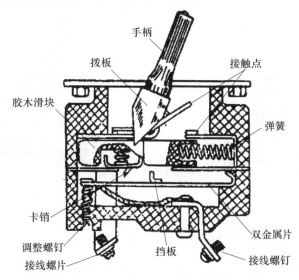

图1-72 ZKC自动保险电门结构图

开关状态的工作原理如下:将手柄向左扳,活动触点与固定触点接通,与此同时,手柄上的三角形拨板带动胶木滑块向右移动,压缩复位弹簧,当胶木滑块下的卡销滑过双金属片下面的挡板后,即被挡板卡住。以后再来回扳动手柄时,就只能控制触点的接通和断开,胶木滑块不能再返回原位,而停在右边位置。这时,自动保险电门处于接通状态,工作电流通过左接线螺钉、触点、双金属片、导线和右接线螺钉形成通路。

过载状态或短路时的工作情况如下:当工作电流超过额定值时,双金属片由于发热而向下弯曲,挡板也随着下移。当过载达到安秒特性曲线要求或者发生短路时,双金属片弯曲的程度使挡板脱离胶木滑块上的卡销,于是在复位弹簧的作用下,胶木滑块迅速左移,推动手柄而使触点断开。

显然,在电路没有过载和短路的情况下,虽然卡销被挡板挡住,但人工扳动手柄仍然可以控制电路的通断。由此还可以看出,即使双金属片已经向下弯曲,仍可用手柄使电路

59

强制接通。这样制作的目的,在于紧急情况下仍可保证电路接通,使已过载的设备继续工作。必须指出,除在极特殊情况下,强制接通电路的方法是严格禁止的。

一般 ZKC 自动保险电门从右接线螺钉至双金属片之间是用软导线连接起来的,但其中 ZKC-2 和 ZKC-5 因额定电流较小,为保证对双金属片加热,上述软导线改用加热电阻丝代替。

当自动保险的断开时间不符合要求时,可用电门下部的调整螺钉进行调整。如断开时间大于规定值,说明挡板卡入卡销太多,双金属片需要弯曲更多才能切断电路。这时,只要将调整螺钉反时针向外拧出一些,就可减少断开时间到规定值。反之,调整螺钉向里拧可增大断开时间。调整螺钉每转动 1/4 周,动作时间大约可改变 5s~6s。自动保险电门的惯性大于难熔熔断器而小于惯性熔断器,常用于需要进行过载保护的电路中。

② 自由脱钩型 ZKP 型自动保险电门。ZKC 型自动保险电门在自动切断电路后可强制接通,这对电动油泵一类容易发生火灾危险的电路是不适用的,ZKP 型则属于不能强制接通的自动保险电门,它的结构如图 1-73 所示。

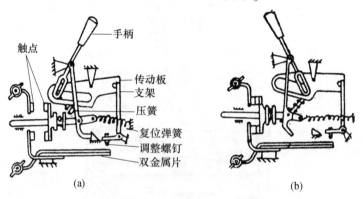

图 1-73 ZKP 型自动保险电门
(a) 触点断开;(b) 触点闭合。

ZKP 型自动保险电门的开关机构由手柄、压簧、传动板、复位弹簧与触点组成;保护机构由双金属片、支架、调整螺钉等组成。

如图 1-73 所示,当向左扳动手柄时,传动板右端由于被支架顶住而不能转动,压簧则被压缩,当手柄移过中立位置后,压簧则产生向左的弹力,迫使活动触点向左移动与固定触点接通,并使复位弹簧拉长,接通后的情况如图 1-73(b) 所示。当向右扳回手柄时,则在手柄超过中立位置后,复位弹簧的拉力将使触点断开。

在触点接通的情况下,若电路过载或短路,双金属片发热变形,右端向上翘起,顶动调整螺钉,使支架顺时针方向转动而脱离传动板。这时传动板在压簧作用下顺时针方向转动,压簧本身放松,作用在触点上的压力消失。于是,在复位弹簧作用下,触点自动断开。

触点自动断开以后,如果立即强行接通手柄,触点不会再接通。因为此时双金属片尚未冷却复位,支架还不能顶住传动板,压簧没有向左的力,所以触点不可能接通。

ZKP 型自动保险电门断开时间的调整原理与 ZKC 型类似。在过载电流相同的条件下,向上拧调整螺钉,断开时间增加;反之,断开时间缩短。

（2）按压式自动保险电门。按压式自动保险电门具有按钮开关和熔丝的双重作用,在英国和美国制造的飞机上,常被称为跳开关,如图1-74所示。

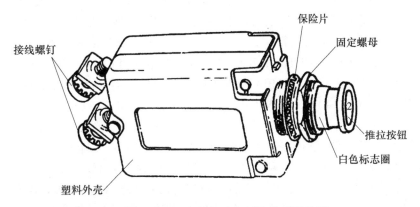

图1-74 按压式自动保险电门的外形结构图

在飞机上,跳开关常常比较集中地安装于跳开关面板上,只有推拉按钮露出在面板上。推拉按钮表面标有数字,它代表此跳开关允许的额定电流值,如图1-74中所标额定电流为2A。英国和美国制造的美飞机上常用跳开关额定电流有0.5A、1A、2A、3A、5A、7.5A、10A、15A、20A、25A、30A和40A等多种。

推拉按钮按下以后,跳开关内的触点接通,这时套在黑色推拉按钮上的"白色标志圈"被压进壳体内。看不见白色了,表示此跳开关处于接通状态。当电路发生过载或短路现象时,靠跳开关内部双金属片的受热变形使跳开关自动跳起,并将电路切断。这时,推拉按钮在弹簧作用下弹出,显露出"白色标志圈",这就标志着该电路故障,跳开关已跳开。

正常情况下,若由于工作需要断开电路电源时,可人工将推拉按钮拔出;当需要恢复时,则将推拉按钮按下。

 材料阅读

材料 谈B737飞机电气系统短路故障

电气系统短路故障在B737飞机电气系统故障中比较常见。这是由于飞机本身结构限制了飞机上一些线路的布线条件,导线大多穿梭于各金属构架之间。加之飞机在飞行中振动频繁,容易造成一些线路的绝缘层磨损,给形成短路埋下了隐患。就短路故障而言,飞机各系统几乎都设有相应的保护,如针对发电机,一般采用过流和差动保护;针对各操作、控制系统,主要采用跳开关来进行保护。但由于飞机系统较多,保护往往只能顾及其主系统,而对其分系统或子系统一般难以再设置保护。这样,分系统或子系统的故障监测工作就大都落到系统自测设备上。所以,飞机上大多数短路故障,都可以较直观地通过机上保护系统或利用自测系统来进行分析、定位。

下面针对一些我们曾遇到的特殊情况阐述一下个人的经历。这里所说的"特殊情况",是指飞机系统保护中的"盲区",形成这些"盲区"的原因主要有:①有些地方设置保

护较困难或必要性不大;②来自于不同厂家的设备协同工作时,没有较全面地顾及各设备间的协同保护,以致出现故障时不能给出正确反应。一旦故障发生在这些"特殊情况"下,排故工作也就相对麻烦一些。举两个例子说明:

　　1997年11月29日,某公司B2911飞机机组反映,当驾驶舱空调温度选择电门在自动位范围内时,无论置于何位置,空气混合活门表总指示"冷"位,且驾驶舱温度也很低;而置于人工位时,冷、热控制正常。在电子设备舱利用座舱温度控制组件M345进行自检,在温度控制盒(TEMP CONTROL BOX)各挡位,左组件(LEFT PACK)未通过(NO GO)灯亮。而在座舱温度传感器(CABIN SENSOR)、预调传感器(ANTICIPATOR SENSOR)、管道限制传感器(DUCT LIMIT SENSOR)、温度选择器(TEMP SELECTOR)等各位,均为正常灯(GO)亮。为此,我们与其他飞机对换了温度控制组件,可故障依旧。接着,又对换了驾驶舱温度、管道预调、管道限制传感器和温度选择电门,均未能见效,于是又对换空调组件M234,可故障仍然存在。把左、右混合活门温度选择器均放置于自动中"正常"位,在混合活门电插头D524处测量电压分别为:左侧:1,3号钉,$V_{1,3}$ = 119V直流,2,3号钉,$V_{2,3}$ = 30V直流;右侧:$V_{1,3}$ = 30V直流,$V_{2,3}$ = 86V直流。由于$V_{1,3}$输出控制混合活门热路关闭,冷路打开,$V_{2,3}$输入控制混合活门热路打开,冷路关闭,所以从左组件$V_{1,3}$ = 119V直流可以看出,左侧混合活门处于全冷位。分别断开用于左、右侧组件温度调节的这三个温度传感器,发现右侧活门自动向开位运动,左侧活门没有移动。后进行线路测量,最终发现左组件管道预调传感器有一支路线W027-24与电子设备架相磨擦发生接地短路,此线接于M345插头D454中14号钉上。正是这一线路短路,造成温度控制阻尼桥中始终产生一个不平衡电流到温度控制器中,也就出现了前面所述的驾驶舱温度在温度选择电门置自动位时不受控制,而一直保持在全冷位的情况。将此短路线包扎后,故障最终被排除。

　　可以看出,从此故障的出现到排除,我们走了不少弯路,也费了不少周折。原因除了自身经验不足外,也有飞机本系统在设置保护和系统自测上的缺陷。因为至少利用M345进行自检时,置预调传感器位是通过的,并且线路短路也未出现任何相关保护。

　　下面再来看另一个故障。1998年9月19日,某公司B2525飞机航后机组反映"在航行高度开始下降时,非程序下降灯亮两次"。为定位故障,将B2525的增压控制盒与B2910对换,测试时B2525通过,而B2910人工直流位不能通过。现象是,后外流活门人工直流关闭后,却不能操做打开。将两飞机控制盒重新串回,结果两架飞机做测试时人工直流位均不能通过。接着两架飞机均将控制盒更换,B2525做测试通过,而B2910人工直流还是不能通过,现象还是后外流活门人工直流关闭后,不能操作打开,并经历一次电门打开操作后,此控制盒在其他飞机上人工直流打开和关闭操作后外流活门均不能工作。这时,我们才意识到B2910增压控制系统有问题,将其后外流活门插头D952脱开,分别操作人工直流电门关闭和打开外流活门,测量2号钉对地电压28V DC,1号钉电压接近4V,离合器6号钉电压7V,而工作正常的飞机上人工直流关闭和打开操作后外流活门时,2号钉和1号钉电压分别为13V DC,6号钉为28V DC。将这些测量电压与故障现象结合起来分析,认为,2910人工直流关闭回路存在故障,并认为该回路可能有短路存在。但测量时又未能发现异常,最后将E1架拆下进行线路检查时发现,控制盒后D948A 36号线钉到D4588P间的导线211-20R有一处与设备架相磨,产生直径不到1mm大的绝缘层磨损,很难发现。就是这一点对地短路,导致操作外流活门电动机向开位时,控制盒内的直流电源(13V DC)对地短路,而引起控制盒损坏。但测量线路时未能发现接地,能够给出的解释也许只能是通电时导线束受热变长造成接地,而断电拔下控制盒测量时导线束又冷却收缩,造成短路点消失,以致未能量出线路短路。实际上,线路的短路或断路有时会受温度影响,这在飞机电气系统故障中并不少见。对此线路短路点进行包扎处理后,最终 B2910 增压系统各项测试工作正常。

  结合以上两例故障可以看出,飞机上有些操作控制系统对故障的监测和所采取的保护措施在某些方面并不完善。如第一例故障,仅从故障现象和系统图册一时很难想象并判断出故障会如结果所示的那样。而对此类接地短路故障,故障隔离手册也未作提示,系统又无相应的保护给我们做出判断提供条件。而第二例故障就更有些离奇,此短路故障其实已在飞机上存在很久,但一般的 A 检和每日维护工作都没有涉及增压系统,并且增压控制盒在不做人工直流测试的情况下,操作直流马达的线路短路故障就不会被发觉,也就不会祸及控制盒本身。同样,如果是其他模式出现此类操作线路短路故障,也一样会存在这种情况。在我们送修由此故障损坏的三个控制盒的返修报告中,可以看出三个控制盒内熔断器均烧坏,这不能不说是保护设置的一个缺陷。因为整个故障出现期间,我们自始至终在 P6－4 板上均未能发现增压控制系统任何一个跳开关跳出,特别是未能看到人工直流 C416 跳开关跳出。而我们认为,此类故障应该有相应的跳开关跳出,以保护控制盒,给排故提供线索,并帮助我们避免在判断故障时对控制盒造成损坏。

  结合以上分析,我们认为针对一些"特殊"短路故障,如果不能得到较直观的故障起因信息,而维护手册也不能提供相关信息,那么就应该尽可能利用所能得到的手册资料,认真分析系统工作原理,判别故障的可能起因,仔细查找,确定故障所在位置,使故障最终得以排除。这也是面对"特殊情况短路"故障所能采取的有效措施。

学习体会

通过这次学习,你都学到了什么东西呢?写在下面吧。

课后任务

(1) 使用万用表和兆欧表的步骤是什么?
(2) 使用万用表和兆欧表的注意事项是什么?

(3) 使用常用电气仪表进行电路短路和断路及错线的测量方法是什么？
(4) 电路测量的注意事项是什么？

项目3　导线的焊接、夹接，电缆的包扎和捆扎

【教学目标】

知识目标：(1) 知道常用的焊接和夹接工具和器材。
　　　　　(2) 知道焊接和夹接中的注意事项。
　　　　　(3) 知道电缆包扎和捆扎的方法。
能力目标：(1) 会使用电烙铁进行导线的焊接操作。
　　　　　(2) 会使用工具进行导线的夹接。
　　　　　(3) 会电缆的包扎和捆扎。
情感目标：(1) 培养分析问题和解决问题的能力。
　　　　　(2) 树立认真负责的工作态度，懂得"机务工作无小事"的道理。
　　　　　(3) 培养团队协作精神。
　　　　　(4) 培养吃苦耐劳的精神。

【教学重点】

(1) 常用焊接和夹接材料和工具的使用。
(2) 会进行导线的焊接和夹接。
(3) 会进行电缆的捆扎和包扎。

【教学难点】

(1) 如何引导学生通过以前所学知识来分析问题和解决问题，最终归纳总结，达到掌握知识、提高能力的目的。
(2) 在学生实际操作中，如何做到有效引导，既充分调动学生的积极性，又要避免一些安全事故的发生。
(3) 如何培养学生团结协作的精神，让学生懂得集体利益永远大于个人利益。

课前任务1　请同学们回忆一下，以前大家见过电烙铁吗？还记得是如何使用的吗？请大家结合以前所学知识，想象一下如何将导线焊接到接线片上。现代飞机上导线的连接又使用什么方法呢？

模块1 电气维护的基本知识

课前任务2 请同学们对照教学用飞机,找出电缆包扎和捆扎的几种方法,以及电缆包扎和捆扎的作用。

 情境创设

在老式飞机中,电气设备的导线与插钉或插孔之间、导线与接线片之间都是用锡焊焊起来的。焊接处折断或脱焊,就必须重新焊接好。掌握焊接技术是每一个航空电气维护人员所必须的。那么,如何使焊接点又牢又光滑,并防止出现假焊呢?现代飞机中,导线与插钉或接线片之间多采用夹接,那么如何夹接呢?下面我们来开始学习吧。

 工作项目:导线的焊接、夹接,电缆的包扎和捆扎

【任务内容】

任务1 将导线焊在接线片上。
任务2 导线的夹接。
任务3 电缆的包扎。
任务4 电缆的捆扎。

【任务准备】

准备好电烙铁、焊锡、松香、剥线钳、小刀、扎线、塑料扎带、扎带枪、夹接工具。

【任务执行】

任务1 将导线焊在接线片上

将导线焊在插钉或插钉的焊孔上与焊在接线片上的步骤和方法基本相同,步骤如下。

65

1. 给电烙铁加温

首先，检查电烙铁的工作电压应与电源电压相符，再检查烙铁头的固定应牢靠，导线的绝缘层不应有破损，然后接上电源进行加温。

2. 剥去导线头的绝缘层

用剥线钳剥去导线头的绝缘层，如图1-75所示。使用前，检查剥线钳的可用程度，根据导线的直径和线号选择合适的刀口，根据剥线长度找好剥线刀口的位置，剥线后先松左手柄，以防导线折弯。

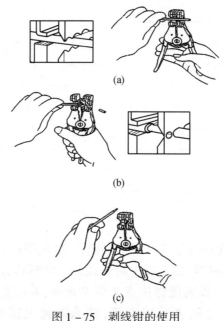

图1-75 剥线钳的使用
(a) 第一步；(b) 第二步；(c) 第三步。

绝缘层剥去的长度，一般应稍短于插钉（插孔）焊孔的深度（图1-76），以免焊好后铜丝外露，使导线头易于折断。

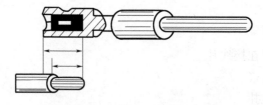

图1-76 导线剥去绝缘层的长度

若没有剥线钳，可先用小刀，如单刀片、壁纸刀、美工刀等（图1-77），轻轻地割去导线的棉纱套，再用电烙铁将聚氯乙烯套烫一圈，然后把聚氯乙烯套拉脱。用小刀割棉纱套

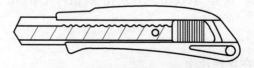

图1-77 替代绝缘去除工具

时,注意不要割伤导线线芯。在剪去多余的线头时,要防止线头蹦出掉进飞机里。万一蹦出,要千方百计把它找回。

3. 擦净线芯

将剥去绝缘层的导线头的铜丝散开,用砂纸彻底擦去表面的氧化物和脏物(有镀锡层的铜丝,不必用砂纸擦,清除表面脏物即可),再按线芯原来扭紧的方向将线芯扭紧。如果线芯上的脏物过多,也可用小刀轻轻地刮除。

清除铜丝表面的氧化物和脏物十分重要,如果清除得不彻底,就会直接影响焊接的质量。

4. 给电烙铁头包锡

焊接前,应在电烙铁头的两侧包上锡层,以便于沾锡。包锡的方法是:当电烙铁的温度上升到能溶化焊锡时,用铜丝刷迅速地刷去烙铁头表面的氧化物,立即沾上焊剂并放在焊锡上。当焊锡融化后,烙铁头两侧就包上了焊锡。

5. 给线芯涂锡

给线芯涂锡,是为了使铜丝沾上焊锡,以便顺利地把线芯焊牢在焊孔里。涂锡的方法是:先给线芯涂上焊料,然后将沾有焊锡的电烙铁头放在线芯上,停留一会儿,当焊锡渗入线芯的缝隙后,将导线轻轻一抖,线芯表面就均匀地涂上了一层锡。

6. 准备好插钉(孔)

插钉(孔)的焊孔内常留有残余的线芯,焊接前必须取出来。取线芯的方法是:先给焊孔加温,待焊孔内的焊锡融化后,再用尖嘴钳或镊子将线芯夹出来。如焊孔不清洁,可用小刀刮净。

7. 将导线与焊孔焊接起来

将烙铁头放在插钉(孔)的焊孔上,待焊孔内的焊锡溶化后,立即把线芯插入,插入后稍停一会儿,再迅速移开电烙铁,当焊孔内的焊锡完全凝固后,导线头与插钉(孔)就焊接好了。焊好后,还要检查焊接质量。焊接质量良好的标准是:焊得牢靠,不露线芯,表面光滑清洁。在焊接过程中,焊孔的焊锡未凝固前,绝对禁止移动或碰撞导线,以免线芯与插钉结合不牢或造成焊接面不光滑,影响焊接质量。

导线头上要焊接线片时,先要把接线片的焊接处擦干净,涂上焊剂,再将接线片包在线芯上,然后进行焊接。焊接时,导线应斜立着,以便焊锡能顺利地渗入焊缝中。

焊接时要注意:不能在飞机油箱附近进行焊接,以免引起火灾。必焊时,应采取安全措施。

8. 做好收尾工作

导线焊接好以后,先断开电烙铁的电源,再清除焊接处的脏物,检查导线有无焊错、碰搭;然后,把每根导线上的聚氯乙烯管套好;将插销装配好;最后,清点器材和工具,把电烙铁头取出来,清除掉烙铁头上的氧化物后再装好,以防止烙铁头锈蚀在衬筒中拔不出来,并清理干净工作场地。

任务 2　导线的夹接

1. 插钉(孔)的夹接

使用插钉(孔)的夹接工具,如 AF8(M225201/1-01)(图 1-78)。该工具是可调整插钉(孔)夹接工具,适用于 AWG12-26 的各种常见插钉。它可与多种定位块适配

(TH 系列、TM 系列、TP 系列或者通用定位块 UH2-5),以适应不同插针和导线的要求。

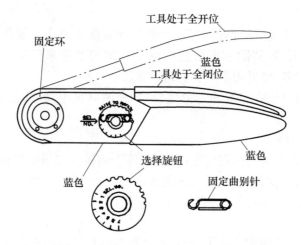

图 1-78　AF8(M225201/1-01)外形

AF8 对插针的压接强度(可以决定其抗张力的程度)是由其本身带有的一个 8 位选择旋钮来控制。对于不同 AWG 的导线,其对应的压接强度值可以在定位块上读取。可以通过旋转塔形定位块来适应不同型号的插针或者不同尺寸的插针,从而避免频繁更换定位块。

压接时,工具的手柄必须按压至完全收合的位置,使得棘轮完成一个循环才能松开。塔形定位块的更换如图 1-79 所示。确保 AF8 处于全开位,使用六角扳手拧松塔形定位块上的内六角螺杆(2 个),将塔形定位块从固定环上脱开,拆下塔形定位块时,注意必须垂直于固定环拔出。确保 AF8 处于全开位,并且扳动塔形定位块上的松开扳机,使得塔形定位块处于换挡位置,在将塔形定位块固定在固定环之后,用六角扳手将塔形定位块的内六角螺杆拧紧。

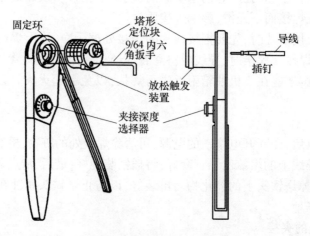

图 1-79　塔形定位块的更换

插钉(孔)的夹接位置如图 1-80 所示。

模块 1　电气维护的基本知识

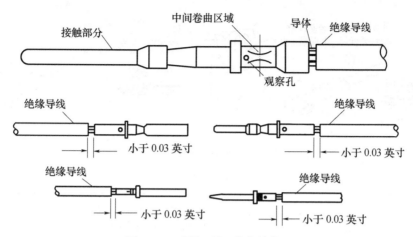

图 1-80　插钉(孔)的夹接位置

2. 接线片的夹接

使用接线片夹接工具,如 T 形头夹接工具,如图 1-81 所示。夹接方法如图 1-82 所示。接线片夹接后的检查如图 1-83 所示和表 1-1 所列。

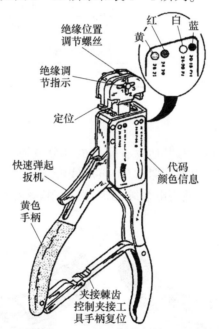

图 1-81　T 形头夹接工具

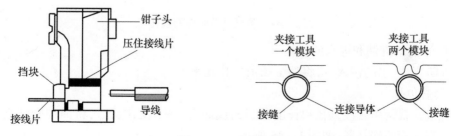

图 1-82　夹接方法

69

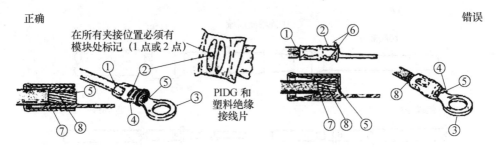

图1-83 接线片夹接后的检查

表1-1 接线片夹接后的检查

正 确	错 误
①绝缘筒与导线绝缘可靠接触	①导线绝缘压出(在接线片绝缘压接太紧)
②正确的颜色标记、模块标记和工具组合	②错误的颜色标记和模块标记
③导线线号在接线片舌片或拼接头中心范围之内	③导线线号不在接线片舌片中心范围之内
④夹线筒夹接在中心	④夹线筒夹接不在中心(夹接不到位)
⑤在接线片上的导线末端到达规定位置	⑤导线末端没有到达规定位置(检查剥线长度)
⑥绝缘筒不能变形	⑥过度压接或绝缘变形(工具和模块、拼接头选择错误)
⑦夹线筒没有压接到导线绝缘	⑦夹线筒压接到导线绝缘
⑧芯线没有断丝或划痕	⑧芯线有断丝或划痕

任务3 电缆的包扎

1. 防止电缆磨损的包扎

为了防止电缆被磨破,可将与其他物有摩擦的部分电缆包扎起来。包扎的方法有两种:一种是用皮革或人造革将电缆紧紧包住,再用线缝起来,如图1-84(a)所示;另一种是用聚氯乙烯带一圈紧压一圈地将电缆缠起来,然后用麻线把两端扎好,如图1-84(b)所示。

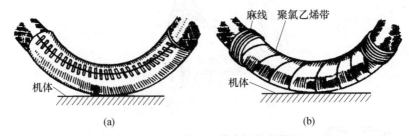

图1-84 防止电缆磨损的包扎

2. 防止插销进油和进水的包扎

为了防止油、水的侵入,可将整个插销包扎起来。

1)套管包扎

套管包扎就是用一段直径和长度适当的胶布管(聚氯乙烯套),将插销全部套住,再用麻线把胶布管两端扎紧,如图1-85所示。

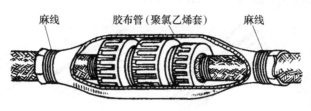

图 1-85 套管包扎

2) 缠绕包扎

缠绕包扎,就是用宽约 20mm 的聚氯乙烯带将插销缠绕起来。缠的时候,要将聚氯乙烯带拉紧,然后一层紧压前一层约 10mm;要注意缠绕的方法。凡是直立的插销,应从下向上缠,如图 1-86 所示。凡是与机身平行的插销应迎着气流方向从后向前缠,如图 1-87 所示。这样就可以防止油、水从聚氯乙烯带的缝隙进入插销内。

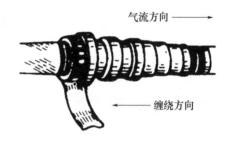

图 1-86 直立插销的缠绕包扎   图 1-87 与机身平行的插销的缠绕包扎

任务 4　电缆的捆扎

在飞机的高振动区,如图 1-88 所示,吊舱、吊架、大翼前后梁、轮舱、大翼机身结合部、尾翼等部位,必须使用扎线捆扎。机械振动易造成绝缘层损伤的区域,包括发动机、襟翼驱动马达、燃油泵、起落架传动机构、强气流区,也必须用扎线捆扎。在热源、冷源、潮湿、液压源、油箱等有污染的系统周围区域,以及不正确安装造成的电缆损坏区域,也必须使用扎线捆扎。

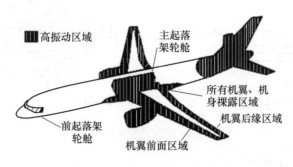

图 1-88 飞机上的高振动区域

1. 飞机非高振动区的捆扎方法(图1-89)

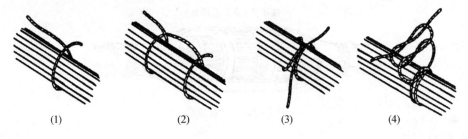

图1-89 丁香结

2. 飞机高振动区的捆扎方法(图1-90)

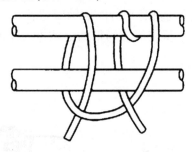

图1-90 防滑丁香结

在发动机馈线上和导线束直径大于1.5英寸(38.1mm)时,所要求的绳结为双结,如图1-91所示。

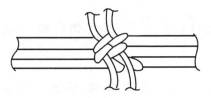

图1-91 双结

3. T形结的捆扎方法(图1-92)

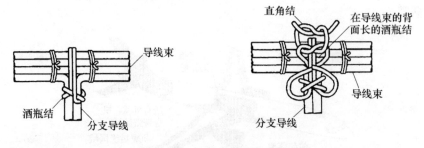

图1-92 T形结的捆扎方法

4. 导线捆扎的具体参数

在发动机区域,吊架和吊舱导线捆扎结最大间隔为2英寸(50.8mm),如图1-93所示;导线捆扎结留出的长度为 0.25 英寸(6.35mm)~0.5 英寸(12.7mm)。

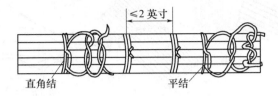

图 1-93　导线捆扎结的间距

5. 使用尼龙拉带对导线束进行捆扎的方法

(1) 使用尼龙拉带对导线束进行捆扎时,应注意只能使用在增压区域和温度等级在 B 级以上的环境温度,捆扎结的位置如图 1-94 所示。

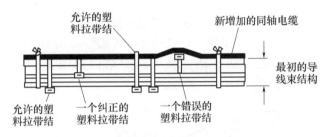

图 1-94　捆扎结的位置

(2) 在增压区域导线束的捆扎方法。拉带枪的结构如图 1-95 所示,拉带枪的使用如图 1-96 所示。

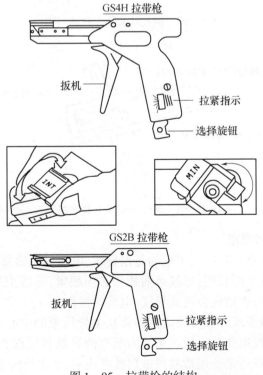

图 1-95　拉带枪的结构

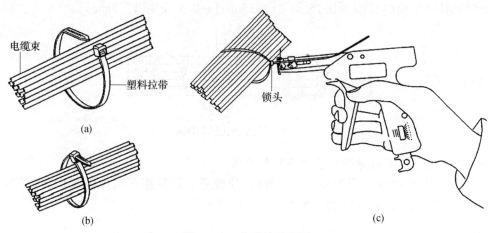

图 1-96 拉带枪的使用
(a) 步骤1；(b) 步骤2；(c) 步骤3。

（3）捆扎结的去除方法。捆扎结去除工具的结构如图 1-97 所示，使用方法如图 1-98 所示。

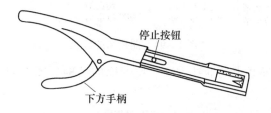

图 1-97 捆扎结去除工具的结构

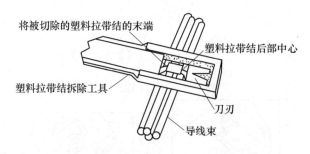

图 1-98 捆扎结去除工具的使用

6. 导线捆扎的具体要求

（1）导线束捆扎要求。在导线束里的每根导线、电缆捆扎后要平行，不能出现交叉现象，否则会造成导线/电缆的损伤；导线束捆扎扣必须绷紧，导线束里的导线、电缆的外层绝缘不能出现变形现象，否则也会造成导线/电缆的损伤。

（2）导线束的分线要求。分支导线束必须从主导线束的中心分出，而且分出的分支导线束要求平滑，主导线束和分支导线束里的所有的导线和每根相邻的导线必须是互为平行的；不论使用捆扎线还是使用塑料拉带捆扎导线束，从主导线束开始分线前的捆扎结到分支第一个捆扎结的间距最大是 1 英寸；从主导线束分出的分支导线束必须在一个平面内,不能出现交叉现象。

7. 几种导线束捆扎效果

几种导线束捆扎效果如图 1-99～图 1-102 所示。

图 1-99　导线束捆扎绳结的间距

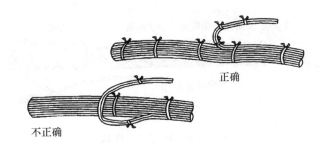

图 1-100　在导线束上分出一束分支导线束分线捆扎

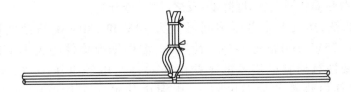

图 1-101　T 形分支导线结构

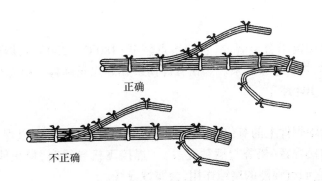

图 1-102　两束分支导线束分线捆扎

【结果评价】

以小组为单位进行评分,满分 100 分,每个任务 20 分。

课前任务	任务 1	任务 2	任务 3	任务 4

1. 常用的焊接工具和器材

1)电烙铁

电烙铁是用来产生高温、熔化焊锡和给焊件加温的工具,它的组成如图 1-103 所示。

图 1-103 电烙铁的组成

拧松烙铁头固定螺钉,可调整烙铁头的长度,以调节烙铁头的温度。烙铁头拉长,其受热面积减小,散热面积增大,温度降低;反之,则温度升高。

常用的电烙铁,按其工作电压不同可分为 24V 和 220V 电烙铁两种。按其功率则有 20W、35W、75W、100W 等多种。使用时,需根据焊接件的大小来选择其功率的大小;同时,还要注意检查电烙铁的工作电压必须与电源电压一致。电源电压高于工作电压,将烧坏电烙铁的加温电阻丝;电源电压低于工作电压,电烙铁的温度不够,将影响焊接。因此,在通电之前,必须仔细检查电烙铁的工作电压是否与电源电压一致。

2)焊锡

常用的焊锡使用锡铅合金制成,它的熔点较低(180℃~230℃),熔化后能充填在焊接处的缝隙内,将被焊物连接起来。焊锡有焊锡条和焊锡丝两种。焊锡丝是空心的,中心灌有焊剂,如图 1-104 所示。

3)焊剂

焊剂是用来清除焊件上的氧化物和防止焊接时重新氧化的,可以保证焊接牢靠。常用焊剂的是松香和松香膏(松香与酒精配成)。焊接飞机导线时,禁止使用氯化锌、盐酸等酸性焊剂,因为它们有强烈的腐蚀作用,会腐蚀导线。

4)剥线钳

剥线钳是用来剥去导线的保护套和绝缘层的,其外形如图 1-105 所示。

模块1 电气维护的基本知识

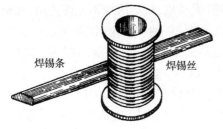

图1-104 焊锡丝和焊锡条　　　　　图1-105 剥线钳外形

将导线由拉线夹一侧送入剪口,握紧手柄,剪口即剪断绝缘层;松开手柄,拉线夹即将线芯从剪断的绝缘层拉出。导线头从剪口伸出的长度就是剥去的绝缘层长度。

剥线钳有数个直径不同的剪口,使用时,应根据导线线芯直径的大小选择合适的剪口。选择的剪口过大,则剥不掉导线的绝缘层;选择的剪口太小,则会剪断线芯的部分铜丝。

此外,还有钳子、镊子、小刀、砂纸、剪刀、钢丝刷和锉等。

2. 飞机的导线及电缆

1) 导线和电缆的分类

常用导线的分类如图1-106所示。常用电缆的分类如图1-107所示。

图1-106 常用导线的分类

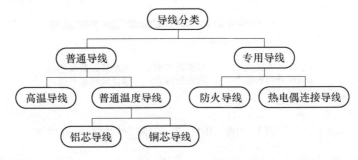

图1-107 常用电缆的分类

2) 导线/电缆的选用原则

在选用导线/电缆时,要考虑导线/电缆的安装环境、温度等级和绝缘等级。

铝线主要用于民用航空器电源系统的部分线路(发动机、APU 区域不允许使用)和厨房电源系统,使用铝线是为了减轻飞机重量,减少发动机的燃油耗油,提高航空器的经济效益。

导线/电缆的环境温度为 105℃ 时,用于航空器的常温区域;环境温度为 250℃ 时,用于航空器的发动机、APU 和气源管道附近等高温区域。

波音系列飞机导线/电缆绝大多数是按照波音材料规范标准(BMS)选用的,但是一些重要系统(如导航系统、飞行操纵系统、防火系统和发动机控制系统等)采用高于波音材料规范标准的美国军用标准(MIL)的导线/电缆。空客系列飞机导线/电缆使用的有 MIL、AIR 和 SN2S 标准,也有个别导线使用的是 BMS 标准。

3) 导线的结构介绍

导线/电缆在电路中起到金属电气连接的作用,导线/电缆由芯线、屏蔽层和各种类型的绝缘层构成。环境温度为 105℃ 的导线/电缆芯线主要由镀银、镀锡的多股铜丝组成;环境温度为 250℃ 的导线/电缆芯线主要由镀银、镀镍的多股高密度铜合金丝组成;屏蔽层主要由镀银、镀锡铜丝编织成网状结构或由镀银、镀镍的多股高密度铜合金丝编织成网状结构;绝缘层由聚氯乙烯(PVC)、聚酰胺(PA)、聚四氟乙烯(PTFE)、卡玻隆纤维(KAPT-CON)、硅树脂绝缘材料(SI)和玻璃丝加强的聚酯树脂(GUP)等绝缘材料制成。

下面以波音系列导线/电缆为例进行介绍。

(1) 普通导线结构,如图 1-108 所示。工作电压为 600V,环境温度范围为 -60℃ ~ 250℃。

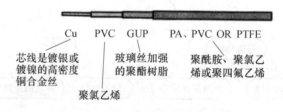

图 1-108 MIL-W-7139 导线结构

(2) 铝线结构,如图 1-109 所示。工作电压为 600V,环境温度范围为 -55℃ ~ 250℃。

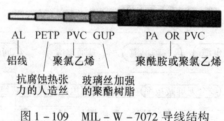

图 1-109 MIL-W-7072 导线结构

(3) 多芯电缆结构,如图 1-110 所示。工作电压为 600V,环境温度范围为 -55℃ ~ 250℃。

(4) 音频屏蔽电缆,如图 1-111 所示。音频屏蔽电缆主要用于航空器内话系统和客舱广播系统音频信号的传输。屏蔽层的作用是排除外界电磁环境对音频信号传输电路的干扰(如点火装置),为了使屏蔽层完全发挥作用,要求屏蔽层接在小于 50Hz 的公共端(就是 DC 接地)。

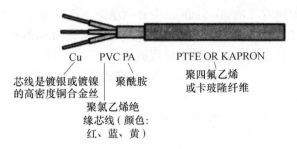

图 1-110 MIL-W-7078 导线结构

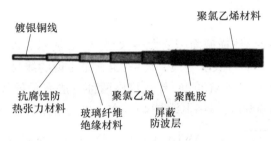

图 1-111 音频屏蔽电缆结构

(5) 高频同轴电缆,如图 1-112 所示。环境温度范围为 -40℃~84℃。主要用于通信系统的高频信号传输,其匹配阻抗是 50Ω;高频同轴电缆的屏蔽防波层作为回线使用,另外还起到屏蔽作用。芯线是镀银独芯铜线。

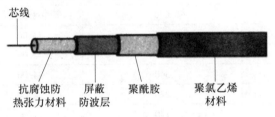

图 1-112 高频同轴电缆结构

4) 专用导线介绍(波音系列)

(1) 热电偶连接导线。在发动机排气温度(EGT)、发动机滑油温度和发动机燃油温度的指示系统中,使用的温度传感器是热电偶。热电偶是由两种不同金属材料焊接而成:一种是镍铬合金,另一种是镍基铝锰合金。在发动机部分连接热电偶传感器的导线也是一根耐高温的镍铬合金导线,另一根导线是镍基铝锰合金导线,这样可以减小热电偶传感器的热电势损耗。在维护工作中必须牢记,在接线时切记不能将两根不同材料的导线接反,否则会造成温度指示系统故障。

热电偶传感器接线端必须使用磅表来磅螺母的扭力距,因为电接触螺栓全部都是防扭力螺栓,当扭力超过一定数值后它会被扭断,螺母的扭力矩值请见相关机型的飞机维护手册(AMM)或相关发动机的维护手册。

(2) 防火系统线路。防火系统线路使用的导线具有红色、白色或红白相间的绝缘外套,导线特别耐高温。导线要符合 MIL-W-25038 要求,工作环境温度是 400℃,要求在导线绝缘和导线本身烧毁之前,在 5min 之内必须承受 1093℃高温,导线结构如图 1 – 113 所示。硅树脂绝缘材料(SI)主要作用是增强导线的耐磨性和阻燃性;带玻璃纤维的聚四氟乙烯材料(GPTFE)的主要作用是增强导线的耐磨性、抗火性、抗拉性和阻燃性。

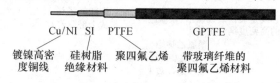

图 1 – 113 防火系统线路的导线结构

3. 导线的规格和负载能力

1) 导线的规格

导线规格是指导线导体横截面积的大小,如表 1 – 2 所示。波音系列飞机上安装的导线使用美国导线规格(AWG)表示导线的规格,也就是常说的线号。而空客系列飞机上安装的导线同时使用 AWG 和 EN(英制)导线规格两种方法表示导线的规格。在 AWG 中,最粗电缆为 4/0(表示 0000),最细电缆是 46。在飞机上常用的是 AWG 4/0 – 30 号导线。

表 1 – 2 AWG(部分)与 EN 导线规格对照

美国导线规格(AWG)	EN 导线规格	横截面积	
		平方毫米	平方英寸
0000	107	107.00	0.167
000	850	85.00	0.13
00	680	68.00	0.1
0	530	53.00	80×10^{-3}
1	420	42.00	60×10^{-3}
2	340	34.00	50×10^{-3}
4	220	22.00	30×10^{-3}
6	140	14.00	20×10^{-3}
8	090	9.00	10×10^{-3}
10	050	5.00	7×10^{-3}
12	030	3.00	4×10^{-3}
14	020	2.00	3×10^{-3}
16	012	1.20	2×10^{-3}
18	010	1.00	1.5×10^{-3}
20	006	0.60	0.9×10^{-3}
22	004	0.40	0.5×10^{-3}
24	002	0.25	0.3×10^{-3}
26	001	0.15	0.2×10^{-3}

使用线规,如图 1 – 114 所示,可以确定导线尺寸,这种形式的线规可测量的导线尺寸范围从 0 至 36。测量时,应将裸导线嵌入线规槽口,与其直径刚好适应的最小槽口的线规号码就表明了导线的尺寸;槽口有平行边,不应与槽口尾端的半圆形开孔相混淆。所有

通过槽口的导线完全可在开孔中自由移动。

线规号码仅用于同导线直径相比较,但不是所有形式的导线或电缆都能用线规准确测量。例如粗导线,为了增加其柔性通常是用多股导线扭绞在一起的。在这种情况下,总截面积是由一根扭绞导线的截面积(当导线直径或线规号码已知时,通常以画半圆计算)与导线或电缆中扭绞导线根数的乘积来确定。

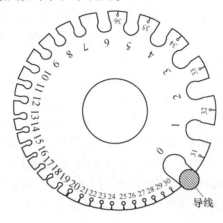

图 1-114　线规

2) AWG 导线的负载能力

如图 1-115 所示,该图表的横坐标是波音系列飞机标准 AWG 导线规格,纵坐标是导线在不同电压等级下允许的导线长度,水平线代表在允许的导线长度条件下可允许的导线电压损耗。对于不同导线所允许的电压损耗值,位于主图表左侧的单独表格内,斜穿

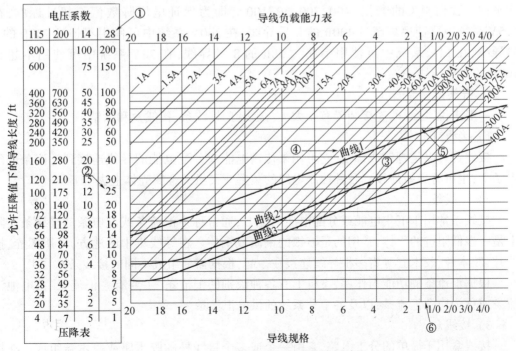

图 1-115　AWG 导线的负载能力图表

表格的一系列平行线代表导线的负载电流,通过这个图表可根据负载电流、导线长度和允许的电压损耗值找到所需的导线规格(线号)。

在图表中有三条从左下角斜向上方的粗曲线,分别表示在不同安装条件下导线的负载能力。如果负载电流和电压的交点在曲线 1 的上部,则表明导线束或电缆通过这个连续电流时不会超载。如果负载电流和电压的交点在曲线 1 和曲线 2 之间,则表明导线是在自由空气中能连续承载电流,但如果是在导线管里的导线束或电缆,则会产生过热超载而使导线或电缆损坏。如果负载电流和电压的交点在曲线 2 和曲线 3 之间,则表明导线承载的电流必须限制在 2min 之内。

如果某系统要求导线的工作电压是 28V,导线连续通过负载电流是 125A,导线长度是 25ft。如图 1-115 所示,可在 28V 栏里(①所示)找到代表 25 ft(②所示)的水平线,并找到该水平线与代表 125A 的斜线的交点(③所示),这个相交点在 4 号导线和 6 号导线的垂直线之间。因为这根导线是以连续工作方式进行工作,所以必须沿着 125A 的斜线向上至曲线 1(④所示)之上,该点(⑤所示)在 1 号导线和 1/0 号导线的垂直线之间(⑥所示)。应选择负载能力强的导线,因此应选用 1/0 号导线,通常称为零号线。如果导线在自由空气中工作,则选用 4 号线就可以充分安全承载负载,因为负载电流和电压的交点正好在 4 号线垂直线的左边。

左侧表格的最下面的 4 个数据表示不同工作电压在允许的导线长度条件下的导线电压损耗,在工作电压为 14V 时,系统连续工作允许导线电压损耗 0.5V;在工作电压为 28V 时,系统连续工作允许导线电压损耗 1V;在工作电压为 115V 时,系统连续工作允许导线电压损耗 4V;在工作电压为 200V 时,系统连续工作允许导线电压损耗 7V。如选择 8 号导线传送 15A 的电流,根据图找到代表 8 号导线的竖线和代表 15A 的斜线的交点,水平向左找到相关的数据(400、700、50、100),即为保证电压降数值不超过标准,在 115V 系统中可使用不超过 400ft 的 8 号导线,在 200V 系统中可使用不超过 700ft 的 8 号导线,在 14V 系统中可使用不超过 50ft 的 8 号导线,在 28V 系统中可使用不超过 100ft 的 8 号导线。

4. 导线连接装置

一般来说,导线的连接装置有 4 大类:接线钉、接线条、接线盒和插销。

1) 接线钉

接线钉可以是螺钉或螺栓,它可用来传输电能或分配电能的导线连接到汇流条或配电条上,也可将导线连接到各种控制电路的装置或飞机的金属壳体上去。

2) 接线条

接线条常用于汇集电能或分配电能的地方,通常称为汇流条或配电条。接线条实际上是一根低阻抗的导体,常用的是镀银的铜条或铜棒。在导线集中的地方,可用螺栓、接线片、胶木片、胶木套等将多根导线连接在一起,根据需要组成不同的接线条。

根据汇流条的功能与作用,飞机上有各种级别的汇流条,主要有主汇流条、蓄电池汇流条或称为应急汇流条,以及各个分系统的供电汇流条。

3) 接线盒

接线盒用于简单的分支电路,它由一个或多个接线柱的胶木座或胶木盖组成。在接线较多的地方还采用接线板。

4）插销

插销又称电连接器、接插件或插头座，它是用来连接单根或多根导线的连接装置。其构造大同小异，都由插头与插座组成，两者可以分合，靠内部的插钉和插孔导电。插头插座的种类按形状分为圆型、方型和特殊型；按制作材料分为合金制造和不锈钢制造等；按衔接方式分为螺纹式、快卸式、自锁式；按插钉分为前卸式和后卸式；按安装位置分为设备架上和脱开支架上的接头。

5. 标准线路施工手册介绍

标准线路施工手册（Standard Wiring Practices Manual，SWPM）内容是飞机制造商提供的飞机上的导线、电气部件必须遵守的修理方法、工具和材料。它一般作为线路图解手册的标准施工部分使用，是线路维护必需的维护方法。

1）导线及导线束的查找

（1）已知线号查找。已知线号查找时，可直接查找 WDM – WIRE – LIST，再通过相关图号查找线路图，如图 1 – 116 所示。

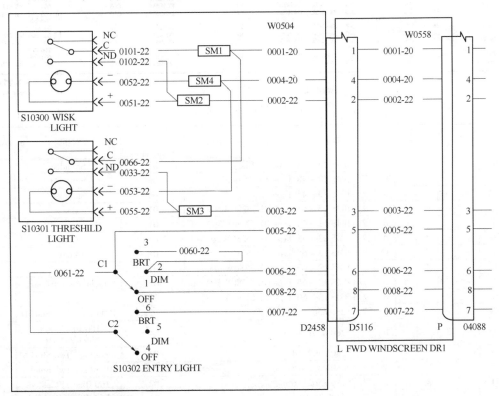

图 1 – 116　线路图

（2）已知系统章节部件查找时，先查找 WDM 相关章节线路图，再查 WIRE – LIST。

例如：W1171 – 0459 – 22 为线路中一导线，可查 WIRE – LIST，如图 1 – 117 所示。

2）线型代码（Wire Type Codes）

通过 SWPM 手册（20 – 00 – 13）由导线型号和飞机型号按数字字母排列的数据表，查找导线的件号。#为线芯数，R WTC 为可替换前型号的替换件，如图 1 – 118 所示。

757-200 WIRING DIAGRAM MANUAL

Bundle No. Wire No.	Part Number	GA	CO	TY	Description Fam	FT-IN	Diagram	From Equip	Term	Type	Splice	To Equip	Term	Type	Splice	Effectivity
W1171	286N1171				E2-1 INTEGRATION BUNDLE (continued)											
0459		22		GA		3-7	34-45-01	D01583E	E07			GD01803	DC..	2		001-005, 007-008, 010-099, 101-199, 206-299
0459		24		GK		3-1	34-45-01	D01583E	E07			TB0201Y	A032	BJ		009
0460		24		GK		3-7	34-45-01	TB0201Y	A032	BJ		D00081E	E11			001-005, 007-008, 010-099, 101-199, 206-299
0460		24		GK		3-7	34-45-01	TB0201Y	A032	BJ		D00081A	REF	VP		009
0461		22		GA		3-10	34-45-01	D43003J	2			D01583E	F13			001-005, 007-008
0461		22		GA		3-7	34-45-01	D43003J	2			D01583E	F13			009-099, 101-199, 206-299
0462		24		GK		3-3	34-45-01	D41339J	27			TB0201Z	22	BJ		
0463		24		GK		3-9	34-45-01	D41339J	54			TB0201Y	A031	BJ		001-005, 007-008
0463		24		GK		3-3	34-45-01	D41339J	54			TB0201Y	A031	BJ		009-099, 101-199, 206-299
0464		22		GA		3-7	34-45-01	D01583E	J07			GD01803	DC..	2		001-005, 007-008, 010-099, 101-199, 206-299
0464		24		GK		3-1	34-45-01	D01583E	J07			TB0201Y	A031	BJ		009
0465		24		GK		3-1	34-45-01	D01583E	K13			TB0201Z	22	BJ		009
0465		24		GK		3-1	34-45-01	D01583E	CAP	Y		TB0201Z	22	BJ		010, 101-103
0466		24		GK		3-10	34-45-02	D41429J	24			D01583E	K13			001-005, 007-008
0466		24		GK		2-3	34-45-02	D41429J	24			TB0201Z	22	BJ		009
0466		24		GK		3-4	34-45-02	D41429J	24			D01583E	K13			010-099, 101-199, 206-299
0468		24		GK		3-9	34-45-02	D41905J	13			D01583F	B05			001-005, 007-008
0468		24		GK		3-3	34-45-02	D41905J	13			D01583F	B05			009-010, 101-199, 206-299
0468		24		GK		3-7	34-45-02	D43003J	30			D01583F	B05			051-099
0469		24		GK		3-9	34-45-02	D41905J	10			D01583F	C05			001-005, 007-008
0469		24		GK		3-3	34-45-02	D41905J	14			D01583F	C05			009-010, 101-199, 206-299
0469		24		GK		3-7	34-45-02	D43003J	31			D01583F	C05			051-099
0470		24		GK		3-9	34-45-02	D41905J	45			D01583F	D05			001-005, 007-008
0470		24		GK		3-3	34-45-02	D41905J	15			D01583F	D05			009-010, 101-199, 206-299
0470		24		GK		3-7	34-45-02	D43003J	32			D01583F	D05			051-099
0471		24		GK		3-9	34-45-02	D41905J	46			D01583F	A05			001-005, 007-008

WIRE LIST

91-21-11 Section W1170

图 1-117 导线清单

WTC	Model:7( )7					Wire Part Number or Specitication	Number of Conductors	Notes	RWTC
	2	3	4	5	6	7			
0B	-	-	-	-	-	7	BMS 13-48 Type 15 Class 2	02	Shielded	-
0C	-	-	-	-	6	7	BMS 13-48 Type 15 Class 3	03	Shielded	-
0D	-	-	-	-	-	7	BMS 13-48 Type 15 Class 4	04	Shielded	-
0E	-	-	4	-	6	7	BMS 13-65 Type 0E, S280W503-1	01	Coax	-
0F	-	-	4	-	6	7	BMS 13-65 Type 0F, S280W503-2	01	Coax	-
0G	-	-	4	-	6	7	BMS 13-65 Type 0G, S280W503-3	01	Coax	-
0H	-	-	4	-	6	7	BMS 13-65 Type 0H, S280W503-4	01	Coax	-
0J	-	-	4	-	6	7	BMS 13-65 Type 0J, S280W503-5	01	Coax	-
0K	-	3	4	5	6	7	BMS 13-65 Type 0K, S280W503-6	01	Light Weight Coax	-
0L	-	-	-	-	6	7	BMS 13-60 Type 22 Class 3	03	Al	-
0N	-	-	-	-	6	7	S280M502-1	02	100 0hm, Two Shields	-
0Q	-	3	4	-	6	7	S280M502-3	04	100 0hm, Two Shields, Paired	-
0R	-	-	-	-	-	7	S280M502-4	04	100 0hm, Two Shields	-
0S	-	-	-	-	-	7	S280M502-5	04	100 0hm, Two Shields	-
0T	-	3	4	5	-	7	S280M502-6	02	100 0hm, Shielded	-
0U	-	3	4	-	-	7	24443/9CO62X-4, Tensolite	04	100 0hm, Shielded	-
0Z	-	-	4	-	-	7	20461/90059X-4, Tensolite	04	100 0hm, Shielded	-
10	2	3	-	-	-	-	5012F1339(10-008), Raychen	01	Coax	83
13	2	-	-	-	-	-	153049, MIL-W-168780 Type D	01	-	-
16	2	3	-	-	-	-	10-2716, MIL-C-13273	02	Retractile	-
17	-	3	-	5	-	-	M17/167-00001, Times Wire	01	Coax	-
17	-	3	-	5	-	-	RG223/U, MIL-C-170	01	Coax	-
19	-	-	4	-	-	-	RG180/U, MIL-C-17/95	01	Coax	-
19	2	3	-	5	-	-	RG180B/U, M17/095-RG180, MIL-C-17E	01	Coax	-

模块1 电气维护的基本知识

(续)

WTC	Model:7()7						Wire Part Number or Specification	Number of Conductors	Notes	RWTC
	2	3	4	5	6	7				
19	2	3	–	5	–	–	RG180B/U,MIL–C–17/950	01	Coax	–
14	2	3	–	–	–	–	BMS 13–13 Type I Class 1	01	–	24
1B	2	3	–	–	–	–	BMS 13–13 Type I Class 2	02	–	2B
1B	2	–	–	–	–	–	BMS 13–13 Type I Class 2	02	–	WG
1C	2	3	–	–	–	–	BMS 13–13 Type I Class 3	03	–	20
1E	–	3	–	5	–	–	BMS 13–16 Type I Class 1	01	Temperature Grade A Or Grade B Area Only	UA
1E	–	–	4	–	6	–	BMS 13–16 Type I Class 1	01	–	–
1E	2	3	–	–	–	–	BMS 13–16 Type I Class 1	01	–	2A
1E	2	3	–	5	–	–	BMS 13–16 Type I Class 1	01	–	GA

图 1-118 线型代号

6. 接线片

接线片一般用于搭铁线、火警线和接地桩的连接。接线片的尺寸同样也由数字表示,其中以18、20和22最为常用。接线片种类很多,按材料分有铜接线片和合金接线片;按功能分,有端子带绝缘和不带绝缘的;按尺寸主要是以有效接触面积大小和接线柱直径大小区分。

 材料阅读

材料1 导线焊接中常遇问题的处理

在导线的焊接中,可能会出现一些问题,影响焊接质量或焊接工作的进行。那么该如何处理呢?

1. 烙铁头不沾锡

(1)原因:电烙铁温度太低或太高;烙铁不清洁或者被"烧死"。

(2)处理方法:若是温度低,应重新加温。如果在使用中,温度始终较低,可把电烙铁上的调整螺钉拧松,将烙铁头插入一些,来提高烙铁头的温度。若是温度高了,可暂时断开电源,待温度降低后,清除电烙铁头上的氧化物或脏物,重新包锡。如果温度始终较高,可将烙铁头拔出一些。如果烙铁头不清洁或者被"烧死",应除去烙铁头上的氧化物,再重新包锡。

2. 焊接处不沾锡

(1)原因:大多是焊接处太脏,氧化物没有除尽。

(2)处理方法:用砂纸或小刀彻底除去氧化物或脏物,涂以焊剂重新焊接。

3. "假焊"

"假焊"是指表面上看来已经焊上,但是稍活动一下就会脱焊。

(1)原因:焊接处不清洁;焊锡正在凝固时移动了焊件。

(2)处理方法:除去脏物,重新焊接。

4. 焊接处出现毛刺

(1)原因:主要是电烙铁温度不够和烙铁离开焊接处太慢。

(2)处理方法:把烙铁头放在焊接处加温,待焊锡全部溶化后,再将电烙铁迅速拿开。

材料2 航空电气中电缆故障与对策

航空电气系统是飞机上各机载设备所涉及的电气部分,包括开关电器、航空电机、直流电源系统、交流电源系统、发动机点火系统、燃油系统、飞机操纵系统、飞机防冰系统、飞

机火警探测与灭火系统、警告灯光照明及辅助动力装置等众多领域。作为这些电气系统的基础,电缆是它们的重要组成部分。当前,航空电线电缆有两大系列:一种是聚酰亚胺—氟 46 复合薄膜绕包烧结绝缘电缆,主要用于军用直升机;另一种是辐照交联乙烯—四氟乙烯共聚物绝缘电缆,是近代军用和民用大型飞机使用较多的品种,缩写为 X – ET-FE 绝缘电线。由于各类电气设备对电缆的技术要求日益提高,要求航空电缆安全可靠和寿命不断增强,所以做好电缆的故障检测及维护就显得异常重要。

1. 航空电缆故障的危害

电缆的绝缘材料逐渐老化乃至损坏,是威胁飞机飞行安全的重大隐患。美国运输安全委员(NTSB)1996 年对环球航空公司 800 次航班坠毁事故漫长的调查后断定,事故原因是电线短路火花造成其中心机翼油箱爆炸。据统计,2002 年南方航空深圳维修厂执管的 10 架 A320 飞机中,就出现过多次导线故障,导致飞机停场修理、更换导线达 10 多次,影响了正常飞行。绝缘损坏可能导致火灾、设备损坏,甚至造成机毁人亡。电缆对绝缘性的要求是必需的,一定要避免由于绝缘老化等可能引发的故障,提高飞机电气系统的可靠性,保障飞机的航行安全。

2. 航空电缆的故障分析

1) 飞机上的不利条件

航空电缆特殊的使用条件造成了对电缆绝缘层的不利影响,以下这些因素均会加速电缆绝缘层材料的老化:

(1) 使用环境温度较高;

(2) 由于大电流的原因运行温度很高;

(3) 在某些敷设条件下可形成积温;

(4) 环境空间狭小导致的多处小半径弯曲;

(5) 由于密封的需要,导致对电缆的挤压;

(6) 与配电盘等电器设备的接头处电阻产生的高温。

2) 故障的表现

航空电缆最常见的故障就是老化。实际上,老化未必真的是使用了很长的时间,而是各种复杂原因,使得电缆过早地出现了老化的特征,如热老化、机械老化、电压老化等。

3) 老化的分类

(1) 热老化,指的是绝缘介质的化学结构在热量的作用下发生变化,使得绝缘性能下降的现象,本质是绝缘材料在热量的影响下发生了化学变化。绝缘有机高分子材料在热的长期作用下比较容易发生氧化反应,最终在聚合物中产生了电树脂,导致绝缘性能下降,击穿场强随着电压作用时间的增长而降低,最后导致聚合物绝缘击穿。

(2) 机械老化,是固体绝缘系统受到各种机械应力的作用发生的老化。这种老化主要是绝缘材料一开始,或者受到机械应力作用,产生了微观的裂缝。裂缝随着受力的缓慢作用而严重,增大到导致局部放电现象,使得绝缘性能发生严重破坏。

(3) 电老化也是比较常见的一种现象,它出现的原因是电场的长期作用。其实电老化的原理是比较复杂的,它的出现不仅仅是单纯的物理作用或化学作用,而是这些复杂作用的共同结果。由于我们在平时采用"本征击穿场强"这个量来代表绝缘材料耐强电场的性能,从原理上可以知道高分子有机材料的量值都是在兆伏每厘米以上的。由于厚度效应、杂质、气孔、材料不均匀等各种原因,故较小的电场强度就足以击穿了,最终导致电老化。

3. 应对措施

1) 加强电缆故障机理研究

正确理解电缆的故障机理,认识它的客观规律,是预防电缆故障的基础。对它的认识,不能仅仅停留在表面上,而应该深入到具体的实验中。通过有关实验、理论研究方法,尤其是通过计算机的仿真分析和对航空电缆绝缘进行老化实验,摸清航空电气系统中故障电缆出现的条件、特性,为预防故障打下伏笔。

2) 故障预测技术的应用

根据对设备状态的监测、诊断和分析,状态维修的技术包括状态监测技术、状态评估技术、状态预测技术等。其中,设备运行状态的预测是从已知运行状态出发,考虑运行、气候、历史等相关因素,对未来的运行状态做出预测。电缆故障的表现也将会是整个系统的异常。利用自回归(AR)模型、滑动平均(MA)模型、自回归滑动平均(ARMA)模型,通过对系统进行预测,也是提前发现电缆故障发生的重要手段。

3) 在线故障诊断设备的应用

工作中的故障检测也是非常重要的。由于故障具有突发性,电缆故障发生时,一时无法解除,那么可以通过在线故障的检测进行识别,及时启动备用系统;或是将故障检测技术与诊断技术相结合,发生故障时能够应用一些智能的方法进行弥补,这也是解决问题的一个手段。

通过这次学习,你都学到了什么东西呢?写在下面吧。

_____
_____
_____
_____
_____

(1) 将导线焊在接线片上的步骤是什么?
(2) 导线的夹接步骤是什么?
(3) 电缆的包扎有几种方法,适用于什么情况?
(4) 电缆的捆扎有几种方法,使用于什么情况?

项目4 飞机负极线及搭铁线的认识与操作

学习指南

【教学目标】

知识目标:(1) 根据飞机的电路结构,了解负极线的作用和安装位置。

(2) 根据机件的安装,了解搭铁线的安装位置和方式。

能力目标:(1) 会负极线的拆卸和安装。

(2) 会安装搭铁线。

情感目标:(1) 培养分析问题和解决问题的能力。

(2) 树立认真负责的工作态度,懂得"机务工作无小事"的道理。

(3) 培养团队协作精神。

【教学重点】

(1) 负极线的位置和拆装方法。

(2) 搭铁线的位置和拆装方法。

【教学难点】

(1) 如何引导学生通过以前所学知识来分析问题和解决问题,最终归纳总结,达到掌握知识、提高能力的目的。

(2) 在学生实际操作中,如何做到有效引导,既要充分调动学生的积极性,又要避免一些安全事故的发生。

课前任务

请同学们对照图 1 – 119 和图 1 – 120,在教学用飞机上找出负极线和搭铁线在什么位置。

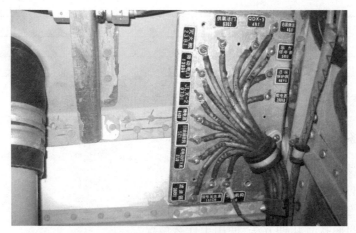

图 1 – 119　负极线

课前任务 1　找出负极线和搭铁线在什么位置。

课前任务 2　说出负极线和搭铁线有什么作用。

课前任务 3　如何对负极线和搭铁线进行检查?把步骤写在下面。

如果找不到答案也没关系,通过学习本节内容,所有问题都可以解决。

模块 1 电气维护的基本知识

图 1-120 搭铁线

 情境创设

飞机的负极线和搭铁线常常会发生故障,下面来学习如何拆装负极线和搭铁线。

 工作项目:飞机负极线及搭铁线的认识与操作

【任务内容】

任务 1 负极线的拆下及安装。
任务 2 搭铁线的安装。

【任务准备】

准备好飞机负极线与搭铁线、大号一字解刀、大号十字解刀、小号一字解刀、7 号~9 号开口扳手、抹布、砂纸、红油漆。

【任务执行】

任务 1 负极线的拆下及安装

(1) 根据飞机电路图,打开飞机的有关检查窗口,找出各负极线的安装点,先观察它们的固定情况(有用圆头一字螺帽和 7 号六角螺帽固定的)。

(2) 用一字解刀(扳手)拧下固定负极线的螺钉(注意:垫片和弹簧片不能掉在飞机上),检查接线片上的导线要焊接良好,导线无断丝现象。检查接线片和飞机机体结合面的清洁状况,若有污垢,要用砂纸将两个结合面打磨干净,再用抹布擦拭干净。

(3) 安装时,一手扶住负极线的接线片,安装固定螺钉(勿将垫片和弹簧片漏装),待拧紧后,要将接线片的位置放置好,拧紧的力量要合适。

(4) 在螺钉和机体上涂红漆,做好保险标记。

任务 2 搭铁线的安装

(1) 将固定搭铁线的螺帽用扳手固定住,用小号一字解刀拆下搭铁线,检查搭铁线应无断丝现象,其结合面无污垢(注意:检查小螺钉和垫片以防丢失。)

(2) 将搭铁线安装到原位。

(3) 注意事项。

① 要在切断电源的情况下进行工作。

② 各连接点处一定要清洁,要清除安装处的油垢、漆层等污物。

③ 安装时,各接线片要摆放整齐,拧紧螺钉的力量要适当。

④ 负极线装好后要用红漆漆封,做好标记。用油漆在安装螺钉、接线片和机体之间涂一窄红线,油漆要涂得美观。

【结果评价】

以小组为单位进行评分,满分100分,第一项20分,第二项和第三项每项40分。

课前任务	任务1	任务2

搭铁线又称搭接线,是导线、金属编织带或金属片,用于使原来无充分电接触的飞机结构部件之间或结构部件、设备、附件与基本结构之间有必要的低阻抗导电性。使用电搭接,是为了防止飞机结构部件之间或结构部件、设备、附件与基本结构之间产生电磁干扰电平,提供电源电流返回通路,也是防电击、静电防护、雷电防护以及保证天线性能最佳的必要措施。搭接的良好与否,直接影响飞机的安全和性能。

材料1　某型飞机负极线失效原因分析及改进方法研究

近年来,随着使用时间的增长,某型飞机所发生的线路故障越来越多,成为飞机故障的一种主要模式,而负极线的断裂是其失效的主要形式。飞机上的导线是用于输送电能和传递电信号的,一旦线路系统发生故障,轻者影响飞行训练,重则导致飞行事故。飞机线路故障具有隐蔽性、危险性和突发性等特点,给故障预防带来一定的难度。这就需要研究负极线失效的模式,分析其失效的原因,提出改进的方法。

1. 负极线在飞机上的配置及维护

某型飞机交流电网布设采用三相四线制,其中零线为飞机壳体;直流电网采用单线式电路,其中负极线由飞机壳体充当。机上负极线的连接方法是通过一定面积的接线片将负极线端子固定在机壳某处的螺杆上。当负极线数目较多时,这些螺杆共同固定在一个有统一编号的负极线配置板上,配置板与飞机壳体直接连接。这样,当机上的用电设备接通时,飞机本身会形成一个回路。因此,负极线是实现机上用电设备接通工作的重要保证。

飞机机体主要为铝钛合金,在使用过程中,由于各种载荷的作用以及环境条件的影响,机体结构的强度和刚度会逐渐降低,发生变形、裂纹等故障。负极线端子的接线片也是采用质地较为柔软的铜质镀镍材料,受振动极易松动、脱落甚至断裂,从而造成故障。

位于发动机舱部位的负极线,受振动较大,平时更应加强监控。该型飞机共配置有110组负极线(双座机为120组),另有个别负极线直接固定在飞机壳体和框架上,数目较少,不做统一编号。

查看馈电图时,很容易发现系统各部件的负极线及其配置方位、标准。例如,在飞机启动系统馈电图中,图位为5-з13的"左涡轮起动机点火附件"的Щ1插座4号钉上接有这样一根导线:КЛN84-1.5-2M5-з13。КЛN84指的是这根导线配置在机上84号负极线区;1.5指的是负极线截面积为1.5 mm^2;2表示这根线是此机件的第二根负极线;M是该型飞机负极线的代表字母;5-з13表明了此负极线属于这一机件。通常,在一根螺杆上,截面积在1.5 mm^2 以下的负极线端头不多于3个;截面积为4 mm^2 的负极线端头不多于2个;截面积在4 mm^2 以上的负极线端头,每个要单独固定。

检查飞机负极线时,应清除负极线接线柱及连接点的尘土、污垢、润滑油和燃油。表面镀银、镀镉、镀锡的负极线端头禁止用砂纸打磨,应用汽油或松香水脱脂。不允许接线端头移动、导线断线或断股,连接负极线的地方不应有锈蚀。必要时,检查负极线在飞机壳体上接线处的接触电阻。接线端头和飞机壳体之间接触电阻不应超过表1-3所给的数值。

表1-3 负极线接线端头和飞机壳体之间接触电阻

导线截面积/mm^2	接触电阻/$\mu\Omega$
0.2~2.5	600
4~10	500
16~25	400
35	300
50~70	200
95	100

2. 某型飞机负极线失效原因分析

1)负极线失效导致的几起典型故障

(1)某日,一架飞机再次出动机务准备时,在"基本加"方案的基础上,按"全加"方案加油,结果发现燃油加不进。检查发现,位于发动机舱77号负极线区加油开关11-з15的负极线断裂。

(2)对某架飞机周检后试车,发现小发风门打不开,发动机启动不成功。原因是位于发动机外置机匣的排气门电动机构的负极线断裂。

(3)一架飞机启动20s左右后就停止启动,更换大量附件之后故障仍然存在,最后发现,发动机舱76号负极线区启动系统的一根负极线断裂,修复后故障消失。

2)负极线失效模式

通过以上所列举的典型故障可以看到负极线失效主要有以下几种模式。

(1)由于发动机振动较大,工作环境温度较高,再加上燃油、润滑油的侵蚀,位于发动机舱的部分负极线常常发生松动甚至断裂,引起燃油系统、启动系统、空调系统、液压系统等故障。

（2）发动机舱、前设备舱由于机件拆装频繁，机务人员常常无意中会碰到负极线，时间长了负极线就会发生松动甚至脱落。

（3）一旦负极线发生断裂，修理时就要先把接线头剪掉，从而导线长度减少，本身所受张力增加，使负极线更容易拉断。

（4）负极线发生断裂后，如果采用了截面积不符合规定的接线片，导致线路接触电阻增加引发故障，或由于条件限制该压接的负极线采用了焊接方式，将使负极线脱落的概率增大。

3）负极线断裂原因分析

负极线断裂是负极线失效的主要模式。材料的断裂是一个很复杂的过程，受很多因素，如材料本身的性质、环境因素、工作应力状态、构件的性状及尺寸、材料的结构及缺陷等综合作用的结果，使得对断裂过程的分析增加了更多的不确定因素。现仅从负极线失效的模式出发，利用断裂力学和振动力学的基础知识来分析负极线失效的原因。

（1）主要失效原因分析。一个物体在力的作用下分成两个独立的部分，这一过程称为断裂或完全断裂。按照讨论问题出发点的不同，断裂有不同的分类方法：

① 可以根据引起构件断裂的原因进行分类，如在变动载荷下的疲劳断裂；由应力和腐蚀介质的共同作用引起的应力腐蚀断裂及过载断裂、蠕变断裂、混合断裂等。

疲劳断裂是金属构件最常见的破坏形式，据统计，在各种金属构件的断裂事故中，有80%以上属于疲劳断裂。一个构件在远低于材料的抗拉强度或临界应力变动载荷的长期作用下，也会由于在构件中产生累积损伤而产生裂纹，由于裂纹发生扩展而导致断裂，这种现象称为疲劳断裂。

疲劳断裂是一种循环载荷或变动载荷作用下的低应力断裂，断裂前的应力循环或变动次数与应力大小有关，应力越小，则应力循环的次数越高，构件使用寿命越长。疲劳断裂常是一种突发性的断裂，由于断裂前无明显的塑性变形出现，构件在使用过程中疲劳裂纹缓慢扩展到某一临界尺寸时，断裂才突然发生，所以不易及时察觉。

在某型飞机负极线失效模式中，疲劳断裂是其失效的主要模式。在发动机舱等部位的负极线，由于发动机振动、飞机机动承受过载等原因，负极线的某些点承受扰动应力，且在足够多的循环扰动作用之后形成裂纹，因此产生了疲劳断裂。另外，不正确的检查方式也会使它发生疲劳断裂。负极线接线片固定在机上的部分呈扁平状，如果检查时，沿垂直于机壳方向晃动负极线接线片，时间长了就会发生疲劳断裂。正确的检查方式是，沿平行于机壳的方向轻轻晃动接线片，若发现松动则用扳手拧紧并漆封。

② 按断裂前材料发生塑性变形的程度可以分为脆性断裂和延性断裂。金属材料在某种特定应力条件下断裂前发生明显的塑性变形就是延性断裂。

对于金属而言，在断裂前总会或多或少地发生一定量的塑性变形，在断裂力学中，定义的金属脆性和塑性变形界限为5%。脆性断裂在断裂前无明显征兆，表现为断裂的突发性，所以这类断裂较难预防，往往造成灾难性的后果。

飞机负极线接线片经常发生断裂，除了由于机体振动、承受张力及过载、液体腐蚀、温度变化及人为检查方法不正确外，还与接线片本身的材料有关。某型飞机负极线接线片是铜质镀镍合金。以铜为基的合金在高温时具有良好的塑性,这种条件下常表现为延性断裂特征,而在足够低的温度条件下又转变为脆性材料,发生脆性断裂。这是其故障的另外一种模式。

(2) 其他失效原因分析。

① 发动机舱等部位的负极线,随着发动机的工作,温度变化较大,热胀冷缩导致导线承受的应力在不断变化,再加上燃油、润滑油的侵蚀,由应力和腐蚀介质的共同作用引起的应力腐蚀断裂也是其失效的模式。发动机启动时,各部件之间温差很大,如果发动机立即高速大负荷运转,则由热应力引起的应力集中能加速负极线断裂。在某次检查飞机时,发现数根负极线由于重复修理导致其冷态时拉断的现象。

② 负极线及导线外套是塑料介质,如果工作区域燃油或润滑油较多,极容易对导线的塑料造成腐蚀。塑料被腐蚀老化后,导线直接裸露在外面,有可能与机件摩擦发生断裂,同一束导线同时裸露后也会因互相接触而引发故障。

③ 老鼠咬断导线的现象也较为常见。

3. 某型飞机负极线改进方法

(1) 负极线接线片发生断裂后,应当在修理时注意操作方法和维修要求。要选用与原型号一致的接线片,压接时注意按工艺要求选用规定的压接钳口,使压接力不能太大导致导线压断,也不能压力太小,使导线脱落。此外,该压接的不能采用焊接的方式,否则会改变负极线的接触电阻,容易发生故障。有时,修理负极线需剪去部分导线或接线片接头。此时,在保证不改变线路接触电阻的情况下,可适当用压接的方式延长导线,以减小接线片承受的拉力。

(2) 改变发生断裂的负极线配置区域。针对发动机舱附近负极线工作条件恶劣的特点,及时与工厂联系,建议新飞机在负极线装配时,将92号、94号负极线从原来的发动机外置机匣改到左尾鳍上部的空调系统和液压系统检查舱口内,这样降低了发动机振动和高温、油污对负极线的影响,效果极为明显。

(3) 选用合适的航材。在综合考虑航空材料的力学性能、断裂力学特性、防腐蚀性及价格因素的基础上,研究新的材料来代替容易断裂的导线和接线片。在设计时,除了进行必要的传统强度计算外,还必须对结构可能产生的断裂破坏进行计算,使之具备较高的强度和屈服极限。这样就可以增加导线强度,提高飞机可靠性。

(4) 改进负极线接线片的设计方案。负极线接线片前端为扁平状,固定在机体上。由于人为检查因素,检查晃动时容易使金属发生疲劳断裂。因此,可以设计另外一种合适的负极线接线端子或是负极线接在机体上的方式,从而消除由于疲劳断裂引起的故障隐患。

(5) 提高负极线接线片的装配精度。负极线接线片前端钻孔,套入固定在机体上的螺杆后用螺母固定并漆封。但是不正确的装配、检查也会降低部件的寿命。据资料显示,由于螺杆倾斜、垫片装配不正,不仅使接线片承受的载荷集中,而且会因偏心引起附加弯曲力矩。几度的倾斜能使寿命减少到原来的百分之几。

4. 体会及建议

(1) 随着飞机使用时间的加长,线路故障已经成为其最常见的故障模式,其分析、判断和定位难度较大,有的还具有危险性。但只要提高产品质量、改善工作环境、加强维护保养,线路故障就可以得到有效预防。例如,某部队为每架飞机机轮配备了80cm高的金属防鼠罩,至今未发生过一起老鼠咬断导线的故障。另外,针对负极线易发生松动断裂的特点,制定了严格的检查措施和方法,规定每4个飞行日、大检查时均要检查发动机舱可达部位负极线。

（2）及时与工厂联系,建议新飞机在负极线装配时,将92号、94号负极线从原来的发动机外置机匣改到左尾鳍上部的空调系统和液压系统检查舱口内,这样降低了发动机振动和高温、油污对负极线的影响,效果极为明显。要研究线路设计中布局的合理性,采取有效的防油、防水、防振动、防摩擦、防高温等措施;部队与工厂应加强联系,要针对出厂后的飞机在使用过程中发生的线路问题认真研究,加强技术改进,彻底消除隐患。

（3）负极线失效的模式很多,有导线断线、短路、松动、脱落、搭铁、接线片松动断裂等。最大的特点是故障现象较为隐蔽,时有时无,有时空中出现但在地面不出现。这是因为线路已经断线,但尚未脱开,在空中特定的气压、速度、振动条件下偶然出现,而在地面无法模拟空中环境,使故障不能再现。机务人员在排除故障时,应熟知设备电路和工作原理,进行电路分析时要理清排故思路,在确保方向正确的前提下结合以往的排故经验综合判断,切忌盲目拆装。

（4）飞机上的线路走向错综复杂,固定位置比较零乱,查找故障部位比较困难。许多脱焊、损坏的位置看不见、摸不到,即使判断该线路有问题,排除起来也比较困难。目前,外场传统的排故手段依然是用三用表进行测量,费时费力。国外针对导线断裂等问题,抗断程序早已应用于飞机、航空航天器结构和压力容器等设计检查中。这就需要我们加强疑难线路故障机理的研究,研制技术含量高的测量仪器。

（5）制定相关标准。针对线路故障呈多发上升趋势的特点,制定一部相关的设计、装配、检查、维修标准已迫在眉睫。在总结故障模式的基础上,按照航空材料、断裂力学等理论规定的技术条件和实际情况,制定一系列设计规范手册、无损检查标准、修理规程及寿命规定等,对于提高飞机质量、增加部队战斗力、提高正规化水平会有突出的作用。

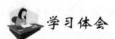

通过这次学习,将你都学到的东西写在下面。

课后任务

(1) 维护负极线的意义是什么？

(2) 机件之间为什么要用搭铁线？

(3) 如何拆装飞机的负极线和搭铁线？

模块2　飞机电源系统的修理与维护

电源系统是飞机上的重要系统之一。飞机发生空中断电(一般指发电机持续不供电、电压失调或电压持续不稳定)故障,不仅影响任务的完成,而且直接威胁飞行安全。因此,必须熟悉电源系统的检查方法,掌握电源系统故障的分析、判断、排除和预防方法,以便做好维护工作,预防空中断电,确保飞行安全。

本模块将详细介绍飞机电源系统主要机件的检查和拆装方法。

项目1　交流发电机的分解与维修

 学习指南

【教学目标】

知识目标:(1) 理解发电机产生电流的基本原理。
　　　　 (2) 理解发电机根据磁场的激励方法不同可分为几类。
　　　　 (3) 理解发电机的特性,什么是外特性,什么是内特性。
　　　　 (4) 理解发电机的功用、组成结构。
　　　　 (5) 理解发电机的基本工作过程及各主要元件的作用。
　　　　 (6) 记住常用工具的使用方法。
　　　　 (7) 了解定期维修、修理、排除一般故障的工作内容。

能力目标:(1) 能通过回忆电磁感应原理,分析发电机产生电流的基本原理,并画出感应电压曲线。
　　　　 (2) 能通过回忆磁场有哪些激励方式,来理解发电机的分类。
　　　　 (3) 能根据实验科目卡熟练地进行交流发电机的分解、检查、测量与组装的操作工作。
　　　　 (4) 能叫出工具的名字,能熟练使用本任务中所使用的工具。
　　　　 (5) 能通过实际操作总结出交流发电机分解与维修的注意事项。
　　　　 (6) 如果在实际操作中出现一些安全事故,能有效自救或者救助他人。

情感目标:(1) 培养分析问题和解决问题的能力。
　　　　 (2) 树立认真负责的工作态度,懂得"机务工作无小事"的道理。
　　　　 (3) 培养团队协作精神。
　　　　 (4) 培养吃苦耐劳的精神。

【教学重点】

(1) 发电机的功用、组成结构。

(2)发电机的分解与维修。

【教学难点】

(1)如何引导学生通过以前所学知识来分析问题和解决问题,最终归纳总结,达到掌握知识、提高能力的目的。

(2)在学生实际操作中,如何做到有效引导,既充分调动学生的积极性,又要避免一些安全事故的发生。

(3)如何培养学生团结协作的精神,让学生懂得集体利益永远大于个人利益。

课前任务

课前任务1 回忆电磁感应定理,分析发电机产生电流的基本原理,并画出感应电压曲线。

普通任务1 回忆电磁感应定理的内容是什么?

普通任务2 如何利用右手定则判断电流的方向?

高级任务 利用右手定则,根据图2-1给出的典型发电机的结构,用铅笔在图中画出感应电压曲线。

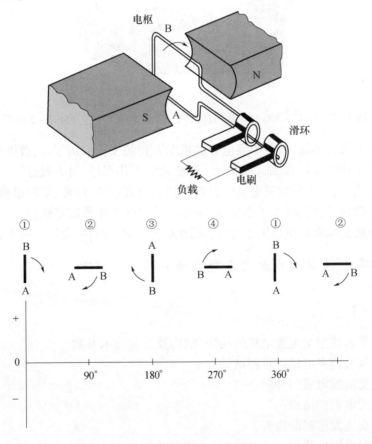

图2-1 典型发电机的结构

普通任务是大家必须要完成的,高级任务可以视自身情况而定,而当完成了高级任务,表示你的分析问题和解决问题的能力很强,如果实在解决不了,也没关系,可以在课上解决这个问题。

课前任务 2　根据你的预习情况,分析回答下面的问题。不要担心会出错。
（1）根据磁场的励磁方式,说出发电机的分类。
（2）想象一下发电机在飞行中的功用,如果发电机出了故障,会有什么样的后果。
（3）如果发电机出了故障,应该如何维修? 都使用那些工具?

情境创设

本项目以 B737 – 300/500 系列客机的交流发电机 P/N:976J498 – 2 为例进行交流发电机检查的介绍,其外形如图 2 – 2 所示。

图 2 – 2　B737 – 300/500 系列客机的交流发电机 P/N:976J498 – 2 外形

总结以往的飞行事故,因空中断电导致机毁人亡的飞行事例很多,教训很深刻。希望同学们在实训工作中要认真、细心地操作,严格遵守工作程序,努力做好第一手工作,确保机务维修工作质量;努力掌握发电机的分解、组装、检查维护、修理、定期维修工作等内容;熟悉发电机的功用、结构、基本工作原理,为今后的实际工作奠定基础。

下面是飞机交流发电机发生了故障,运用大家所学知识,让我们一起来把它修好吧。

工作项目:交流发电机的分解与维修

【任务内容】

任务 1　了解该型交流发电机的功用、结构及主要技术参数。
任务 2　对交流发电机进行测试。
任务 3　交流发电机的分解。
任务 4　发电机的清洗。
任务 5　交流发电机的检查。
任务 6　发电机的修理。
任务 7　发电机的组装。

任务8 发电机的存放。

【任务准备】

B737-300/500系列客机的交流发电机P/N:976J498-2;维修手册;交流发电机测试台;万用表;示波器;分解专用工具及普通常用工具;洗涤油;润滑油;放大镜;千分尺等。

【任务执行】

任务1 了解该型交流发电机的功用、结构及主要技术参数

通过阅读产品说明书,得到该型交流发电机的功用、结构及主要技术参数,并归纳总结后,用简练的语言填入表2-1。

表2-1 B737-300/500系列客机的交流发电机
P/N:976J498-2交流发电机主要技术参数

功用	结构及各部分作用	主要技术参数	
		额定功率	
		电压	
		频率	
		电流	
		相数	
		功率因素	
		转速	
		转向	

任务2 对交流发电机进行测试

按照以下步骤对交流发电机进行测试。

1. 测试前准备

1)测试环境

发电机的测试环境温度一般为10℃~40℃,冷却风温度和环境温度的偏差不超过±10℃。具体要求可以参考相应发电机维修手册的要求。

2)安装发电机

(1)把发电机装到驱动台安装法兰上,按照电路图连接电压调压器。

(2)把励磁导线装到发电机励磁定子壳体上的接线座。

(3)把负载导线接到发电机定子壳体上的接线座上。由于负载导线比较重,在安装时要注意不要让导线倾斜,否则有可能损坏接线座上的隔离片。

(4)把冷却风管装到发电机励磁定子壳体的安装面上,冷却空气流量应达到250英尺^3/min(118L/s)。

2. 测试步骤

1)相序检查

以6000r/m的转速驱动发电机,检查发电机输出相序。顺时针转动的发电机,相序为T1-T3-T2;逆时针转动的发电机,相序为T1-T2-T3。检查励磁定子线圈接头S和

A-之间的电阻,应该在470Ω~580Ω。

2）预热测试

以6000r/m的转速驱动发电机,闭合控制台上的励磁开关,逐步增加负载到40kW,让发电机运行20min。检查发电机有无不正常的噪声和振动。

3）励磁电流、励磁电压、励磁电阻和二极管检查

进行预热后,按照表2-2检查发电机各项参数。需要注意的是三相输出电压必须在1.0V以内平衡。

表2-2 发电机测试参数表

测试项目		要求
发电机相电压/V	ΦA	120
	ΦB	120
	ΦC	120
发电机线电流/A	ΦA	111±5
	ΦB	111±5
	ΦC	111±5
发电机负载/kW		40.0±2.0
励磁电流/A		最大1.9
励磁电压		记录实际值
励磁电阻/Ω		6.7~9.0
转速/(r/m)		6000±15

用示波器检查励磁电流的波形,如图2-3所示。如果波形不正确,则旋转整流器或励磁线圈有故障。

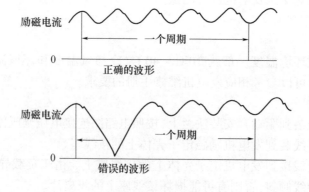

图2-3 励磁电流波形

4）短路测试

以6000r/m的转速驱动发电机,闭合控制台上的励磁开关。闭合控制台上的短路开关使发电机输出短路5s（测试台自动断开）。检查发电机的输出相电压,不超过15_{Vac},线电流不超过333A。仅记录其中一相的电压和电流值。

5) 过速测试

断开控制台上的励磁开关,将发电机转速提升到 9000r/m,保持 5min 后降低到 5700r/m。检查发电机无机械和电气故障。

注意:仅在更换了转子或对转子进行过修理才能进行过速测试。

6) 短路测试后的性能检查

以 6000r/m 的转速驱动发电机,闭合控制台上的励磁开关,逐步增加负载到 40kW。按表 2-3 要求检查各项性能参数。三相电压必须在 1.0V 以内平衡。

表 2-3 短路测试后的性能检查参数

测试项目		要求
发电机相电压/V	ΦA	120
	ΦB	120
	ΦC	120
发电机线电流/A	ΦA	111±5
	ΦB	111±5
	ΦC	111±5
发电机负载/kW		40.0±2.0
励磁电流/A		最大 1.9
励磁电压		记录实际值
励磁电阻/Ω		6.7~9.0
转速/(r/min)		6000±15

7) 剩磁电压测试

完成上一步的测试后,将负载降到 0kW,断开控制台上的励磁开关,保持转速为 (6000±15)r/min。检查发电机三相电压(剩磁电压)。对于顺时针转的发电机,电压为 12V~19V(直流);对于逆时针转的发电机,电压为 14V~23V(直流)。

8) 绝缘强度测试

用绝缘强度测试仪按表 2-4 进行绝缘强度测试。测试电压设置为 900V(直流),50Hz/60Hz。

表 2-4 绝缘强度测试参数

名称	正极	负极	基准值/mA
定子	T4,T5,T6	壳体	≤5
	T1	T2	
	T1	T3	
	T2	T3	

9) 最终检查

测试完成后,检查所有螺钉确认已打上保险。

任务 3 交流发电机的分解

每台送修的发电机都有不同的送修要求。一般情况下,发电机送修原因有以下三种:

①测试取证;②故障送修;③到寿翻修。在分解前,应根据需要确定发电机的分解程度。如果发电机需要翻修,则按相关照维修手册(CMM)的分解步骤进行比较全面的分解,并进行完整的清洁和检查步骤;如果发电机在到寿前因故障送修,则先目视检查其有无明显外部故障,转动转轴看是否转动自如。如果没有明显的外部故障,则测试该发电机,根据测试结果确定故障原因来决定分解的程度。

下面以 B737-300/500 系列客机的交流发电机 P/N:976J498-2 为例介绍交流发电机的分解步骤。

1. 分解工具和设备介绍

分解工作需要用到通用工具和设备,如图 2-4 所示的解刀、力矩扳手等。在维修手册中还列出了分解需要用到的专用工具,具体请参考相关维修手册(CMM)。

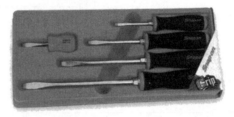

图 2-4 通用工具和设备

2. 分解步骤

交流发电机的分解可根据其结构分为四部分进行:①发电机的分解,该步骤将励磁定子壳体和主发电机定子壳体分离,把转子组件从壳体内取出;②分解转子组件;③分解励磁定子组件;④分解主发电机定子壳体。在分解的时候,参考相关维修手册的要求报废零件。

图 2-5 是 B737-300/500 系列客机的交流发电机 P/N:976J498-2 的分解图,参考图 2-5 进行交流发电机的分解。

1) 发电机的分解

(1) 剪断并拆下所有熔断丝。

(2) 拆下螺帽 40、垫片 39;拆下螺钉 25A 和垫片 26A,用三爪拉马把励磁定子壳体 30C 连同励磁线圈 27 及其附件从主发电机定子壳体上分离出来。

(3) 用卡环钳拆下卡环 2,拆下螺钉 6,把花键接头 4 从转轴上拆下。

(4) 拆下螺钉 9,将轴承盖 41 从端盖 43 上脱开。

(5) 将转子组件 42 从定子壳体内取出。

2) 转子组件的分解

参考图 2-6,分解转子组件。

(1) 参考图 2-6,用轴承拉马把滚珠轴承 36(图 2-5)从转轴上拆出。

(2) 剪断并拆下螺钉 2 上的保险;拆下螺钉 2,把短轴 1 连同花键轴 3 从转子内腔中拆出。

(3) 用卡环钳拆下卡环 5,把花键轴 3 从短轴 1 内取出。

(4) 松开拆下螺钉 9、垫片 10、衬套 11 和 12,把旋转整流器从转子内腔中拆出。

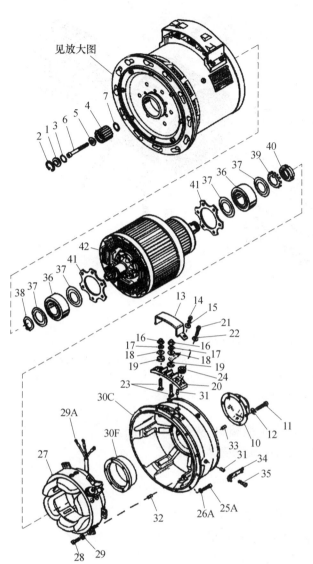
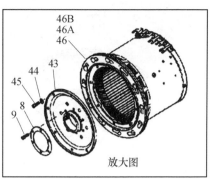

图 2-5 交流发电机分解图

1—主轴盖；2—卡环；3—预成型封严圈；4—花键接头；5—凸肩垫圈；6—螺钉；7—封圈；8—垫片；9—螺钉；10—轴承盖；11—螺钉；12—垫片；13—接线板端盖；14—自锁螺钉；15—平垫片；16—自锁螺帽；17—锁紧垫圈；18—平垫片；19—平头六角螺母；20—接线板；21—螺钉；22—平垫片；23—接线柱；24—垫圈；25A—螺钉；26A—垫片；27—励磁线圈；28—螺钉；29—平垫片；29A—接线片；30C—励磁定子壳体；30F—嵌入式轴承；31—螺套；32—螺套；33—螺套；34—定位器；35—螺钉；36—滚珠轴承；37—轴承密封盖；38—卡环；39—垫片；40—螺帽；41—轴承盖；42—转子组件；43—端盖；44—垫片；45—螺钉；46—定子壳体；46A—定子；46B—定子。

3) 励磁定子组件的分解

参考图 2-7，分解励磁定子组件。

（1）拆下自锁螺帽 7、锁紧垫圈 8 和平垫片 9，把励磁线圈接线片从接线柱上脱开。

（2）拆下螺钉 12、平垫片 13，把接线板 11 从壳体上拆下。

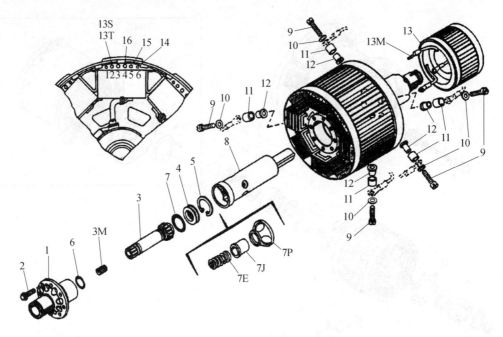

图 2-6 转子分解图

1—短轴；2—螺钉；3—花键轴；3M—螺钉；4—密封护圈；5—卡环；6—O 形圈；7—O 形圈；7E—弹簧；7J—弹簧座；7P—支撑座；8—旋转整流器；9—螺钉；10—垫片；11—衬套；12—衬套；13—绕组电枢；13M—接线片；13S—楔形物；13T—楔形物；14—平衡块；15—平衡块；16—平衡块。

（3）拆下螺钉19、平垫片20，把励磁定子线圈18从壳体内拆出。

（4）拆下螺钉28，把热敏电阻27从励磁线圈壳体上拆下。

4）主发电机定子壳体的分解

参考图2-8，分解定子壳体组件。

（1）拆下螺钉8、垫片9，把接线柱7从壳体上拆下。

（2）拆下螺钉13、垫片12，把端盖11从壳体上拆下。

（3）拆下螺钉27、垫片28，把铭牌26从壳体上拆下。

注意：如果铭牌没有损坏，则不需要进行第(3)步的分解。

3. 注意事项和安全防护

在分解中，应使用维修手册提供的专用工具。如果使用替代工具，则这些替代工具要符合ARING REPORT 668的要求。

拆除熔断器时候要戴手套，防止熔断丝划破手指。

不能使用头部圆滑的扳手拆除螺钉，否则会引起螺钉表面变形，造成拆卸困难和拧力矩困难。

为了防止部件的混放和避免堆放造成的伤害，需要将部件放入干净的塑料盒子里。脏的盘子和包装材料会污染部件。堆放造成的损坏可能会缩短部件的寿命，并可能需要进行额外的修理。

按照规定要求的温度对部件加热，不能加温过高或加热时间过长。当加热部件时，应该戴防护手套和其他防护措施。

模块 2　飞机电源系统的修理与维护

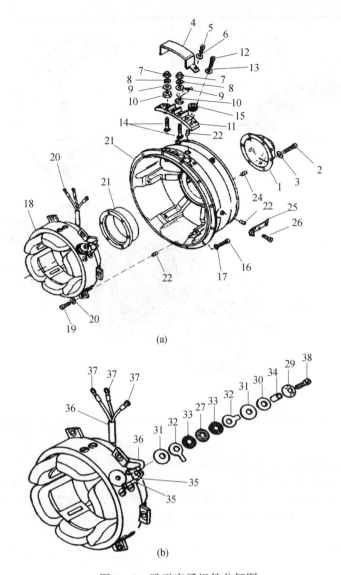

图 2-7　励磁定子组件分解图

1—轴承盖；2—螺钉；3—垫片；4—接线板端盖；5—自锁螺钉；6—平垫片；7—自锁螺帽；8—锁紧垫圈；9—平垫片；10—平头六角螺母；11—接线板；12—螺钉；13—平垫片；14—接线柱；15—垫圈；16—螺钉；17—平垫片；18—励磁定子线圈；19—螺钉；20—平垫片；20A—接线片；21C—端罩；21F—嵌入式轴承；22—螺套；23—螺套；24—螺套；25—定位器；26—螺钉；27—热敏电阻；28—螺钉；29—弹簧垫片；30—平垫片；31—绝缘垫片；32—接线片；33—绝缘垫片；34—绝缘套管；35—接线片；36—绝缘套管 37—接线片。

任务 4　发电机的清洗

在清洗发电机时，一般选用下面两种清洗方式：普通清洗和超声波清洗。如果这两种清洗方式达不到满意的效果，则应选用其他合适的方法进行清洗。

1. 普通清洗步骤

1）清洗设备和材料

清洗设备为不锈钢容器、压缩空气喷枪、软毛刷。清洗材料为 MIL-PRF-680 TYPE

105

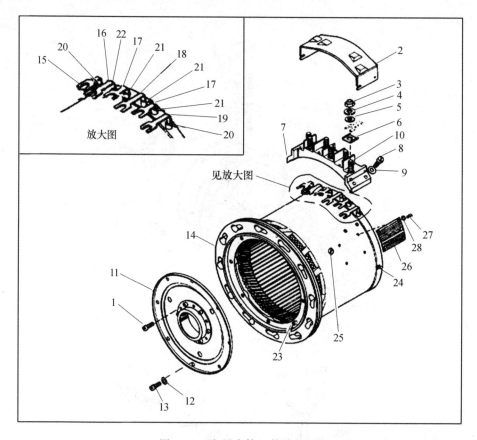

图 2-8 定子壳体组件分解图

1—螺钉；2—接线座盖；3A—自锁螺母；4—锁紧垫片；5—平垫片；6—方凸肩垫圈；7—接线柱；8—螺钉；9—垫片；10—接线柱；11—端盖；12—垫片；13—螺钉；14—定子；15—接线端；16—接线端；17—接线端；18—接线端；19—接线端；20—绝缘套管；21—绝缘套管；22—绝缘套管；23—嵌入物；24—嵌入物；25—螺钉；26—铭牌；27—螺钉；28—垫片。

II 或其他等效材料。

2）清洗步骤

用软毛刷和 MIL-PRF-680 TYPE II 清洗零件。对于污垢比较严重的零件,可以先将其放入清洗剂中浸泡 30min 或以上,然后用软毛刷清除污垢,最后用压缩空气喷枪和清洗液对零件进行喷洗。喷洗后,用压缩空气吹干零件上残留的清洗剂,把零件放入烤箱烘干。干燥后,在轴承座等金属零件上涂上油以防生锈。

3）注意事项

压缩空气的压力要低于 30 磅/英寸^2（1 磅/英寸^2 = 6895Pa）；清洗环境要通风良好,消防安全符合要求；清洗时,应戴防护手套和耳罩,并戴护目镜以防清洗液溅入眼睛。

2. 超声波清洗步骤

1）清洗设备和材料

清洗设备有压缩空气喷枪、超声波清洗机和烤箱。清洗材料有环己烷清洗剂和 MIL-PRF-680 TYPE II 或其他等效材料。

在 1 加仑（1 加仑 = 3.79L）的水内加入 1 盎司（1 盎司 = 28.35g）环己烷清洗剂调配

超声波清洗液。清洗时,加热超声波清洗液到(65 ± 5)℃。

2) 清洗步骤

(1) 零件的预清洗。超声波清洗液的干净程度对清洗效果影响很大,如果清洗液内含有太多杂质颗粒会降低清洗效果。因此,在进行超声波清洗前要对污垢比较严重的零件进行预清洗。先用压缩空气吹去零件表面松散的污垢,再用 MIL-PRF-680 TYPE II 进行清洗和喷洗。

(2) 超声波清洗。将预清洗过的零件放到金属篮内,再慢慢放入装满清洗液的超声波清洗槽内。调节超声波清洗机的频率为 18kHz~21kHz,清洗 4min~5min,然后调整零件位置再清洗 4min~5min。取出零件,立即用干净的热水冲洗。用烤箱烘烤零件 4h,烤箱温度设定在(115 ± 11)℃。

3) 注意事项和安全防护

一个清洗周期为 4min~5min,零件的清洗周期不能超过 3 个;压缩空气的压力不得高于 30 磅/英寸^2。清洗环境要通风良好,消防安全符合要求;清洗时,戴防护手套,戴护目镜以防清洗液溅入眼睛。

任务5 交流发电机的检查

1. 检查工具和设备

检查工具和设备如表 2-5 所列。

表 2-5 检查工具和设备

名称	用途
放大镜	用于目视检查花键齿表面磨损
示波器	用于检查旋转整流器的输出波形
万用表	用于检查线圈的电阻等
毫欧表	用于检查定子线圈电阻
绝缘电阻测试仪	用于检查线圈的绝缘电阻
绝缘强度测试仪	用于检查线圈的绝缘强度
千分尺及游标卡尺	用于检查转子的轴承轴颈尺寸和转子尺寸等
内径千分尺	用于测量轴承座内径
动平衡机	用于检查转子动平衡
气动量仪和量规	用于检查转子的轴承轴颈尺寸

2. 注意事项和安全防护

绝缘电阻测试仪和绝缘强度测试仪属于高压测试器材,在使用时要注意人身安全,不要接触裸露的导线、接头或被测试件的表面,以防被高压电击伤。在进行绝缘测试时,要有另外一个懂得急救知识的人在旁边,一旦发生电击立即进行急救。

3. 检查项目

1) 目视检查

目视检查所有部件有无明显磨损或损伤、线圈的清漆是否脱落。如果转子表面的漆面有磨痕,则表明转子和定子之间存在摩擦现象,有可能轴承损坏或转子动平衡超标。

如图2-9所示,用5倍~10倍放大镜检查全部花键的磨损程度(%)。检查要求如表2-6所列。如果达不到检查要求则需更换花键。

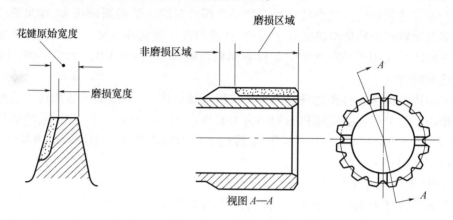

图2-9 花键磨损检查

表2-6 花键和轴的磨损检查要求

	时间间隔/h	<1000	1500	2000	3000	4000	6000
花键接头（内部）	磨损程度/%	25	22.5	20	14	10	0
	最大磨损宽度/英寸(mm)	0.7680 (19.507)	0.7639 (19.403)	0.7598 (19.299)	0.7498 (19.045)	0.7432 (18.877)	0.7267 (18.458)
花键接头（外部）	磨损程度/%	25	22.5	20	14	10	0
	最大磨损宽度/英寸(mm)	1.2781 (32.464)	1.2810 (32.537)	1.2853 (32.647)	1.2906 (32.781)	1.2966 (32.934)	1.3080 (33.223)
主轴16齿	磨损程度/%	25	22.5	20	14	10	0
	最大磨损宽度/英寸(mm)	0.8787 (22.319)	0.8815 (22.390)	0.8842 (22.459)	0.8907 (22.624)	0.8951 (22.736)	0.9060 (23.012)
主轴24齿	磨损程度/%	25	22.5	20	14	10	0
	最大磨损宽度/英寸(mm)	1.2781 (32.464)	1.2810 (32.537)	1.2853 (32.647)	1.2906 (32.781)	1.2966 (32.934)	1.3080 (33.223)
轴颈	磨损程度/%	25	22.5	20	14	10	0
	最大磨损宽度/英寸(mm)	1.1242 (28.555)	1.1204 (28.458)	1.1160 (28.346)	1.1074 (28.128)	1.1013 (27.973)	1.0860 (27.584)

2）翻修检查

（1）尺寸检查。用气动量仪或千分尺检查轴承座内径和转子轴颈外径,参数要求如表2-7所列。

表 2-7 轴承座内径和转子轴颈外径参数

检查项目	要求/英寸
转子轴颈外径	1.1809~1.1814
主动端轴承座内径	2.4407~2.4412
从动端轴承座内径/英寸	2.4407~2.4412

① 如图 2-10 所示,检查转子尺寸。

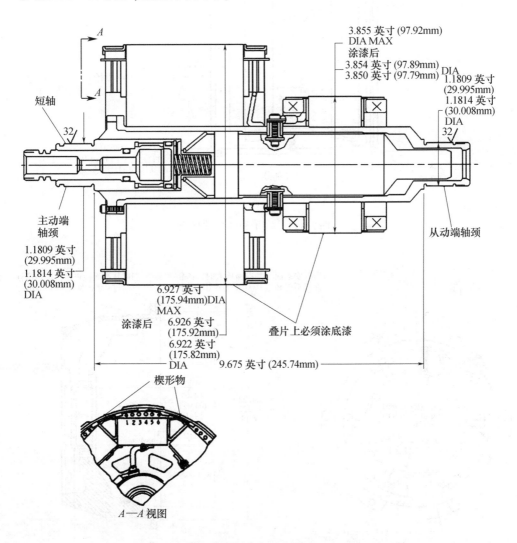

图 2-10 转子尺寸检查

② 如图 2-11 所示,检查定子壳体尺寸。
③ 如图 2-12 所示,检查励磁定子线圈和励磁定子壳体尺寸。
(2) 线圈电阻检查。如表 2-8 所列,用毫欧表或万用表检查线圈电阻。

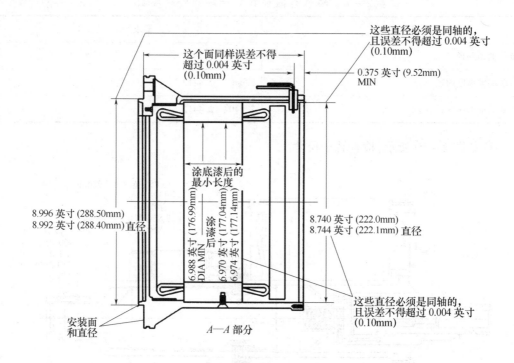

图 2-11 定子壳体尺寸检查

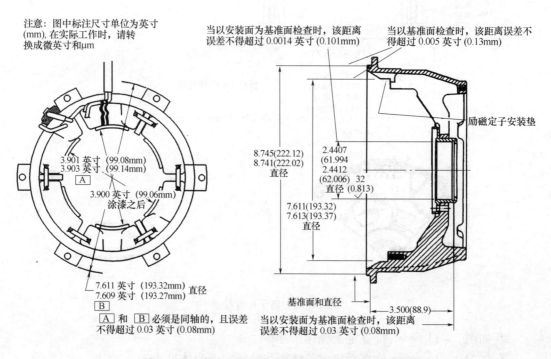

图 2-12 励磁定子线圈和励磁定子壳体尺寸检查

表 2-8 线圈电阻参数

名称	项目	要求
定子线圈每相电阻	T1-T4、T2-T5、T3-T6	29mΩ~35mΩ
转子	主发电机直流励磁线圈	0.19Ω~0.25Ω
	三相励磁机交流线圈	0.057Ω~0.070Ω
励磁定子	A-和F之间电阻(用短路夹短路热敏电阻)	5.5Ω~6.7Ω
	A-和F之间(去掉短路夹后)	5.5Ω~6.7Ω+1.0Ω~2.0Ω
	A-和S	470Ω~580Ω

(3)绝缘强度检查。如表 2-9 所列,用绝缘强度测试仪测量绝缘强度。

表 2-9 绝缘强度参数

名称	项目	要求
主发电机定子线圈	T4、T5、T6 和壳体之间	≤ 5 mA
	T1-T2、T1-T3、T2-T3	
转子	直流励磁线圈和转轴之间	
	交流线圈和转轴之间	
励磁定子线圈	接头 A 和壳体之间	

3)附加检查

做附加检查的目的是为了更容易地查找故障点。

(1)查转子动平衡。用动平衡机检查转子的动平衡,剩余不平衡量为 0.04 盎司·英寸。

(2)检查旋转整流器。

① 如图 2-13 所示,断开电容的管脚,测量电容的电容值为 $0.22^{+20\%}_{-10\%}$ μF。

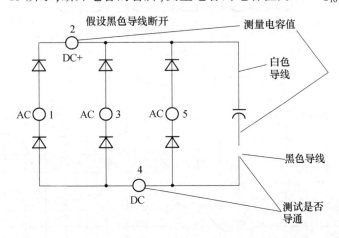

图 2-13 二极管正向压降检查

② 如图 2-13 所示,检查六个二极管的正向压降。正向压降最大不超过 1.0 V(直流)。

③ 检查二极管的反向漏电流。按照图 2-14 的设置测试二极管的反向漏电流。检查电阻两端示波器 M3 的波形,如图 2-15 所示。如果出现如图 2-16 所示图形,则至少有一个二极管损坏。

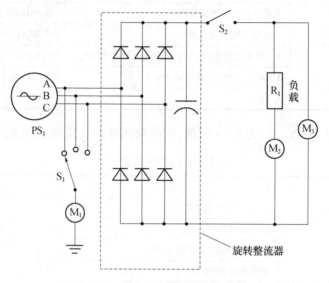

图 2-14　反向漏电流检查

P_{S1}—三相 400 Hz 交流电源;R_1—$(1 \pm 0.1)\Omega$,575 W 负载电阻;

M_2—直流电流表;M_3—示波器。

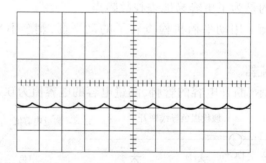

图 2-15　正确的波形

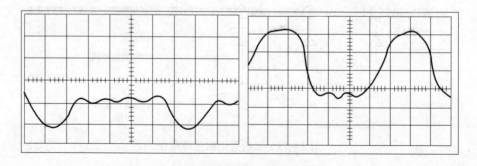

图 2-16　错误的波形

任务6 发电机的修理

1. 励磁定子组件的修理

（1）更换所有检查不合格的零件，包括螺钉、螺帽、接线柱盖板等。

（2）修复励磁线圈内径表面的锌底漆。

① 将励磁线圈从壳体拆下，清洁表面。用胶带保护不需要涂底漆的部分。

② 调配底漆。用4份锌底漆、2份酸性材料和2份酒精调配底漆。

③ 在线圈内径表面涂一层调配好的底漆，风干1h，厚度以烘干后内径不低于如图2-17所示的值为准。

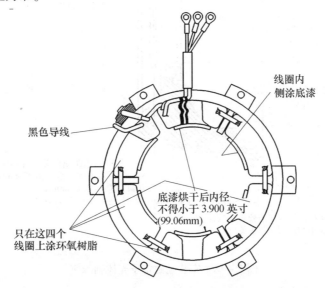

图2-17 修复励磁定子线圈漆层

（3）修复励磁线圈表面环氧树脂。

① 清洁励磁线圈表面，将励磁线圈放入烤箱中烘烤1h，温度设定为(145±8)℃，然后取出，冷却到室温。

② 用软毛刷在如图2-17所示的部分涂环氧树脂D-163B，放入烤箱烘烤(7±0.5)h，温度设定在142℃~158℃。

（4）励磁定子轴承座的更换。

① 将励磁端盖组件放入烤箱中烘烤1h，温度设定在(175±58)℃。取出端盖组件，将轴承座从壳体内压出。

② 使用对正销，将轴承衬套的孔和壳体的孔对准。压入新的轴承衬套，直到完全紧贴壳体上的肋缘。使用塞尺检查衬套和肋缘之间的间隙，应小于0.003英寸。保持衬套在压力下至少30s。

③ 将端盖放入烤箱烘烤1h，温度设定在(175±58)℃。取出端盖，把预先放在冰箱冷冻过的新轴承座压入端盖内。将端盖组件置于(-50±5)℃的环境中保存1h，以消除金属应力。

④ 按照图2-18所示加工新轴承座，去除毛刺。进行尺寸检查后，在轴承座表面涂润滑油MIL-C-5541,Class 3。

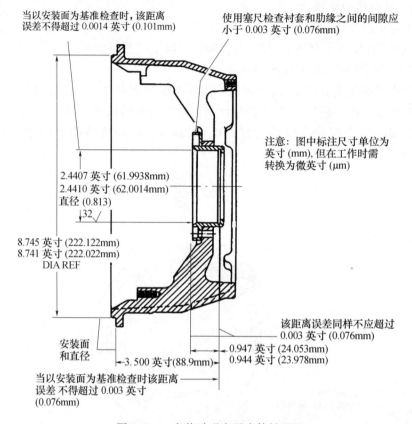

图 2-18　安装励磁定子壳体轴承座

（5）更换热敏电阻。如图 2-17(b) 所示，拆下螺钉 28，更换新的热敏电阻 27、绝缘垫片 33 以及绝缘套管 34。安装时，以 12 磅·英寸~14 磅·英寸的力矩拧紧螺钉 28。

2. 定子的修理

1）更换损坏的接线柱

（1）用 200℃ 的热风枪加热接线座，使固定接线柱的胶变软，然后去除胶。

（2）在接线座底部的安装孔内涂环氧树脂 A701，装上新的接线柱，用 A701 涂满安装孔。

（3）把接线座放入 65℃ 烤箱烘烤，使环氧树脂凝固。

2）更换新的标牌

（1）拧下螺钉，拆下旧的标牌。

（2）用字模或刻字机在新铭牌上标上发电机序号。

（3）装上新铭牌，以 4 磅·英寸~5 磅·英寸的力矩拧紧螺钉。

3）修理接线座隔板

对有部分缺失（面积不超过 0.3 英寸^2）的隔板可以用下列方法修理。

（1）用酒精清洁表面污垢。

（2）用 30 份活性聚酰胺树脂和 70 份环氧树脂调配材料，用毛刷把材料涂到裂缝中，或粘合断裂的部分，修补缺失的部分使其恢复原状。

(3) 将接线座放入烤箱烘烤 2h,烤箱温度设定在 (65 ± 8) ℃。
(4) 用砂布打磨修理区域。参考图 2-19 检查接线座尺寸。

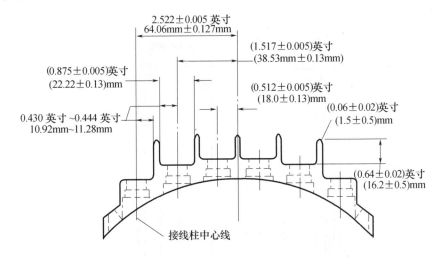

图 2-19 接线座尺寸

4) 修理接线座圆销钉
(1) 在销钉的压花部分涂上一层环氧树脂 A701。
(2) 按照图 2-20 所示的尺寸标准,将销钉装入接线座。
(3) 将接线座放入 65℃ 烤箱烘烤,使环氧树脂凝固。部件冷却后,销钉应该紧固地粘接在接线座上。按照图 2-20 的标准检查尺寸。

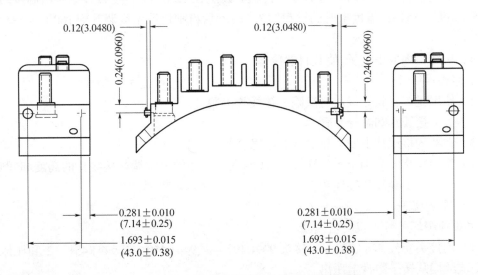

图 2-20 修理接线座圆销钉时的尺寸标准

5) 修复损坏的定子绝缘漆和底漆
(1) 把定子组件放入烤箱烘烤 4h,烤箱温度设定为 38℃ ~60℃。
(2) 从烤箱内取出定子,用毛刷在需要补漆的地方刷上绝缘漆 Doryl varnish B109 -

9,用不起毛的抹布抹去多余的绝缘漆。如果定子内径上的底漆磨损或脱落,应涂抹一层 0.001 英寸~0.003 英寸厚的底漆。涂漆后,定子内径尺寸不能超过最小尺寸要求,如图 2-21 所示。

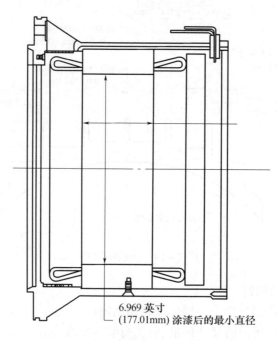

图 2-21　修复定子内径底漆的尺寸要求

（3）把定子放入烤箱内烘烤 1h 左右,温度设定在 72℃~88℃;然后把烤箱温度缓慢调升到 136℃~151℃,温度上升的过程约 3.5h;然后再把烤箱温度调升到 168℃~185℃,烘烤 24h。

（4）从烤箱内取出定子,使其自然冷却。

6）修理接线片

（1）使用脱焊机将导线从有缺陷的接线片上脱开。

（2）拆下接线片和绝缘套管。

（3）在新的接线片上安装相对应的绝缘套管。

（4）将接线片安装到定子的导线上,按照图 2-22 的要求调整接线片的高度和间隙。

（5）焊接定子导线和接线片。

3. 转子的修理

1）更换损坏的励磁机交流线圈

（1）用接头套件 928A903-3、接头 909C497-1、944B450-2、944B451-2 和压床把励磁交流线圈从转子组件上压出。

（2）加热励磁交流线圈到（160±10）℃,迅速将其放到转子组件的轴上,对正三个接线片的位置。用接头 962C206-1 把励磁交流线圈压到转轴上。

（3）打磨励磁交流线圈的外径到 3.850 英寸~3.854 英寸。

（4）在励磁交流线圈的外径涂一层铬酸锌底漆 MIL-P-15328。涂漆后,外径不超

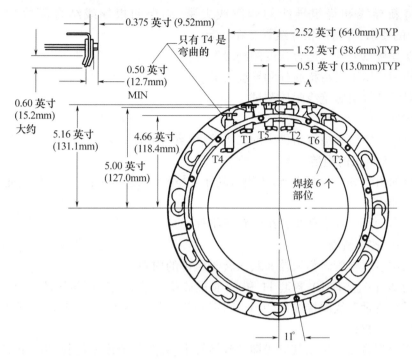

图 2-22 修理定子接线片的尺寸要求

过 3.855 英寸。

(5) 将旋转整流器组件和短轴套件装到转子上,做动平衡检查。

2) 修理励磁转子绕组的导线

(1) 在尽可能靠近导线断裂的部位切断导线。导线伸出励磁转子绕组最小 1 英寸 (25.4mm),也允许新导线长度最小 1 英寸(25.4mm)。

(2) 按照图 2-23 所示尺寸要求剥去导线的绝缘层。

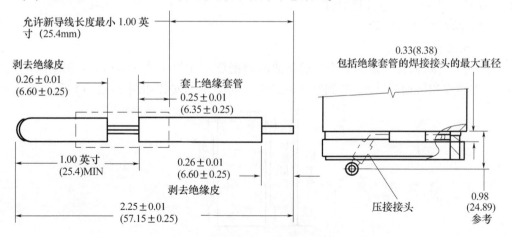

图 2-23 修理励磁转子绕组导线的尺寸要求

(3) 准备一根足够长度的新导线,剥去新导线两头的绝缘层,并使用酒精棉清洗裸露的导线,然后风干。

(4) 将新导线和绕组导线的裸露线夹紧,确保两根导线结合部位的长度符合图2-23中的要求,并将两根导线焊接在一起。

(5) 在焊接点上套入适合长度的绝缘套管。

(6) 使用夹紧工具将接线片和导线夹紧。

(7) 对转子绕组做绝缘耐压测试。

3) 修理整流二极管组件

修理或更换整流二极管组件内的二极管、电容等元件。

任务7 发电机的组装

发电机的组装分三步骤进行:①组装转子;②组装励磁定子;③组装发电机。

1. 组装转子

如图2-6所示,按下列步骤组装转子组件。

1) 安装旋转整流器

(1) 用塑料棒将旋转整流器8装入转子组件的内腔。

(2) 用螺钉9、垫片10、衬套11和12将励磁机转子交流线圈接线片13M(3个)和主发电机转子直流励磁线圈接线片(2个)固定到旋转整流器上。以15磅·英寸~17磅·英寸的力矩拧紧螺钉。

(3) 用胶带将接线片及其导线捆扎到转轴上,在胶带上涂密封胶Glyptal 1201EW。

2) 安装花键轴和短轴

(1) 给O形圈6涂上润滑脂,将其套到花键轴3上。在花键轴3的花键上涂润滑脂,将其装入短轴1。将O形圈7装到密封护圈4上,用卡环5将其固定在短轴1内,卡环必须卡入短轴1的槽内。

(2) 把支撑座7P、弹簧座7J和弹簧7E放入转子内腔,支撑座必须顶住旋转整流器8的圆周。

(3) 用压床把短轴连同组装好的花键轴压入转子内腔,用螺钉2固定,以40磅·英寸~50磅·英寸的力矩拧紧螺钉。

(4) 给螺钉2打保险。

3) 安装轴承

在轴承内圈和转子轴颈处涂一层薄薄的润滑脂。用接头918B450-1和压床把两个轴承(主动端和从动端轴承)装到转子轴颈上。防尘罩的安装如图2-24所示。

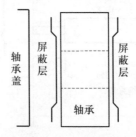

图2-24 安装防尘罩

2. 组装励磁定子组件

如图2-7(a)所示,用螺钉19、平垫片20将励磁定子线圈18固定到端罩21C内。用

45磅·英寸~55磅·英寸的力矩拧紧螺钉并打保险。

用螺钉12、平垫片13将接线座固定到端罩21C上。用16磅·英寸~20磅·英寸的力矩拧紧螺钉。

3. 组装发电机

如图2-5所示组装发电机。

1) 安装转子和主定子组件

(1) 将装好的转子组件连同轴承放到支撑座上,主动端朝上,将轴承盖41放到转轴上。

(2) 将定子壳体46慢慢放下套住转子,端盖装到定子壳体上。用软胶锤轻轻敲打端盖使其与定子壳体配合到位。

(3) 在螺钉45上涂润滑油,用螺钉45和垫片44将端盖固定到定子壳体上,以36磅·英寸~40磅·英寸的力矩拧紧螺钉并打保险。

(4) 给螺钉9涂润滑油,用螺钉穿过垫片8和端盖上的通孔,将其拧入轴承盖41上的螺孔,以30磅·英寸~36磅·英寸的力矩拧紧螺钉并打上保险。

(5) 安装轴承密封盖37,用卡环38固定。在封圈7、螺钉6和花键接头4的内花键上涂满润滑脂,安装封圈7和花键接头4,用螺钉6和凸肩垫圈5将主动端接头固定到转轴上,以83磅·英寸~103磅·英寸的力矩拧紧螺钉。用卡环2将主轴盖1固定到花键接头4上。

2) 励磁定子组件和主定子组件及转子的对接安装

(1) 将组装好的定子壳体和转子翻转放置,使从动端朝上。轴承盖41放到转轴上。

(2) 将组装好的励磁定子组件朝下和定子壳体对接,轴承密封盖37和垫片39放到转轴上。

(3) 在螺帽40的螺纹上涂防咬死剂,将其拧到转轴上,以43磅·英寸~53磅·英寸的力矩拧紧螺帽。将定位垫片上的一个凸出部分弯入螺帽的槽内。

(4) 安装轴承盖10。在螺钉11上涂润滑脂,将螺钉11穿过垫片12和励磁定子壳体上的通孔,拧入到轴承盖41的螺纹孔,以30磅·英寸~36磅·英寸的力矩拧紧螺钉并打上保险。

(5) 在螺钉25A上涂润滑脂,用螺钉和垫片26A以对角方式将励磁壳体组件和定子壳体组件组装到一起。给螺钉打上保险。

(6) 用螺钉11和垫片12把接线板端盖安装到定子壳体上,以30磅·英寸~36磅·英寸的力矩拧紧螺钉并打上保险。

任务8 发电机的存放

按照以下步骤包装发电机:

(1) 将发电机放到支撑座上(主动端朝下)并用螺栓固定。用塑料膜包裹好发电机。

(2) 将包装箱底部填充1/2泡沫海绵,用一张塑料布铺在泡沫海绵上。

(3) 将包裹好的发电机摆正放入包装箱内,轻轻压入泡沫海绵内。

(4) 在发电机上再铺一张塑料布,确保完全盖住发电机,再注入第二层泡沫海绵,将剩余塑料布折入完全盖住泡沫海绵。

(5) 盖好包装箱盖,打好运输封条。

注意：包装用泡沫剂具有毒性和可燃性，应防止吸入有害气体。因此，应在通风良好、没有明火和热源的区域使用。操作时应佩戴防护眼镜、防护手套以及其他保护装备。如果眼睛接触，应用清水冲洗和就医；如果皮肤接触，应用肥皂和清水清洗。

发电机的存放环境要求为 -55℃ ~74℃，湿度低于 95%。恶劣的存放环境会缩短发电机的使用寿命。如果发电机在此环境下保存超过 3 年，要进行外观目视检查和性能测试，合格后才能重新投入使用。

【结果评价】

以小组为单位进行评分，满分 100 分，每项 10 分。

课前任务1	课前任务2	任务1	任务2	任务3	任务4	任务5	任务6	任务7	任务8

知识导航

1. 电磁感应（Electromagnetic Induction）

电磁感应现象是因磁通量变化产生感应电动势的现象。闭合电路的一部分导体在磁场中做切割磁感线的运动时，导体中就会产生电流，这种现象称为电磁感应现象。

电磁感应现象是电磁学中最重大的发现之一，它显示了电、磁现象之间的相互联系和转化，对其本质的深入研究所揭示的电、磁场之间的联系，对麦克斯韦电磁场理论的建立具有重大意义。电磁感应现象在电工技术、电子技术以及电磁测量等方面都有广泛的应用。

对电磁感应想象的重要发现者法拉第，你了解多少呢？下面来看一个故事吧。

在伦敦的一家科学档案馆里，陈列着英国物理学家法拉第的一本日记。在日记的第一页上写着：对！必须转磁为电。以后的每一天，日记里除了日期，都写着同样一个词：No。从 1822 年直到 1831 年，每篇日记都如此。直到日记的最后一页，终于出现了另一个词：Yes。

这是怎么回事啊？

原来，1820 年丹麦物理学家奥斯特发现金属通电后可以使附近的磁针转动。这一现象引起了法拉第的深思：既然电流能产生磁，那么磁能否产生电呢？法拉第决心研究这一课题，并且用实验来验证。

接下来，法拉第实验、失败、再实验……9 年的时间过去了，法拉第终获成功，他第一次用实验证实了磁也可以产生电，这就是著名的电磁感应原理。这一原理为发电机的诞生做出了重大贡献。

同学们，从法拉第的故事中你学到了什么呢？

2. 右手定则（Right-hand Rule）

右手定则是在电磁学中确定在外磁场中运动的导线内感应电流方向的定则，又称发电机定则，也是感应电流方向和导体运动方向、磁力线方向之间的关系判定法则。做握手状,适用于发电机手心为磁场方向、大拇指为物体运动方向、手指为电流方向,确定导体切割磁感线运动时在导体中产生的动生电动势方向的定则。右手定则示意如图 2-25 所示。

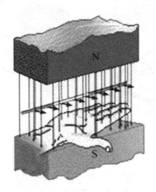

图 2-25 右手定则示意图

右手定则的内容是:伸开右手,使大拇指与其余四个手指垂直并且都与手掌在一个平面内,把右手放入磁场中,让磁感线垂直穿入手心,大拇指指向导体运动方向,则其余四指指向动生电动势的方向。动生电动势的方向与产生的感应电流的方向相同。

3. 发电机原理(Fundamental Principles of Generators)

图 2-26 为最简形式的发电机,即单匝线圈 AB 旋转于固定磁极之间,通过导线末端连接的滑环形成电流回路,电刷连通外部负载。当回路的平面与磁场成直角时(位置①),在回路中不会引起电压。随着回路通过线圈旋转成 90°切割磁感线产生感应电压,直到在位置②的感应电动势最大。由于线圈再次接近垂直的位置时,电压减小。因此,磁感线被切割的面积减少。在位置③的电动势为零。如果继续旋转线圈,电压将逐渐增加,直到在 270°(位置④)再次最高,但以相反的方向切割磁感线也可以降低感应电动势。旋转继续下去,电动势将减小,感应电压降低到零的循环返回到位置①。

感应电压在图中整个周期交替正弦曲线显示。如果交流电转换成单向或直流,必须更换电刷的收集装置,称为换向器,如图 2-26 所示。将注意到,为免受彼此连接,换向器包括两个部分做到闭合回路的两端。在电刷设置上,使每一部分工作的接触电刷和接触到的其他点的磁场上的回路诱导电压最低,即图 2-26(b)只是感应电流最大时所产生的曲线图。

4. 发电机类别(Generator Classifications)

发电机是根据磁场的激励方法分类的,通常可分为以下述三类。

(1) 永磁发电机。

(2) 他激发电机,其磁极由单独的直流电源的电流来激励。

(3) 自激发电机,其磁极由发电机本身产生的电流来激励。

5. 发电机特性(Generator Characteristics)

发电机特性是指电压和负载电流之间的关系,有以下两种:

(1) 外特性。是指端电压与负载电流之间的关系。

(2) 内特性。是指电动势与负载电流之间的关系。这些关系一般用曲线表示,而且

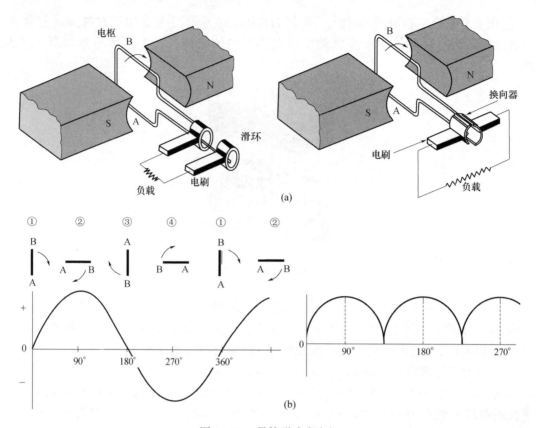

图 2-26 最简形式发电机

曲线是在发电机一个特定的转速下绘制的。

6. 直流发电机

常用的航空直流发电机有两种形式：一种是直流发电机（DC Generator），另一种是交流—直流发电机（DC Alternator）。

1）直流发电机

典型的飞机直流发电机如图 2-27 所示，其结构主要由定子、转子、整流子（换向器）、电刷组件等组成。

（1）结构。

① 定子。它主要由磁极、励磁线圈、电刷组件和壳体组成。磁极和励磁线圈用来产生磁场。壳体的作用有两个：一是为磁极产生的磁场提供磁通路；二是作为发电机的机械结构，用于安装其他部件和固定发电机。壳体由铁磁材料构成。图 2-28(a)、(b) 分别为两极发电机和四极发电机的定子结构。

② 转子。它由铁芯、电枢线圈、换向器和转轴组成，如图 2-29 所示。电枢线圈在转子转动时，切割磁力线，产生交流电动势。每个电枢线圈的两端按规定的顺序连接在换向器上。

③ 换向器和电刷组件。其作用是将电枢线圈产生的交流电转换成直流电，由电刷输出，电刷结构如图 2-30 所示，电刷表面在弹簧的作用下与换向器表面紧密接触。电刷装在刷架上，刷架安装在定子上。

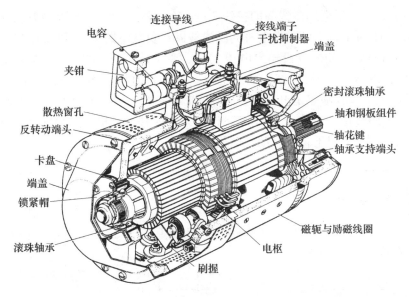

图2-27 直流发电机构造

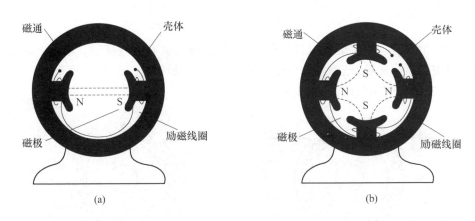

图2-28 定子结构

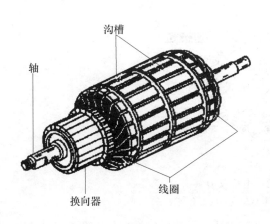

图2-29 转子的组成

图2-30 电刷结构

(2) 励磁方式。根据励磁线圈的接线不同,直流发电机可以分为串励式、并励式和复励式,如图2-31所示。串励式发电机的励磁线圈与负载电路串联,励磁电流随负载的增加(电阻减小)而增大,使发电机输出电压上升。要维持电压不变,可在励磁线圈两端并联一可变电阻(调压器)分流一部分励磁电流。这种发电机多用在恒速恒负载或负载启动电流大的情况下。其缺点是电压调整困难,因此飞机上一般不使用。并励发电机的励磁电流小,电压调整相对容易,一般小型飞机都采用这种发电机。复励发电机兼有串励和并励发电机的特点,常用于直流启动发电机。

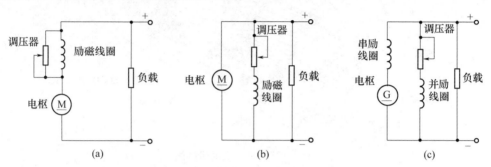

图2-31 直流发电机的励磁方式
(a) 串励式;(b) 并励式;(c) 复励式。

(3) 电枢反应。当接通发电机负载时,电枢线圈中就有电流流过。根据电磁定律,在电枢线圈中会产生磁场,该磁场称为电枢磁场。电枢磁场与主磁场(由励磁线圈产生)相互作用,使主磁场产生扭曲,如图2-32所示。

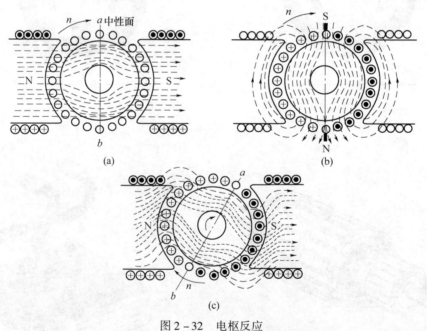

图2-32 电枢反应
(a) 励磁磁场;(b) 电枢磁场;(c) 合成磁场。

磁场扭曲程度随发电机输出电流的增大而增大。主磁场畸变除了降低发电机效率外,还使换向时(电枢线圈中的电流随转子旋转而快速改变方向的现象,称为换向)产生火花,严重时会烧坏整流子和电刷。图2-32(a)中表示只有励磁磁场,没有电枢电流(发电机不输出)时的磁力线分布情况;图2-32(b)表示发电机没有励磁,只有电枢电流产生的磁场;图2-32(c)表示两个磁场同时存在时,电流产生磁场对主磁场产生的影响,这种影响称为电枢反应。

解决电枢反应的方法有两种。一种方法是电刷架可调,使电刷安装在合成磁场的中性面上(图2-32(c))。但当发电机输出电流变化时,产生的磁场强度也改变,磁场中性面的位置也会发生改变。一般将电刷调定在发电机输出额定电流时的中性面位置上,但当发电机的负载电流偏离额定值时换向会产生火花。小型发电机一般采用调整电刷位置的方法。另一种是增加换向磁极,换向磁极线圈与电枢线圈串联,输出电流越大,产生的换向磁场就越强,如图2-33,用于抵消电枢反应的影响。

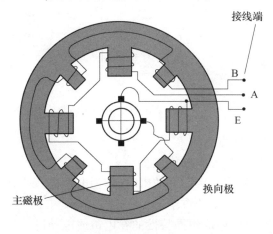

图2-33 换向磁极

较大的发电机一般采用换向磁极的方法或者两种方法都采用。

2) 交流—直流发电机

为了克服直流发电机换向困难(尤其是在高空)、换向时产生火花及换向器和电刷维护工作量大的缺点,可以采用交流—直流发电机,如图2-34(a)所示。其基本原理是:采用交流发电机,交流发电机发出的交流电经二极管整流后变成直流电,再输送到飞机电网供负载使用。

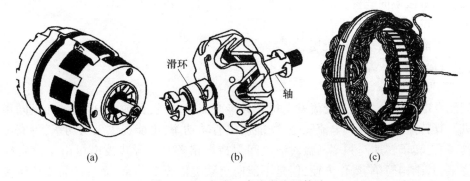

图2-34 交流—直流发电机构造

交流—直流发电机由转子(图2-34(b))、定子(图2-34(c))和整流器(图2-35)组成。

与直流发电机相反,交流—直流发电机的励磁线圈装在转子上,励磁电流通过电刷和滑环(图2-34(b))加到励磁线圈上,因此磁场是转动的。由于输入的是直流电,所以没有换向问题。三相星型连接的电枢线圈装在定子上,三相交流电通过6只整流二极管全波整流成直流电后输出(图2-35)。图中F_1为励磁线圈,装在转子上,三相电枢线圈和整流二极管装在定子上。

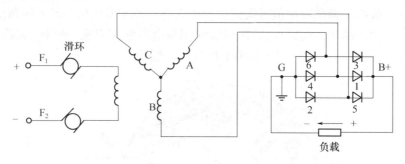

图2-35 交流—直流发电机的全波整流电路

3) 两种直流发电机的优点

直流发电机主要有以下几方面的优点:

(1) 能作为启动发电机用。启动发动机时,作为电动机,发动机启动后转为发电机状态,一机两用,从而减轻机载设备的重量。

(2) 改变励磁方式,可以做成不同特性的发电机或电动机。

但直流发电机也有以下缺点:

(1) 高空时,由于湿度和氧气含量低,换向困难,电刷磨损严重。

(2) 换向时,产生火花,对机载电子设备产生干扰;换向器和电刷磨损大,维护工作量大。

(3) 结构复杂,质量大。

交流—直流发电机具有以下优点:

(1) 结构简单,质量小。

(2) 无机械换向装置,高空性能良好,工作可靠,维护工作量小。

主要缺点有:

(1) 不能作为启动发电机用。

(2) 过载能力较差。

7. 交流发电机

交流发电机可分为同步交流发电机和异步交流发电机,目前,用得最多的是同步交流发电机。其特点是:由直流电流励磁,既能提供有功功率,也能提供无功功率,可满足各种负载的需要,转子转速与频率和极对数之间保持严格关系。异步发电机由于没有独立的励磁绕组,其结构简单、操作方便,但是不能向负载提供无功功率,而且还需要从所接电网中汲取滞后的磁化电流,所以,异步发电机运行时必须与其他同步电动机并联,或者并接相当数量的电容器。这限制了异步发电机的应用范围。目前,航空交流发电机绝大多数是同步交流发电机。

1）同步交流发电机的原理

图 2-36 为同步交流发电机的原理图,它由定子(电枢)和转子(磁极)两大部分组成。定子铁芯的内圆均匀分布着定子槽,槽内嵌放着按一定规律排列的三相对称交流绕组,也称为电枢绕组。将定子绕组(U_1U_2、V_1V_2、W_1W_2)称为发电机的 U 相、V 相和 W 相。三个定子绕组是完全相同的,它们的首端 U_1、V_1、W_1(或末端 U_2、V_2、W_2)在空间彼此互差 120°。

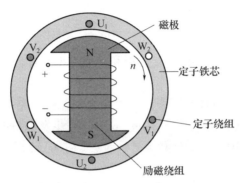

图 2-36　同步交流发电机原理

转子铁芯上装有制成一定形状的成对磁极,磁极上绕有励磁绕组,通以直流电流时,将会在电动机的气隙中形成极性相间的分布磁场,称为励磁磁场(也称主磁场、转子磁场)。气隙处于电枢内圆和转子磁极之间,气隙层的厚度和形状对电动机内部磁场的分布和同步电动机的性能有重大影响。

当转子被原动机拖动旋转后,电枢绕组和励磁磁场之间有相对运动,三个电枢绕组均做切割磁力线运动而产生正弦电动势 e_U、e_V、e_W。由于三个绕组的几何形状、匝数、材料等完全一样,且其切割磁力线的速度一致,彼此在空间的位置又互差 120°,所以产生的三相电动势幅值相等、频率相同、相位互差 120°。这样的电动势称为三相对称电动势。

如果规定电枢绕组上电动势的正方向为从每相绕组的末端指向首端,以 U 相电动势为参考量(初相位为零),则三相对称电动势的瞬时值表达式和三相对称电动势为

$$e_U = Em\mathrm{Sin}\omega t$$

$$e_V = Em\mathrm{Sin}(\omega t + 120°)$$

$$e_W = Em\mathrm{Sin}(\omega t - 120°) = Em\mathrm{Sin}(\omega t + 240°)$$

三相电动势的波形如图 2-37 所示,将三相电动势达到正的(或负的)最大值的先后顺序称为三相交流电的相序,习惯上将 e_U 作为参考电动势。通常,将相序 U—V—W 称为正相序,而将相序 U—W—V 称为逆相序。

感应电动势的频率和转子转速保持一定关系。如果磁极的极对数为 p,转子旋转 1 周,电枢导体便切割 p 对极的磁场,产生的电势也交变 p 周,则感应电动势的频率为

$$f = \frac{pn}{60}(\mathrm{Hz})$$

式中:f 为频率;p 为极对数;n 为转速。

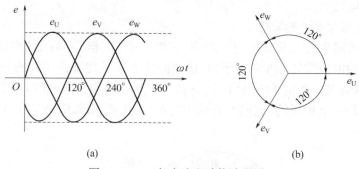

图 2-37 三相交流电动势波形图

以 B737-300/500 系列客机的交流发电机为例,其极对数为 4,额定转速为 6000r/min,则频率为 400Hz。

同步交流发电机的转子转速与频率和极对数之间保持严格关系,即 $n=60f/p$,这个转速也是旋转磁场的转速,称为同步转速,用 n_1 表示。同步发电机必须有 $n_1=n$,即

$$旋转磁场的转速 = 转子(原动机)转速$$

2)同步交流发电机的结构

同步交流发电机由定子、转子和气隙等组成。电枢由电枢绕组和铁芯组成;铁芯由电工钢片冲制叠成,槽内敷设电枢绕组。磁极也由铁芯和绕组组成。励磁绕组通直流电后,建立磁场。

同步交流发电机按磁极结构有凸极式和隐极式两种,如图 2-38 所示。凸极式结构有明显的磁极外形,铁芯用电工钢片冲压叠成。隐极式结构无明显的磁极外形,在圆柱体的磁极铁芯上开有槽,励磁绕组嵌在槽内。隐极式结构能承受较大的离心力,主要用在大型、高速汽轮发电机上;而凸极式结构主要用在小容量或大容量、低转速发电机上。

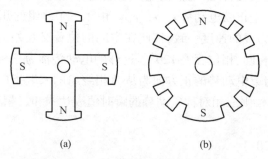

图 2-38 同步交流发电机磁极结构
(a) 凸极式;(b) 隐极式。

目前,航空交流发电机大多采用凸极式磁极结构。

按照旋转部件区分,同步交流发电机可分为旋转电枢式和旋转磁极式两种。对于旋转电枢式,转子是电枢,定子是磁极;对于旋转磁极式,转子是磁极,定子是电枢。旋转磁极式的磁极励磁绕组电流要通过两个滑环和电刷引入。旋转电枢式的电枢绕组发出的电必须由滑环和电刷引出。对于 B737-300/500 系列客机的交流发电机,其主发电机为旋转磁极式同步发电机,而交流励磁机是旋转电枢式同步发电机,由于使用了旋转整流器,所以该发电机没有滑环和电刷。

如果按照有无电刷和滑环来区分,则又可分为有刷发电机和无刷发电机两种;按照励磁方式区分则有自励和他励两种。他励励磁是由一台与发电机同轴的交流发电机产生交流电,经整流变成直流电,给发电机转子励磁。自励励磁是将来自于发电机输出端的交流电经变压器降压,再整流变成直流电,作为发电机转子的励磁。目前,用最广泛的是无刷同步交流发电机。

图 2-39 为三级式无刷同步交流发电机原理图。该类型的发电机由永磁发电机(副励磁机)、交流励磁机、旋转整流器和主发电机组成。主发电机为旋转磁极式同步发电机,交流励磁机为旋转电枢式同步发电机,副励磁机的转子为永磁铁。永磁发电机发出的电供给调压器,再由调压器控制交流励磁机的励磁电流。旋转整流器把交流励磁机发出的三相交流电整流成直流电,供给主发电机励磁,从而在主发电机的电枢绕组发出三相交流电。由于使用了旋转整流器,避免了电刷和滑环的使用,所以这种发电机可靠性高、维护简单。

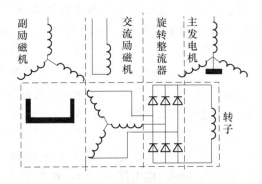

图 2-39 三级式无刷同步交流发电机原理

两级无刷交流发电机则少了一个永磁发电机,其余部分与三级式的相同。两级式同步交流发电机与三级式同步交流发电机相比,由于少了一个永磁发电机,所以结构比较简单,但是没有三级式的可靠。目前,民航客机上的交流发电机,除了少部分如 B737-300/500 系列客机安装的是两级式无刷同步交流发电机外,大部分机型装的是三级式无刷同步交流发电机,包括 IDG。

 材料阅读

材料1　交流发电机的结构和主要技术数据

1. 交流发电机的结构

以 B737-300/500 系列客机的交流发电机 P/N:976J498-2 为例介绍交流发电机的结构,如图 2-40 所示。该发电机为两级无刷交流发电机,冷却方式为风冷。主发电机为旋转磁极式同步发电机,交流励磁机是旋转电枢式同步发电机。它由励磁定子、励磁电枢绕组、主发电机定子、主发电机励磁绕组和三相全波整流器组成。其中,励磁电枢绕组和主发电机励磁绕组安装在同一根空心轴上构成转子,整流器装在空心轴内,所以也称为旋转整流器。发电机电压调节器(GCU)通过控制励磁机的励磁电流间接调节主发电机的励磁电流,达到调节输出电压的目的。

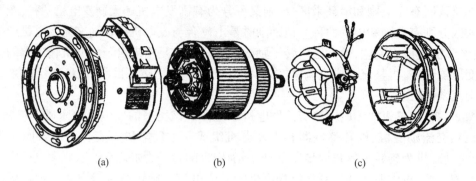

图 2-40 交流发电机结构
(a) 主定子；(b) 转子；(c) 励磁定子。

2. 航空交流发电机电路介绍

图 2-41 为交流发电机电路图。励磁定子由两个线圈并联构成，其中一个线圈串联一个负温度补偿电阻，其作用是在超温时使励磁电阻保持恒定。励磁定子上的励磁绕组还含有两块永久磁铁，使发电机产生剩磁电压给 GCU 建立电压。GCU 给励磁定子的励磁绕组线圈插钉 A- 和 F 提供电压后，在转子上的励磁电枢绕组上产生三相交流电。然后，经过三相全波整流器整流后成为一直流电流，该直流电流被提供给主发电机的励磁绕组。主发电机励磁绕组由装在磁极上的 8 组线圈构成，直流励磁电流在这 8 个磁极内依次产生磁通和旋转磁场。旋转磁场切割主发电机定子线圈感应出三相交流电。主发电机定子线圈绕组间以 120°相位角进行排列，绕组之间以 Y 型连接。在输入转速为 6000r/min 时产生三相 400Hz、线电压为 208V、相电压为 120V 的交流电。为了保证发电机输出恒定 400Hz 的交流电，必须使转子以恒定 6000r/min 的转速旋转(实际工作时转速有偏差范围，该发电机的转速偏差为 ±15r/min)。所以，在发电机的驱动轴接上恒速驱动装置(CSD)，把变化的发动机附件齿轮箱转速变为恒定 6000r/min，最终使发电机输出 400Hz 的交流电。

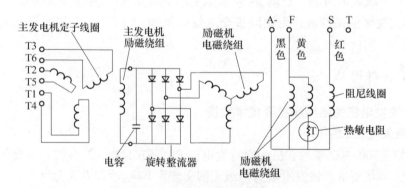

图 2-41 交流发电机电路

简而言之，该发电机的工作原理是对在励磁定子上的励磁绕组提供励磁，在转子上的励磁电枢绕组将发出三相交流电，经过旋转整流器整流后向主发电机在转子上的励磁绕组提供励磁电流，从而使主发电机在定子的电枢绕组感应出三相交流电。

3. 性能参数

表2-10为交流发电机的性能参数。

表2-10 B737-300/500 交流发电机 P/N:976J498-2 的性能参数

额定功率/kV·A	40
电压/VAC	120/208
频率/Hz	380/420
电流/A	111
相数	3
功率因素	0.75
转速/(r/min)	5700/6300
转向	CCW/CW

材料2 发电机故障排除

以B737-300/500 交流发电机为例进行排故说明。故障原因及排故方法如表2-11所列。

表2-11 B737-300/500 交流发电机故障原因及排故方法

故障现象	故障原因	排故方法
发电机不能建立电压	发电机转轴断	更换转轴
	外部连接故障	检查连接
	励磁定子线圈故障	检查励磁线圈是否短路或开路；修理或更换励磁线圈
	励磁转子线圈故障	检查是否短路或开路；修理或更换线圈
励磁电流过大	旋转整流器的二极管短路	更换二极管或整流器
	励磁转子线圈故障	修理或更换线圈
励磁电流波形不正确	二极管故障	更换二极管
	励磁转子线圈故障	修理或更换线圈
剩磁电压低	永磁铁故障	更换励磁定子线圈
空转时机械噪声不正常	轴承失效或转子动平衡超标	更换轴承或修正转子动平衡

材料3 直流发电机的分解

下面以EMB-145直流发电机 P/N:30086 SERIES II 为例进行直流发电机的分解说明。该发电机的总体结构与B737-300/500系列客机的交流发电机相似，所以着重对不同之处的分解进行说明。

与B737-300/500系列客机的交流发电机一样，只对该直流发电机分解到可以排除和修理故障的程度。除非在检查和测试的时候发现主要部件有故障，否则不要对主要部件进行分解。不要分解或脱焊固定接头，除非它们已经损坏。

如果发电机 P/N:30086-010 因"轴承故障"被拆下，故障的原因可能是因为轴承故障传感器磨损，导致不能给出轴承失效的信号。在这种情况下，必须分解发电机到可以检查所有轴承、轴承故障传感器和轴承衬套的程度。

如果发电机 P/N:30086-011 因"轴承故障"被拆下，因为真正的轴承故障会导致故障轴承线路电阻不可逆的改变。因此，在分解前，应根据相关维修手册测试章节里的测试步骤确定是否真正出现轴承故障信号。

根据该直流发电机的结构,将分解分为三步骤进行:①拆卸风扇及驱动轴;②拆卸转子;③分解定子壳体。

1. 拆卸风扇及驱动轴

参考图 2-42 所示拆卸风扇。

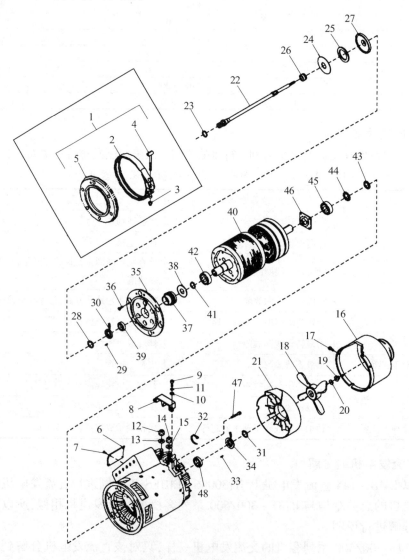

图 2-42　直流发电机分解图

1—快速装卸套件;2—V 形带箍;3—自锁六角螺帽;4—丁字螺栓;5—安装适配器;6—铭牌;7—螺钉;8—端盖;9—盘头螺钉;10—平垫片;11—自锁垫片;12—自锁螺钉;13—贝氏垫圈;14—自锁螺帽;15—贝式垫圈;16—进风管;17—凸圆头螺钉;18—风扇;19—双六角自锁螺帽;20—平垫片;21—导流组件;22—驱动轴;23—O 形圈;24—减震盘;25—摩擦盘;26—轴套;27—减震盘;28—卡环;29—环形键;30—驱动端轴承失效传感器;31—卡环;32—自锁带;33—环形键;34—远驱动端轴承失效传感器;35—驱动端轴承座;36—平头螺钉;37—轴瓦;38—波形弹性垫圈;39—附加轴承;40—转子组件;41—外卡环;42—驱动端轴承;43—轴承座螺帽;44—轴承座垫片;45—远驱动端主轴承;46—轴承护圈;47—内六角螺钉;48—远驱动端附加轴承。

(1) 拧下凸圆头螺钉 17,拆下进风管 16。

(2) 拆下双六角自锁螺帽 19、平垫片 20。将风扇 18 从驱动轴上拆下。

(3) 拆下导流组件 21。

(4) 将驱动轴 22 连同轴套(26)、O 形圈(23)、减震盘(24)和摩擦盘(25)从转子组件的内腔拆出。

(5) 从驱动轴上拆下轴套 26、O 形圈 23、减震盘 24 和摩擦盘 25。

2. 拆卸转子

参考图 2-42,进行以下步骤拆卸转子。

(1) 焊开轴承失效传感器 30 的导线,将其从驱动端轴承座 35 内拆出。

(2) 拆下螺钉 36,将驱动端轴承座 35 从定子壳体上拆下;从驱动端轴承座内拆出附加轴承 39。

(3) 从定子壳体内拆出转子组件。

(4) 从远驱动端上拆下轴承座螺帽 43 和轴承座垫片 44;用轴承拉马把远驱动端主轴承 45 拔出,报废远驱动端主轴承。

(5) 拆下卡环 41,用拉马从转轴拆出驱动端轴承 42。

(6) 参考图 2-43,从二极管和电阻安装架 9 上拆下二极管 3 和电阻 6;从转子上拆下二极管和电阻安装架。

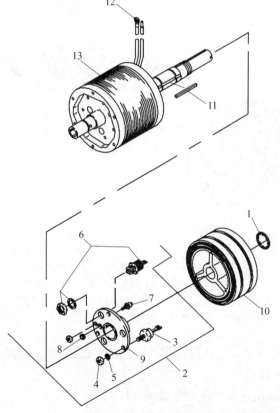

图 2-43 转子分解图

1—卡/环;2—二极管和电阻组件;3—二极管;4—六角螺母;5—锁紧垫片;6—电阻;7—接线柱;8—护线环;9—电阻安装架;10—励磁机转子组件;11—方键;12—接线片;13—主发电机励磁转子组件。

3. 分解定子壳体

参考图2-44所示,分解定子壳体组件。

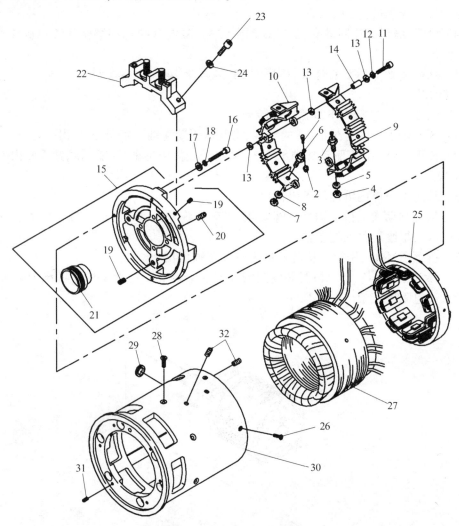

图2-44 定子壳体分解图

1—螺钉;2—自锁螺母;3—整流二极管;4—平头六角螺母;5—贝氏垫圈;6—整流二极管;7—平头六角螺母;8—贝氏垫圈;9—散热片;10—散热片;11—螺钉;12—平垫片;13—绝缘垫片;14—绝缘套管;15—远驱动端轴承座;16—螺钉;17—平垫片;18—自锁垫片;19—平垫片;20—锁紧垫片;21—轴瓦;22—接线座;23—螺钉;24—平垫片;25—励磁定子;26—螺钉;27—主定子;28—螺钉;29—护线环;30—发电机壳体;31—螺钉;32—螺钉。

(1) 拆下卡环31(图2-42)、环形键33(图2-42),从远驱动端轴承座内拆出轴承失效传感器34(图2-42)。

(2) 从轴承座内拆出远驱动端附加轴承48(图2-42)。

(3) 参考图2-44,拆下整流二极管3、6和散热片9、10以及接线座22。

材料4 直流发电机的检查

下面以EMB-145直流发电机P/N:30086 SERIES Ⅱ为例进行直流发电机检查介绍。

1. 检查工具和设备

检查工具和设备如表 2-12 所列。

表 2-12 直流发电机检查工具和设备表

名称	用途
动平衡机	用于检查转子动平衡
绝缘测试仪	用于检查绝缘
欧姆表	用于检查电阻
内径千分尺	用于检查轴承座内径
游标卡尺	用于检查尺寸

2. 检查项目

1) 目视检查

目视检查所有零件是否有腐蚀、生锈、刮痕、螺纹损坏或漆层脱落。

2) 尺寸检查

参考表 2-13 进行尺寸检查。

表 2-13 尺寸检查项目及要求

名称	检查项目	要求/英寸
安装接头(图2-45)	尺寸 A	4.121~4.123
	尺寸 B	4.123~4.125
	定位销钉高度	0.275~0.32
	表面1和表面2的平行度	0.002
驱动轴	驱动轴花键直径	>0.757
摩擦盘	摩擦盘厚度	>0.06
阻尼盘	厚度	>0.038
	内花键直径	<0.655
阻尼背板(图2-46)	最小内径 A	0.015
驱动端轴承座(图2-47)	轴承座内径 A	1.1811~1.1814
	轴承座内径 B	1.5745~1.5748
	安装接头导孔直径 C	4.121~4.123
	定子壳体导孔直径 D	4.078~4.080
转子组件(图2-48)	驱动端和远驱动端主轴承轴颈直径 A	0.6691~0.6694
	驱动端附加轴承轴颈直径 B	0.6547~0.6551
	远驱动端附加轴承轴颈直径 C	0.6110~0.6115
二极管和电阻安装架	内径	0.8430~0.8435
远驱动端轴承座	轴承座外径	1.3750~1.3753
	轴承座内径	1.5748~1.5751

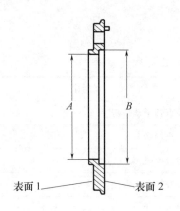

图 2-45 检查安装接头

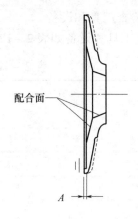

图 2-46 检查阻尼背板

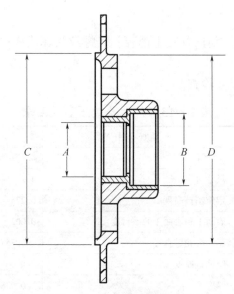

图 2-47 检查驱动端轴承座

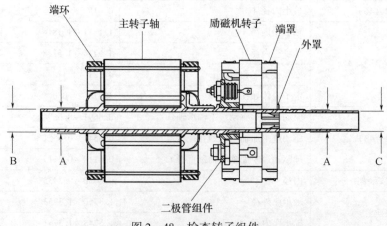

图 2-48 检查转子组件

A—主轴颈；B—DE 副轴颈；C—ADE 副轴颈。

3）无损探伤

按照 ASTM-E-1444 对驱动轴、阻尼轴套和阻尼盘进行磁粉探伤检查,如有发现损坏则报废。

按照 ASTM-E-1417 对安装接头进行液体渗透检查,如果发现损坏则报废安装接头。

4）电阻检查

按照表 2-14 所示,进行发电机部件的电阻检查。

表 2-14 电阻检查表

名称	检查项目	要求
P/N:30086-011 的驱动端和远驱动端轴承失效传感器	检查传感器的电阻(具体步骤参考 CMM24-30-05 的检查章节)	<1Ω
励磁转子	相—相电阻值	$0.2\Omega \sim 0.28\Omega$
	相—中线电阻值	$0.1\Omega \sim 0.14\Omega$
转子二极管	二极管正反向偏置电阻	正向:$(10 \pm 5)\Omega$ 反向:$10k\Omega$
转子电阻	电阻值	$(500 \pm 5)\Omega$
主发电机转子励磁线圈	励磁线圈电阻值	$0.36\Omega \sim 0.44\Omega$
励磁定子	励磁线圈电阻值	$3.4\Omega \sim 3.9\Omega$
电流传感器	线圈电阻值	$3.0\Omega \sim 3.7\Omega$
电阻 R_5、R_6	电阻值	$(2 \pm 0.2)\Omega$;$(50 \pm 0.5)\Omega$

5）绝缘检查

按表 2-15 所列,检查发电机部件的绝缘。

表 2-15 绝缘检查表

名称	检查项目	测试条件	要求
P/N:30086-010 远驱动端轴承失效传感器	检查导线和壳体间的绝缘强度	250VAC,1min	漏电流低于 5mA,无击穿现象
励磁转子线圈	检查线圈导线接头与转子轴之间绝缘强度	250VAC	漏电流低于 1mA,无击穿现象
主发电机转子励磁线圈	检查线圈导线接头与转子轴之间绝缘强度	250VAC	漏电流低于 2mA,无击穿现象
主发电机定子	检查输出接头 B+、E-、插钉 G 与壳体之间的绝缘强度	250VAC,脱开电容 C_2	漏电流低于 5mA,无击穿现象
励磁定子	检查励磁定子线圈与壳体之间的绝缘强度	250VAC	漏电流低于 1mA,无击穿现象
主定子线圈	检查主定子线圈 24 根导线头与壳体之间的绝缘强度	250VAC	漏电流低于 2mA,无击穿现象
	T5 与 T15 之间的绝缘强度	250VAC	漏电流低于 2mA,无击穿现象

6) 检查转子动平衡

在动平衡机上检查转子动平衡。转子两端的不平衡量最大为 5 g·英寸。

学习体会

通过这次学习,你都学到了什么东西呢? 写在下面吧。

_____
_____
_____
_____
_____
_____
_____
_____

课后任务

(1) 交流发电机的功用、组成、基本工作原理。
(2) 各线圈绕组绝缘电阻的测量方法。
(3) 交流发电机分解、组装操作中应注意的事项。

项目 2　航空蓄电池的检查维护和拆装

学习指南

【教学目标】

知识目标:(1) 知道航空蓄电池的分类和各自的工作原理。
　　　　(2) 知道影响航空蓄电池容量的主要因素有哪些。
　　　　(3) 知道航空蓄电池的维护注意事项有哪些。
　　　　(4) 了解航空蓄电池的发展概况。
能力目标:(1) 能根据实验科目卡完成蓄电池在飞机上的检查。
　　　　(2) 能根据实验科目卡完成蓄电池在飞机上的安装。
情感目标:(1) 培养分析问题和解决问题的能力。
　　　　(2) 树立认真负责的工作态度,懂得"机务工作无小事"的道理。
　　　　(3) 培养团队协作精神。
　　　　(4) 培养吃苦耐劳的精神。

【教学重点】

(1) 航空蓄电池的工作原理和维护的注意事项。

(2) 航空蓄电池在飞机上的检查和安装。

【教学难点】

(1) 如何引导学生通过以前所学知识来分析问题和解决问题,最终归纳总结,达到掌握知识、提高能力的目的。

(2) 在学生实际操作中,如何做到有效引导,既充分调动学生的积极性,又要避免一些安全事故的发生。

(3) 如何培养学生团结协作的精神,让学生懂得集体利益永远大于个人利益。

课前任务

课前任务1　请同学们回忆一下,在生活中哪些方面用到过蓄电池?其原理是什么?请写到下面的横线上。

_____
_____
_____
_____
_____
_____
_____

课前任务2　对照教学用飞机,试着找出飞机上的蓄电池在哪里,它们的主要作用是什么。

_____
_____
_____
_____
_____
_____
_____

情境创设

　　航空蓄电池是飞机的备用电源,是飞机必不可少的设备之一。在地面,蓄电池供飞机通电检查之用;在空中,飞机发电机一旦失效,航空蓄电池将对飞行安全起到至关重要的作用。航空蓄电池在飞机上作为应急电源,当飞行过程中主电源和其他辅助电源失效以后,它向飞机重要设备和仪表供电,维持飞机飞行至就近机场着陆。适航规定,在应急情况下,蓄电池至少能维持30min供电(ETOP维持飞行时间为1h)。机务工程技术人员应对航空蓄电池引起足够的重视。

工作项目:航空蓄电池的检查维护和拆装

【任务内容】

任务 1　蓄电池在飞机上的检查。

任务 2　蓄电池在飞机上的安装。

【任务准备】

准备好教学用飞机、电势测量仪、万用表。

【任务执行】

任务 1　蓄电池在飞机上的检查

在蓄电池刚投入服务开始的几个月内,至少每 50Fh(或根据手册要求)对蓄电池进行一次目视检查,之后,根据维修经验再制定更加适当的维修计划。以下是蓄电池应进行的检查项目,并在必要条件下采取合适的措施。

警告:在蓄电池周围工作时,必须十分小心。不能使用金属毛刷或其他金属工具,此外,戒指、手镯等金属首饰必须摘除,否则有可能造成蓄电池短路而引起皮肤烧伤和蓄电池损坏。

(1) 检查蓄电池箱、蓄电池盖、蓄电池插座和接头是否有明显的破坏或损坏。检查输出插头连接是否良好。

(2) 检查蓄电池是否存在过热(接触时手感不良)或有过热的迹象。如果存在,将蓄电池拆下,并在蓄电池车间进行检查。

(3) 检查泄气阀是否有堵塞、泄漏等损坏情况,如果有则修理或更换泄气阀。检查蓄电池箱排气孔是否有堵塞或裂纹,如果有则修理或更换。

打开蓄电池盖,实施以下检查步骤。

(1) 清洁情况。正常情况下,除了一些灰尘和轻微的沉积物在连接片和电池单格顶部之外,蓄电池应保持清洁。可以采用干净的抹布或毛刷去掉这些沉积物,若沉积物过多,则需要将蓄电池拆下并清洁。

(2) 蓄电池单格附件。如果蓄电池单格之间的连接片和接线端腐蚀比较严重,某些附件过热或损坏(如裂纹等),则需从飞机上拆下蓄电池,放电之后再更换腐蚀或损坏的附件。如果蓄电池附件保持清洁,则将螺母重新拧到规定的力矩即可。

(3) 泄气阀。检查泄气阀、O 形密封圈是否有堵塞、裂纹或密封不良等问题,清洁这些附件上存留的盐分并擦干。如果损坏,则更换。

(4) 多余的电解液。如果在蓄电池单格顶部有大量的电解液出现,或者蓄电池箱内存有少量的电解液,则应将蓄电池拆下并维修。

(5) 电解液液面高度。检查每个蓄电池单格的电解液液面,如果液面低于要求的最低高度,则应拆下蓄电池并在蓄电池修理车间根据要求加注蒸馏水。不允许在飞机上直接加注电解液,因为蓄电池的充电状态未知。

任务2 蓄电池在飞机上的安装

安装蓄电池的蓄电池舱必须清洁干燥。当将蓄电池安装在飞机上的固定位置时,应仔细检查所有紧固件是否牢固,所有的电气连接是否可靠。电气连接点的接触不良会使蓄电池的放电电压降低,造成局部发热从而导致蓄电池性能下降。因此,应保证所有的电气连接点清洁并连接正确,以避免接触不良。

应定期检查蓄电池的快卸式插座上是否有烧蚀、电弧、变色、腐蚀等,金属销钉是否有过度的磨损,非金属部分是否老化等。如果有损坏或白色粉末存在,应将插座从蓄电池上拆下,使用欧姆表,设置电阻为最小挡,测量插座两个销钉之间的电阻。如果有任何偏转,或销钉磨损比较严重,则更换蓄电池插座。

【结果评价】

以小组为单位进行评分,满分100分,课前任务20分,任务1和任务2分别为40分。

课前任务	任务1	任务2

知识导航

1. 航空蓄电池

蓄电池是一种化学电源,是完成化学能与电能相互转换的装置。放电时,它把化学能转化为电能向用电设备供电;充电时,它又把电能转化为化学能储存起来。于是蓄电池便可反复使用。

航空蓄电池由十几个单体电池串联而成,它们置于蓄电池箱内。单体电池由正极板、负极板、隔板和电解液构成。

2. 航空蓄电池的分类

(1) 按电解液的性质分。蓄电池分为酸性蓄电池和碱性蓄电池两种。酸性蓄电池主要有铅酸蓄电池,其电解质是硫酸水溶液。碱性蓄电池有银锌蓄电池和镍镉蓄电池,其电解质是氢氧化钾或氢氧化钠水溶液。铅酸蓄电池一般在小型飞机上和地面使用,大型飞机的蓄电池目前一般采用镍镉碱性蓄电池。

(2) 按用途分。蓄电池分为地面蓄电池和飞机(机身)蓄电池。

(3) 按型号分。蓄电池分为不完全统计,蓄电池已有100多种。

3. 蓄电池容量的影响因素

蓄电池的容量用安·小时(A·h)来表示。1A·h是指蓄电池用1A电流向负载放电可持续放电1h。实际上,这一结论对于碱性蓄电池基本上是正确的(碱性蓄电池内阻很小),而对于酸性蓄电池,大电流放电时,极板迅速被硫酸铅覆盖,使蓄电池内阻增加,蓄电池容量迅速下降,这是酸性蓄电池的主要缺点。

影响蓄电池容量的因素主要有以下四个方面:

(1) 极板活性物质的多少;

(2) 极板面积的大小;

(3)电解液的多少(密度一定时);

(4)温度。

增加活性物质的数量,增大极板面积并有足够的电解液,蓄电池的容量将增加;温度下降,则蓄电池的容量也下降。

4. 铅酸蓄电池

1)铅酸蓄电池的一般工作原理

铅酸蓄电池的化学反应方程式为

$$\underset{(正极)}{PbO_2} + \underset{(电解液)}{2H_2SO_4} + \underset{(负极)}{Pb} \underset{充电}{\overset{放电}{\rightleftharpoons}} \underset{(正极)}{PbSO_4} + \underset{(电解液)}{2H_2O} + \underset{(负极)}{PbSO_4} + 电能$$

铅酸蓄电池的结构如图2-49所示。

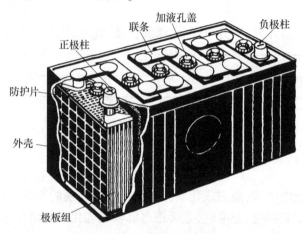

图2-49 铅酸蓄电池结构

在充好电时,正极为二氧化铅,负极为铅,电解液为1.285的稀硫酸。放电时,正负极板都成为硫酸铅,电解液成为水,所以密度下降。当充好电时,硫酸从极板中析出,与水结合,所以电解液密度升高(还原),而正负极板复原成充好电状态,即二氧化铅和铅。铅酸蓄电池每单体(单格)额定电压为2V,放电终止电压为1.7V。单体蓄电池结构见图2-50,因为单体电池的内阻随正负极板的距离变大而迅速变大,为减小内阻,极板之间的间隙应尽可能小。单体蓄电池装在防酸容器中。由于蓄电池工作时有气体溢出,所以每个单体蓄电池上方装有泄气阀,用于排出气体,但电解液不会因飞机机动飞行而溅出。

铅酸蓄电池的充电,在飞机上采用恒压充电,在地面一般都采用二阶段恒流充电。在飞机上,给蓄电池充电的电压只达到28.5V,所以不定时将蓄电池送充电站进行恒流充电,以保证其达到充好电的标志。充电期间,室内严禁烟火,并注意通风。

2)充好电的标志

(1)有大量气泡析出,表面产生均匀细密的气泡。

(2)每单格电压达到2.5V~2.8V。

(3)密度还原,一般为1.285。

(4)连续充电2h电压和密度保持稳定不变。

在充电过程中,蓄电池将排出大量氢气和氧气,如室内空气中含有4%的氧气,遇到

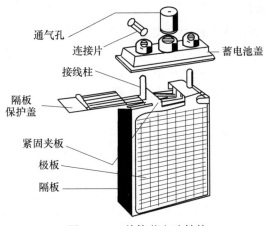

图 2-50 单体蓄电池结构

明火将引起爆炸。所以,充电期间严禁烟火,应有良好的通风设备,并备有灭火瓶等。

3) 适航要求

(1) 飞机(机身)蓄电池,实际容量应不低于额定容量的 75%;加双倍负载,电压不低于 24V,方可使用。10h 放电率的电流为蓄电池的额定负载电流,如 12-HK-30 正常负载电流为 3A,双倍即为 6A。

(2) 一般情况下,放电量不应该超过额定容量的 50%,任一单格终止电压为 1.7V,防止过放电。

(3) 放电后的蓄电池应及时充电,不得搁置 12h 以上。防止蓄电池暴晒;在寒冷地区注意保温防冻。

(4) 每月至少对蓄电池充电一次。

5. 碱性蓄电池

飞机上常用的碱性蓄电池为镍镉蓄电池,它与铅酸蓄电池相比,具有比能大、自放电小、低温性能好、耐过充电和耐过放电能力强、寿命长、内阻小、维护性好等优点,尤其是大电流放电时,电压平稳,非常适用于启动发动机等短时大电流放电场合。目前,大多数飞机上采用碱性电池。

1) 镍镉碱性蓄电池的结构和工作原理

正极为镍 Ni,负极为镉 Cd,电解液为氢氧化钾的水溶液 2KOH。由于镍接触空气或放进电解液中便不单独存在,于是它的充放电化学反应方程式可写为

$$\underset{(\text{负极})}{Cd} + \underset{(\text{正极})}{2Ni(OH)_3} + \underset{(\text{电解液})}{2KOH} \underset{\text{充电}}{\overset{\text{放电}}{\rightleftharpoons}} \underset{(\text{正极})}{2Ni(OH)_2} + \underset{(\text{电解液})}{2KOH} + \underset{(\text{负极})}{Cd(OH)_2} + 电能$$

充好电时,正极为氢氧化镍 $2Ni(OH)_3$,负极为镉 Cd,电解液为氢氧化钾的水溶液。放电时,正极变成氢氧化镍 $2Ni(OH)_2$,负极为氢氧化镉 $Cd(OH)_2$,电解液依然是氢氧化钾不变。不能用电解液的密度来判断放电程度。

充电时,要配有中和液(草酸、乙酸、柠檬酸、3% 硼酸的水溶液)。

2) 充好电的标志

(1) 有大量气体放出。

(2) 每单格蓄电池电压达到 1.5V~1.8V,并将保持不变,防止过充电。

3）蓄电池的适航要求

（1）蓄电池的有效容量应不低于额定容量的 80% 或 85%。

（2）航前，在飞机上加双倍负载电流，电压不低于 24V 方可使用。

（3）泄气阀压力应在 2 磅/英寸^2 ~ 10 磅/英寸^2 之间。

注意：10h 的放电电流为蓄电池的额定负载电流，如 CA - 16 蓄电池的额定容量为 4A，双倍负载电流即 9A。

6. 几种蓄电池性能的比较

几种蓄电池性能的比较如表 2 - 16 所列。

表 2 - 16 几种蓄电池性能比较

蓄电池种类	电动势/V	平均工作电压/V	终止电压/V	电解液性质	比能量/(W·h/kg)	容量输出效率/%	荷电湿搁置性能
铅酸电池	2.1 ~ 2.2	2.0	1.7	酸性	10 ~ 50	80 ~ 90	1 个月，容量降 30%
镍镉电池	1.35	1.0	1.1	碱性	15 ~ 40	75 ~ 85	6 个月，容量降 25% ~ 40%
锌银电池	1.6 ~ 1.8	1.4	1.3	碱性	60 ~ 160	>95	6 个月，容量降 15% ~ 25%

7. 蓄电池的常用充电方法

当蓄电池安装在飞机上时，由飞机电源向蓄电池充电或浮充电。飞机蓄电池充电器有两个作用；一是充电作用；二是作变压整流器用，为飞机提供直流电源。

根据适航要求，飞机蓄电池必须定期离位检查，即送内场进行检查、容量测试和充电，确保蓄电池的容量符合适航要求。下面讨论蓄电池在内场的充电方法和要求。

从充电方式看，有恒压充电、恒压限流充电、恒流充电、二阶段恒流充电、恒流恒压充电、快速充电和浮充电方式等基本充电方式。

1）恒压充电

恒压充电是指在充电过程中，充电电压恒定不变，同时，充电设备的输出电压应高于蓄电池电压。由于充电初期蓄电池电动势较低，充电电流很大，随着充电的进行，电流逐步减小。恒压充电曲线如图 2 - 51 所示。

恒压充电方式的优点是：

（1）在充电设备能提供足够充电电流的情况下，充电速度快。在开始充电的 30min 内，就可以将完全放电的蓄电池充到 90% 的容量。

（2）充电设备简单。

（3）电解液的水分损失比较小。

恒压充电方式的缺点是：

（1）冲击电流大。当蓄电池完全放电以后，电压很低，而充电电压保持不变，这时冲击电流很大。

（2）由于各单格电池的内阻、极板、电解液不能完全一样。恒压充电时，每个单格电池分配的电压不相等，容易造成单格电池充电不平衡，有些单格过充，有些单格充不足。

(3) 当充电设备的电压设定过高或过低时,容易造成蓄电池过充或充电不足。

为了防止冲击电流过大,损伤蓄电池和充电设备,有些充电设备采用恒压限流的充电方式,即在蓄电池开始充电时进行电流限制,当然这种充电方式充电时间相对较长。

在早期飞机上使用酸性蓄电池,飞机蓄电池直接连接到飞机直流汇流条上进行的充电方式即为恒压充电。而现在恒压充电模式主要用于给蓄电池浮充电,并向热蓄电池汇流条供电。

在地面,一般都采用二阶段恒流充电。

2) 恒流充电方式

恒流充电是指在充电过程中,电流维持恒定,充电设备的输出电压随蓄电池电压的变化而改变。恒流充电曲线如图 2-52 所示。

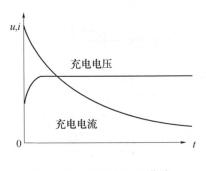

图 2-51 恒压充电法曲线

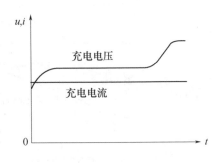

图 2-52 恒流充电曲线

恒流充电方式的优点是:
(1) 没有过大的冲击电流;
(2) 不会引起单体蓄电池电池充电不平衡;
(3) 容易测量和计算出充入蓄电池的电能(A·h)。

恒流充电方式的缺点是:
(1) 开始充电阶段电流过小,在充电后期充电电流又过大,充电时间长;
(2) 过充时,析出气体多,对极板冲击大,能耗高,电解液水分损失相对要多;
(3) 充电设备比较复杂。

采用二阶段恒流充电法可以克服恒流充电时间长的缺点,一般先采用大电流,再用小电流充。这种充电方式有效地克服了恒流充电法充电时间长的缺点,并且减小了充电过程中的水分损失,但充电设备比较复杂。

实现恒流充电有两种基本方式,一种是采用模拟控制的方法实现电流恒定,另一种是采用脉宽控制方法,即控制导通比。充电电流是间断的,当控制管导通时间上升,截止时间下降时,平均充电电流上升,反之平均电流下降。电流波形如图 2-53 所示。

3) 恒流恒压充电方式

当蓄电池开始充电时,采用恒流充电方式,当蓄电池电压达到转折电压后,自动转换到恒压充电方式。这种充电方式集中了恒压、恒流充电的优点,克服了恒压、恒流充电的不足,但充电设备比较复杂。现代飞机上安装的充电器大多采用这种方式,如图 2-54 所示。当恒电流充电至预定的电压值后,改为恒电压充电,同时充电器作为 TRU 向飞机提

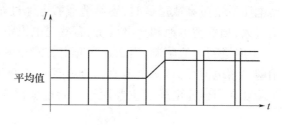

图 2-53 脉宽控制恒流充电原理

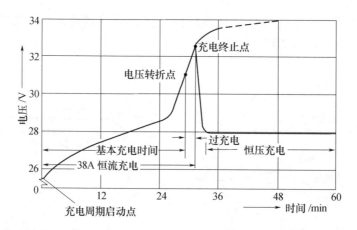

图 2-54 恒压恒流充电曲线

供直流电源。因此,这种充电器必须具有良好的蓄电池超温保护功能和限流功能。

4) 快速充电方式

为了能够最大限度地加快蓄电池的化学反应速度,缩短其达到满充状态的时间,一般采用大电流(≥2A)充电。但是,大电流充电会使电池产生极化现象。极化现象是指蓄电池在充(放)电过程中,尤其是大电流充(放)电时,电池的极板电阻增加(欧姆极化);此外,造成正负极板附近电解液浓度与其他地方不一样(浓差极化),从而使电化学反应速度减慢,导致温度上升,并产生大量气体。

为了尽量减少蓄电池极板的极化现象,提高蓄电池使用效率,快速充电方式主要有脉冲式充电法和 Reflex™ 快速充电法等。

(1) 脉冲式充电法。该方法首先是用脉冲电流对蓄电池充电,然后让蓄电池停充一段时间,如此循环,如图 2-55 所示。充电脉冲使蓄电池充满电量,而间歇期使蓄电池经化学反应产生的氧气有时间重新化合而被吸收掉,使浓差极化和欧姆极化自然而然地得到消除,从而使下一轮的恒流充电能够更加顺利地进行,使蓄电池可以吸收更多的电量。间歇脉冲使蓄电池有较充分的化学反应时间,减少了析气量,提高了蓄电池的充电电流接受率。

在此基础上,为了能更好地克服电池的极化现象,消除碱性蓄电池的记忆效应,在脉冲充电过程中还加入放电脉冲,即采用充电—放电—充电模式。当然是充入的电量多,放出的少。这种方式在航空和地面蓄电池充电中得到了广泛应用。但这种方法的缺点是容易出现过充或单体蓄电池损坏的后果。

(2) Reflex™快速充电法。该方法的一个工作周期包括正向充电脉冲、反向瞬间放电脉冲、停充维持三个阶段,如图2-56所示。它有效地减小了浓差极化和欧姆极化,大大降低了蓄电池的充电时间,但充电设备比较复杂。

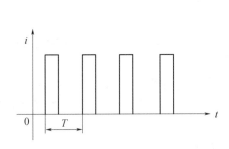

图2-55 脉冲式充电曲线

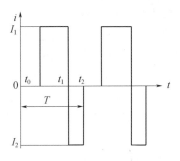

图2-56 Reflex™快速充电法

注意:有些蓄电池(尤其是密封式蓄电池)不能用Reflex™快速充电法充电,在蓄电池维护和充电时一定要注意。

5) 浮充电

由于蓄电池存在自放电现象,因此为维持其容量不减少,必须对充满的蓄电池进行浮充电。在飞机上进行浮充电时,将蓄电池连接到比蓄电池电压略高的直流电源上。浮充电电流的大小与蓄电池的环境温度、清洁程度和容量有关。在15℃~33℃范围内,对于碱性蓄电池来说,1A·h需要浮充电电流3mA左右(酸性蓄电池略高),一个40A·h的蓄电池需浮充电120 mA左右。当温度升高时,浮充电流应有所增加。

6) 充电时的注意事项

(1) 在蓄电池充电之前,应做必要的检查、清洁及蓄电池连接条间的力矩检查。

(2) 连接充电电缆之前,将蓄电池输出端子及单格电池之间的短路夹子拆除(如有)。充电时,应将蓄电池放置于竖立状态。

(3) 开始充电之前,应检查确认蓄电池与充电器连接正确。

(4) 避免短路。镍镉蓄电池被短路时将产生巨大的能量释放,故应避免将蓄电池短路。在任何情况下,在蓄电池上工作时都必须十分小心,不允许将工具或者其他金属物体放置于单格电池之间的连接片上,否则剧烈的火花放电将有可能导致人员伤害及蓄电池损坏。因此,维护蓄电池所使用的工具都应是绝缘工具。

(5) 充电蓄电池温度不能过高。

(6) 充电结束前10min~15min,测量每个单格电池的电压,其电压必须在1.5V~1.7V(有的厂家规定1.53V~1.75V),具体数值应根据CMM手册而定。

(7) 在小电流充电结束前10min~15min,测量每个单格蓄电池的电压必须在1.5V~1.7V(有的厂家规定在1.53V~1.75V,具体数值应根据CMM手册)。如果在电解液液面高度符合要求,低于1.5V或高于1.7V的单格蓄电池必须更换。

8. 蓄电池的维护

维护蓄电池应该严格按照生产厂家的使用说明书和维护手册进行。

由于酸性和碱性蓄电池的电解液在化学性能上是相反的,因此,酸碱蓄电池的维护车间应该间隔开,并保持良好的通风。

由于蓄电池的电解液具有腐蚀性,不要让手或皮肤直接接触电解液。如不慎溅出了电解液,应立即中和。碱性蓄电池电解液应用醋或硼酸进行中和,酸性蓄电池电解液用苏打中和,然后用清水冲干净。

在使用中,应保持蓄电池清洁,防止自放电。

在充电过程中,随着化学反应的进行,蓄电池温度随着升高。一般要求蓄电池温度不超过125°F,如果蓄电池温度太高,应降低充电速度。

在充电时,排气孔一定要畅通。由于蓄电池在充电过程中或过充时会释放出氢气和氧气,形成易爆的混合气体,因此不能有明火存在,应采用防爆电气设备并保持良好的通风。

此外,酸性蓄电池的维护还应注意以下几个方面:

(1) 放电终了的蓄电池必须在24h内充电;充满电的蓄电池每月至少复充一次,以防止极板硬化。

(2) 经常检查电解液是否充足。如电解液不足,会降低蓄电池容量,极板暴露在空气中也会使极板硬化。如果电解液不足,应加蒸馏水,不能加自来水或矿泉水。

(3) 在制作电解液时,应准备好一定量的蒸馏水,将硫酸慢慢倒进水里,并搅匀。要注意的是,千万不能将蒸馏水倒在硫酸里,因为水的密度小,浮在酸的表面,剧烈的化学反应产生的热量会将水烧开,并溅出来使人员受伤。

(4) 不能将航空蓄电池的电解液与其他酸性蓄电池电解液混用,因为航空蓄电池电解液的密度比其他地面用酸性蓄电池电解液的密度大。

碱性蓄电池的维护还应注意以下几点:

(1) 电解液加注。当电解液液面高度低于规定值时,应加蒸馏水,但同样不能超过规定值。要注意的是,充电结束后应马上检查和调整电解液高度,这是因为镍镉蓄电池在放电或放置很长一段时间后,极板会吸收电解液。如果在放电后调整电解液高度,在充电时电解液可能会冒出来。

(2) 漏电检测。蓄电池内部短路是碱性蓄电池的常见故障,利用毫安表检查各个单体蓄电池的漏电情况,将表的一端与外壳相连,另一端接到单体蓄电池的正极。如果漏电超过100mA,该蓄电池必须分解清洁和维修。

(3) 深度放电。采用恒压充电方式一段时间后,会造成单格电池不平衡,充电时测量电压正常,但放电时放出的电量不足,这时需要深度放电。用放电设备将蓄电池的电全部放完,每当单格电池的电压低于0.2V时,用短路夹将单格电池正负极短路,放置8h,然后重新充电。

 材料阅读

材料1　B2255飞机蓄电池无充电电流故障的分析及维护建议

B2255飞机是由原美国麦克—唐纳道格拉斯公司生产的MD-90型飞机,飞机上配备了三块串联的蓄电池,向飞机提供28V直流电,作为飞机的应急电源和APU启动电源。当电压低于标准值时,由一台蓄电池充电器通过飞机电网向蓄电池进行充电,充电电流在驾驶舱可以监控。

1. 故障介绍

2006 年 12 月 26 日,B2255 飞机短停时 APU 自动停车,之后蓄电池电压低,无充电电流。2007 年 1 月 1 日,航前 B2255 飞机蓄电池无充电电流,检查发现一块蓄电池有液体渗出,且感温电阻呈短路态。2007 年 1 月 5 日,B2255 飞机在外航站短停时蓄电池无充电电流。

2. 故障原因分析

(1) APU 启动继电器触点粘连。由于该故障造成 APU 起动机持续转动,连续消耗蓄电池电,蓄电池电压不断降低,由于蓄电池电压过低,充电器处于保护状态而不能给蓄电池充电,因此出现无充电电流。

(2) 蓄电池本身存在质量问题。当有较大电量时,其内部性能品质迅速下降,在充电过程中容易出现故障,造成蓄电池不能充电。

(3) 由于客观原因,更换蓄电池时三块不能同时更换,当新旧蓄电池同时装机后,由于新旧蓄电池间的电压、内部阻抗等方面的性能不匹配,在充电过程中极易造成蓄电池内部损坏而导致无充电电流。

3. 维护建议

由于 B2255 飞机 10 天内出现了三次蓄电池无充电电流故障,同时有 APU 方面的故障存在,情况较复杂,具有一定的典型性。为提高飞机蓄电池的使用可靠性,防止此类故障再现,提出以下解决措施:

(1) 为防止 B2255 飞机蓄电池无充电电流故障出现,应经常仔细检查有关线路和与充电有关的部件。

(2) 在日常工作中,要严格按照蓄电池维修工艺规范的要求及掌握正确的维护使用方法,以提高飞机蓄电池的使用可靠性,避免人为原因造成蓄电池的过度放电和过度充电,影响蓄电池寿命。

(3) 航材应尽力保证蓄电池的库存量,以确保在需要时能同时更换三块蓄电池,防止因蓄电池库存量不足造成的飞机停场。

(4) 更换、安装蓄电池时,要尽量同时更换三块蓄电池,否则要检查各蓄电池电压,一定要保证每块蓄电池 9V。

(5) 注意检查蓄电池电压,在启动 APU 运转正常 20min 后不能低于 28V,如果电压过低或没有充电电流,应检查排故。

(6) 冬季启动 APU 一定要用电源车,以防蓄电池寿命受到气候影响。

材料 2　P/N4059 飞机蓄电池问题分析及维护建议

P/N4059 飞机蓄电池是由法国 SAFT 公司生产、装于 A340 飞机的一种高性能碱性镍镉电池。它由 20 个镍镉单格电池组成,其额定电压是 24V,额定电容量为 37A·h。它直接连接到飞机热蓄电池汇流条上,由飞机直流汇流条经由接触器对其进行浮接充电,为飞机重要电子设备进行不间断供电,并在应急时为飞机重要直流汇流条供电。在地面和空中还可作为 APU 的启动电源。

1. 存在问题

P/N4059 飞机蓄电池是空中客车和波音飞机中故障较多的一种飞机蓄电池,最常见的故障现象是发生蓄电池单格爆破,其维修间隔远低于 CMM 手册规定的定期检查时间间隔(规定为1000h),其使用可靠性较低。为了保证该类蓄电池的正常使用,国内有关航空公司不得不缩减蓄电池的检查间隔时间。这些问题的出现,不但影响了蓄电池在飞机上的使用,还增加了维护和运营成本,减少了蓄电池的使用寿命,也降低了飞机供电系统的可靠性。因此,这个问题需要认真分析和解决。

2. 原因分析

飞机蓄电池的性能主要由设计和制造决定,但维护使用的不当将会使蓄电池的可靠性愈加变差。

下面着重从使用和维护的角度来分析蓄电池发生问题的原因,并根据经验部分地阐述如何使用正确的维护方法来弥补和提高飞机蓄电池的使用性能。

通过对蓄电池的大修分析,发现蓄电池使用可靠性变差的原因主要有两点。①在蓄电池日常的维护工作中,实际维护要求与CMM手册蓄电池维护工艺在理解上存在偏差。②与蓄电池的日常不恰当使用有关。在A340的维修方案中,对飞机蓄电池的维护分别有1000工作小时定期检查及2000工作小时常规检查两种,其中都有"检查蓄电池液面,用蒸馏水校准液面(20mm)"的维护要求,且都要求在充电之前进行。而在手册所述维修工艺中,液面调整是在第一次充电最后30min之内进行,越接近充电结束进行的液面调整,就越能得到接近20mm的液面(图2-57),因为蓄电池在充电时由电能转换为化学能的过程中,充电到80%之前产生水,而后会不断消耗水。

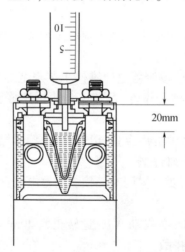

图2-57 用校准喷嘴进行液面调节示意图

在A340飞机蓄电池工作2000h常规检查中,"用37A电流放电到0.0~0.5V,而后用1Ω3W电阻跨接于蓄电池正负极间放电24h"。而CMM中则为"用37A电流放电到20V,而后用1Ω3W电阻跨接于蓄电池正负极间放电24h"。这两者差异不大,对蓄电池性能无影响。那么,A340飞机P/N4059蓄电池使用性能降低的主要原因是什么呢?

首先,是在充电前将液面调整到距顶部20mm,在充电过程中不断产生水,使液位升高。充电到80%后才消耗水并产生气泡,这就可能随着内部压力的升高,在排气过程中使电解液外溢,污染单元表面,使漏电阻减少,漏电流增加。由于充放电完成后的液面较高,甚至使液面距顶部的距离小于20mm,使蓄电池在工作中不断造成电解液外溢。在机上又不能清理,必使漏电流不断增大,造成蓄电池容量损失、电压降低。而 CMM 手册中规定,在充电最后 30min 内,是在不断产生气泡的过程中将液面调整到 20mm,在充放电结束后液面将较低,液面距顶部距离大于 20mm,在机上工作中电解液外溢的可能性就小些,有利于减少漏电流。其次,在地面检查中应对单元表面进行认真清洗,去掉电解液沉淀物和其他脏物;否则,同样会减少绝缘电阻,增大漏电流。

蓄电池在飞机上进行浮接恒压充电。这种浮接恒压充电方式有两个明显的缺点:①充电和放电期间可产生单元间的容量不平衡,降低系统的放电容量,因为放电是以电压最低的单元为准的;②连续浮接或过充电导致电解质中水的消耗。这两种状态要求对蓄电池进行周期性检查,以对单元连接面进行清理并补充蒸馏水。

对 A340 飞机 P/N4059 蓄电池来说,除浮接恒压充电存在的两个缺点外,将在地面定期检查中"充电前将液位调整到 20mm"和按手册规定"充电最后 30min 将液位调到 20mm"的方法进行比较,前一种方法的定期检查完成后使实际单元液面较高,这就使在机上使用中不断浮接充电更易使电解液外溢,污染单元表面,造成绝缘电阻降低,再加上定期检查时单元端部清理不干净,也会使绝缘电阻进一步降低,漏电流加大,使蓄电池电压降低,导致恒压充电时充电电流加大。蓄电池在开始充电时生成水,使电解液面有所升高;当充电到 80% 以后,正电极产生氧气。由于飞机蓄电池的气室偏小,液面更高,电解液更易外溢。这种恶性循环的结果使蓄电池内的水不断消耗。充电过程中,正极产生的氧气在负极复合是一个放热过程,因其发热会造成蓄电池隔膜烧坏。在 A340 飞机上的蓄电池充电冲击电流太大,产生过多氧气来不及排放,会使单元冲爆。

因此,造成 A340 飞机蓄电池使用性能降低和定期检查时间间隔缩短的原因是:维护蓄电池时调整液面时机选择不当和对蓄电池清理重视不够。

3. 维护措施

为使镍镉蓄电池在飞机上安全、可靠地使用,建议在对蓄电池的定期维护中采用如下方法:

(1) 按 CMM 手册的规定,在充电的最后 30min 进行液位调整,使液面距顶部为 20mm。

(2) 在定期检查时,要对蓄电池单元顶面进行彻底清理,使绝缘电阻尽可能大,以减少漏电流

(3) 单元间连接片表面要清理干净,螺母拧紧力矩要符合 CMM 手册的规定,以保证接触良好。

(4) 蓄电池使用中保证通风良好。

综上所述,掌握正确的维护和使用方法,正确地理解维护工艺的要求,对提高飞机蓄电池的性能和寿命,从而提高其使用可靠性,将会有很大的帮助。

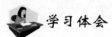

通过这次学习,你都学到了什么东西呢?写在下面吧。

课后任务

(1) 航空蓄电池的分类、工作原理分别是什么?
(2) 影响航空蓄电池容量的因素有哪些?
(3) 飞机蓄电池维护的注意事项有哪些?

项目3　反流割断器的分解和装配

【教学目标】

知识目标:(1) 知道反流割断器的作用。
　　　　(2) 知道反流割断器的工作原理。
能力目标:(1) 能根据实验科目卡从飞机上拆装反流隔断器。
　　　　(2) 能根据实验科目卡完成反流割断器的分解和装配。
情感目标:(1) 培养分析问题和解决问题的能力。
　　　　(2) 树立认真负责的工作态度,懂得"机务工作无小事"的道理。
　　　　(3) 培养团队协作精神。
　　　　(4) 培养吃苦耐劳的精神。

【教学重点】

(1) 反流割断器的作用和工作原理。
(2) 反流割断器的分解和装配。

【教学难点】

(1) 如何引导学生通过以前所学知识来分析问题和解决问题,最终归纳总结,达到掌握知识、提高能力的目的。
(2) 在学生实际操作中,如何做到有效引导,既充分调动学生的积极性,又要避免一些安全事故的发生。
(3) 如何培养学生团结协作的精神,让学生懂得集体利益永远大于个人利益。

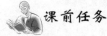

请同学们猜想反流隔断器的作用是什么。对照教学用飞机,找到它的位置。

 情境创设

在飞机电源系统中,发电机和蓄电池需要并联工作。若直接并联,则通常情况下,发电机电压高于配电条电压,发电机向用电部分供电,同时也给蓄电池充电。但是,在发电机启动或停车过程中,发电机的转速很低,其电压低于配电条电压,蓄电池的电流就会流入发电机。流入发电机的电流,称为反流。反流不仅会白白地消耗蓄电池的电能,而且过大的反流还会烧坏发电机。

要避免反流的危害,必须适时地接通和断开发电机电路,即在发电机电压高于配电条电压时,才将发电机接通,这时不产生反流;当发电机电压低于配电条电压而出现反流后,则在反流不大时就将发电机电压断开,割断反流。

某型反流割断器安装在某型飞机的右电源舱内,它用两个固定卡钉与两个螺钉固定在飞机上。某型反流割断器用来适时地接通、断开发电机输出电路。发电机电压高于汇流条电压 0.3V～0.7V 时,它自动地将发电机输出电路接通;发电机电压低于汇流条电压且反流值达到 15A～45A 时,自动断开发电机输出电路,防止过大的反流损坏蓄电池和发电机。

下面就来学习反流割断器的分解和装配。

 工作项目:反流割断器的分解和装配

【任务内容】

任务1 反流割断器的分解。
任务2 反流割断器的装配。

【任务准备】

准备好某型反流割断器、9 号套筒扳手、17 号扳手、7 号套筒扳手、14 号扳手。

【任务执行】

任务1 反流割断器的分解

1. 从飞机上拆下反流割断器的步骤

(1) 先拆 12Y 惯性熔断丝(不拆连接导线),再用 9 号套筒扳手拧下 WY-1 稳定变压器的四个固定保险螺帽,然后用 17 号扳手拧下反流割断器"发"接线柱上的接线螺帽,撬起大导线,下移稳定变压器,将稳定变压器放置好,以免碰断其连接导线。

(2) 用 7 号套筒(或开口)扳手,拧下"+"、"-"和"B"、"G"四根接线柱上的螺帽,取下接线并做好记号,以防接错线。

(3) 用 14 号扳手拧下电流表分流器前端的固定螺杆,然后用一字解刀拧下反流割断器靠外边的两个固定螺钉,将反流割断器向外平移,使反流割断器底板上的两个固定卡钉脱离卡孔。此时,即可将反流割断器和大导电片一起取下。最后拆下大导电片。

2. 总体分解

如图 2-58 所示(由于零件众多,在此不一一注释),步骤如下:

总体分解

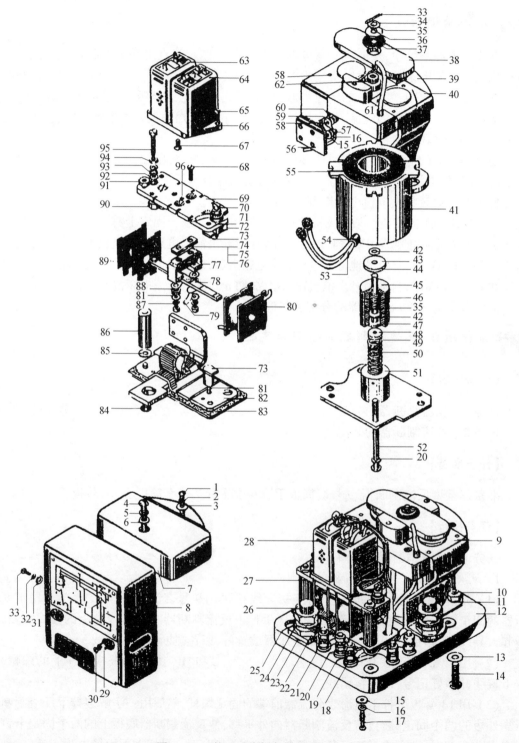

图 2-58　某型反流割断器的零部件分解

(1) 由 1～6 依次分解，取下盖子 7。
(2) 由 29～33 依次分解，取下外罩组件 8。
(3) 由 18～26 依次分解，取下继电器引线。
(4) 由 10～17 依次分解，取下螺帽和垫片。
(5) 由 57～60 依次分解，从座板组件上取下接触器、继电器和极化继电器组合件。

3. 极化继电器的分解

在一般情况下，不要分解极化继电器，只有在极化继电器有严重故障要修理时，才可进行分解。

在分解、装配时，应仔细地进行工作，以防止吸片组件变形、磁铁失磁和其他零部件损坏。

磁钢、磁极、导磁板和吸片都具有磁性，能吸住铁屑。为了防止铁屑进入，工作场所应保持清洁。盖子不能随便取下，取下后应及时盖上。

4. 拧下反流调整螺钉和接通电压调整螺钉

(1) 从下导磁板上拧下固定两个磁极的螺钉；从上导磁板上拧下固定夹子组件的螺钉。

把一个 M3 螺钉(长 12mm)通过上导磁板上的小孔，拧下串联线圈螺孔，将其固定，以防止在分解过程中受到损伤。

(2) 拧下固定上下导磁板和磁钢的三个螺帽及螺钉。将弓形导磁夹板靠贴在上下导磁板上，然后将磁钢移到夹板内，以防止磁钢失磁。

注意：不要丢掉磁钢下面的磁阻片，以便装回原位。

(3) 取下两个磁极。拧下临时固定串联线圈的螺钉。将上下导磁板分开，到一定距离时，小心地取出压差线圈。

注意：不要使吸片受压变形。

(4) 从串联线圈孔中，小心地取下夹子吸片组件。由下导磁板的口内取下串联线圈。

(5) 从夹子组件上取下吸片。

全部分解开的极化继电器的零部件如图 2-58 所示。

任务 2　反流割断器的装配

反流割断器的装配步骤如下。

1. 极化继电器的装配

(1) 把串联线圈、压差线圈、夹子吸片组件和上下导磁板、上下磁极等装配在一起。
(2) 检查上下磁极之间的间隙，应为 (3 ± 0.15) mm。
(3) 检查吸片的位置，吸片在接通和断开两个位置上都应能停住。
(4) 装配完毕后，把所有的固定螺钉和螺帽冲孔锁紧。

2. 总体装配

按与分解相反的顺序装配。

3. 将反流割断器安装到飞机上

安装到飞机上的顺序与拆卸顺序相反。

4. 注意事项

拆装反流隔断器时，需注意以下几点：

（1）拆装时，飞机上不准接通电源。

（2）由于反流割断器接线较多，安装时一定要仔细，确保连接正确、接触可靠。拧接线螺帽时，用力要适当，防止将接线螺杆拧断。

（3）取下（或装上）反流割断器时，一定要稳拿稳放，拆卸"蓄"接线柱至分流器的大导电片时，应做好位置标记，以便于安装。

（4）在拆装过程中，工具应栓好绳子，缝隙处应垫好擦布，以免工具、螺钉、垫片等掉入电源舱内。

【结果评价】

以小组为单位进行评分，满分100分，第一项20分，第二项和第三项每项40分。

课前任务	任务1	任务2

知识导航

反流割断器

发电机正常供电时，其输出电压高于飞机蓄电池电压，给蓄电池充电；当某些原因造成发电机电压低于蓄电池电压时，蓄电池电流就会倒流入发电机，使发电机变成电动机，则会导致蓄电池电能在很短的时间内耗尽，失去应急电源的功能，给飞行安全带来隐患，这是绝对不允许的。因此，直流电源系统都装有反流割断器，当出现反流时，及时切断发电机输出端与蓄电池的联系。

反流割断器原理如图2-59所示。

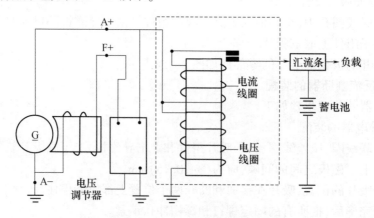

图2-59 反流割断器原理

反流割断器主要由电磁铁和一个触点组成。电磁铁上绕有一个电压线圈和一个电流线圈。当发电机电压高于蓄电池电压时，电压线圈产生的电磁拉力使触点合上，这时电流流过电流线圈，电流线圈产生的电磁力与电压线圈产生的拉力方向相同，使触点更紧密地闭合；当发电机电压低于蓄电池电压时，电流反向流动，这时电流线圈所产生的电磁力与电压线圈的拉力相反,使电磁拉力减小,触点在弹簧作用下分开,这样就断开了发电机与蓄电池的联系。

材料阅读

材料1 基于 FTA 方法对某型飞机直流电源系统故障分析

在某型飞机故障资料中,机上检测及告警示"一个整流器故障"较普遍。经过对故障统计表明,其中由反流割断器引起的故障约占 80%,整流器引起的故障约占 15%,保险开关等故障约占 5%。针对这种常见的由反流割断器引起的直流电源系统故障,应采用建树分析的方法（Failure Tree Analysis,FTA）来分析判断,取得了较好的效果。

1. 反流割断器工作原理分析

某型飞机直流电源系统是机上二次电源,向用户提供 27V 直流电,主要由变压整流器、反流割断器、镍镉蓄电池以及直流电压表组成。直流电源系统由左右两个分开通道组成。"左"通道由 1 号整流器保证,2 号、3 号整流器并联,保证"右"通道的电源。

工作时,整流器将三相交流电转换成直流电。反流割断器将整流器的输出信号加在自己的 BY、B 和"+"接线柱上。当整流器的输出电压达到反流割断器主接触器 P_3 的启动值时,接触器将整流器与机上电路通过反流割断器接通。当负载电流 $I > 15A$,P_1 极值信号继电器工作,2、3 触点保持断开;当负载电流 I 在 0～15A 之间时,Π 点接线柱由于 P_1 的 2、3 触点接通,出现了整流器断开的 27V 电压,通过控制故障信号继电器,向机上检测及告警系统发出信号。

反流割断器示意图如图 2 - 60 所示。

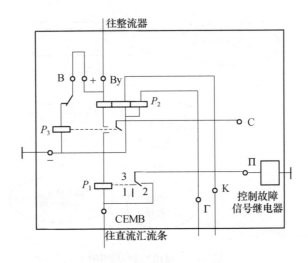

图 2 - 60 反流割断器示意图

2. 建立反流割断器的故障树

1）确定顶事件

在实践中,直流电源系统出现机上检测与告警系统显示"一个整流器故障"是故障的表现形式,故确立为故障树的顶事件。

2) 确定底事件

底事件是导致顶事件发生的原因。在实践建树的过程中,可能的原因很多,所以首先要确定一个边界。通过分析以及结合某型飞机机件寿命的实际情况,可以认为由于飞机导线与飞机同寿命,导线中间断线的概率非常小,是不可能发生事件。这样,导致顶事件发生的底事件可以归结为以下五种:

(1) 机上检测与告警系统线路及逻辑故障;
(2) 反流割断器故障;
(3) 整流器故障;
(4) 保险电门有跳开;
(5) 插头及连接故障。

3) 建树

通过采集反流割断器上各接线柱上的电压,利用其逻辑关系确立故障树的链。采用深度搜索建立 FTA,如图 2-61 所示。

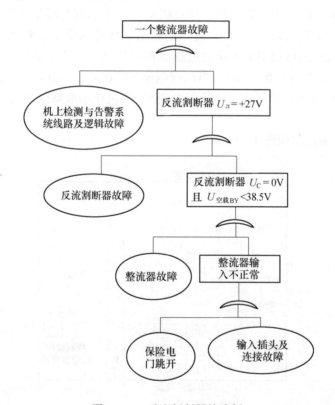

图 2-61 反流割断器故障树

3. 排故实践

2000 年 5 月 10 日,某部 31 号飞机在空中飞行时,机上检测与告警系统显示"一个整流器故障"。返航后,用 ПКСЗ-10 检测仪确定为 2 号通道故障,经测量 17-310: $u_c = 0$, $U_\pi = 27V$ 断开整流器与反流割断器, $U_{空载BY} = 36V$。根据建立的一个反流割断器故障树分析的结论,确定为 17-310 反流割断器故障。更换后,故障排除。

材料 2 某型反流割断器主要故障的分析和预防

1. 主要故障的分析

1) 发电机短时断电

发电机短时断电故障的现象是：飞机在地面试车或空中飞行时，发电机故障信号灯偶然闪亮，发电机短时中断供电，电流表指针摆动。发电机短时断电的主要原因有以下几种。

（1）割断反流值过小。割断反流值的大小能反映极化继电器触头的接触压力的大小。割断反流值小，说明极化继电器触头接通时，磁极和衔铁吸得不牢，触头的接触压力小，受振动时触头容易断开。经验证明，割断反流值在 25A 以下时，由于接触压力不足，在飞机振动、抖动的情况下，极化继电器的触头容易跳动，造成信号灯闪亮，引起短时断电。

造成割断反流值过小的原因：一个是没有正确调整反流值，只考虑了反流的危害，没有考虑极化继电器工作的可靠性，把割断反流值调的过小；另一个是在使用过程中，由于永久磁铁磁性减弱，或铁屑被吸附在左上、右下磁极和衔铁之间，而使得割断反流值变小。

（2）衔铁和青铜弹簧片之间没有间隙或间隙过小。衔铁和弹簧片之间应有 0.15mm 的间隙，以便在触头接通瞬间起缓冲作用。当没有间隙或间隙过小时，触头接通瞬间会产生跳动，引起信号灯闪亮。

油污、尘土等杂物进入间隙中，会使间隙过小。弹簧片弹性减弱或变形，甚至受潮粘在衔铁杆上，也会造成间隙变小或没有间隙。

（3）负线松动。反流隔断器负线松动时，在负线电路上就有一个变化不定的接触电阻，并与主接触器线圈 $W_{连}$ 串联，如图 2-62 所示。

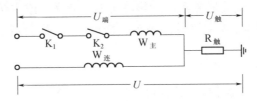

图 2-62 负线松动形成的接触电阻

图中：K_1—连接继电器触头；K_2—差动继电器触头。

所以，当接触电阻（$R_{触}$）增大时，它产生的压降（$U_{触}$）随着增大，致使连接继电器线圈和主接触器线圈两端电压（$U_{端}$）减小。当接触电阻上压降（$U_{触}$）大到使两线圈的端电压（$U_{端}$），低于主接触器或连接继电器的断开电压值时，主接触器就会释放，使"发电机断电"信号灯亮，发电机停止供电。当接触电阻压降减小到使两线圈的端电压大于主接触器和连接继电器两者的接通电压值时，反流隔断器又接通，"发电机断电"信号灯熄灭，发电机又重新供电。接触电阻不断变化，接触电阻上压降就不断变化，主接触器便时通时断，发电机就时供电时不供电。

（4）制成簧片变形。作为衔铁杆支点的青铜支撑片，只有微弱的弹力，在不考虑永久磁铁磁势作用的条件下，它处于完全自由的状态时，衔铁杆将悬停在水平位置。如果支撑簧片受碰、受压而扭曲，产生永久变形，则处于水平位置的衔铁杆，就会受到支撑簧片的扭力矩的作用而偏向一边。例如，扭力矩是一个顺时针的力矩，那么，它作用在衔杆上，就力图使触头断开。在发电机输出电流较大时，反流线圈产生的电磁力矩与永久磁铁产生的力矩之和大于支撑簧片变形产生的顺时针力矩，因而触头能够在接通位置。当发电机输出电流减小时，反流线圈产生的电磁力矩就随着减小，这个力矩与永久磁铁产生的力矩之和也不断减小。当这两个力矩之和减小到小于支撑簧片的变形力矩时，触头便断开，"发电机断电"信号灯亮。所以，支撑簧片变形后，反流割断器在发电机输出电流较小时，就可能切断发电机输出电路，造成短时断电现象。

另外，连接继电器触头积炭或其他原因，造成差动线圈或主接触器线圈电路接触不良，在振动较大时，也可能出现短时断电现象。

2）反流过大

反流过大的故障现象是：在地面试车时，反流超过45A，反流割断器才会将发电机输出电路切断。

反流过大的原因主要是：极化继电器接触螺钉松动或铁屑落入左下、右上气隙或触头烧伤变形，而使触头接通后的左下、右上气隙变小。根据经验，蓄电池剩余电量过低，也会使割断反流值变大。这是因为：剩余电量过低的蓄电池，其电压很低，发电机供电后，蓄电池的充电电流就比较大，这就增大了发电机的负载，因而也增强了衔铁杆的剩磁，结果割断反流值增大。

3）不能接通发电机的输出电路

不能接通发电机的输出电路的故障现象是：地面试车检查时，发动机转速超过正常供电转速很多，"发电机断电"信号灯仍然不灭。

故障原因除线路上存在着断路和严重接触不良以外，极化继电器左上或右下极板上吸附有较多的金属屑，以致接通差压远远超过0.3V~0.7V，或主接触器内部太脏，使活动铁芯不能灵活地上下移动，或主接触器触头烧伤严重等，都会造成发电机输出电路不能接通。

2. 预防故障的方法

1）正确地调整割断反流值和接通电压值

在内场调整时，一定要按照维护规程的规定，将接通电压值调到0.5V~0.7V，将割断反流值调到25A~35A，不可过大或过小。

2）使用中注意掌握反流割断器性能数据的量变情况

在使用期限内，极化继电器永久磁铁磁性的减弱，磁极与衔铁之间的气隙变化等是难以避免的，它们将使反流割断器的接通电压值和割断反流值发生变化。为了预防故障产生，必须在试车时，认真观察发电机开始供电时的电压和发动机的转速，以及割断反流值，并与原始数据（反流割断器装上飞机第一次开车检查时获得的数据）比较，以便及时发现问题，采取措施。

3）做好清洁工作

检查反流割断器时，必须保持工作台面和工具的清洁，磁极与衔铁之间不应有金属屑等多余物。如果有金属屑等多余物，应用细针除去，或用气囊吹气除去，严禁使用压缩空气吹极化继电器，也不要用力按压衔铁，以防衔铁支撑弹簧片变形。接触器和极化继电器触头上有积炭时，应及时擦除。

轻轻拨动衔铁,衔铁应能在接通、断开两个位置停住。拨动衔铁时,不要去拨动青铜弹簧片,以防青铜弹簧片变形,失去缓冲作用。当衔铁停在接通或断开位置时,衔铁与磁极之间的间隙不得小于 0.1mm。

检查完毕,应立即盖上盖子,防止金属屑等杂物进入。

学习体会

通过这次学习,你都学到了什么东西呢?写在下面吧。
_____
_____
_____
_____

课后任务

(1) 从飞机上拆装反流割断器的步骤是什么?
(2) 分解和装配反流隔断器的步骤是什么?
(3) 拆装反流割断器的注意事项是什么?

项目4 静变流机的分解与维修

【教学目标】

知识目标:(1) 理解变流机变流的基本原理。
    (2) 理解变流机的功用、组成结构。
    (3) 理解变流机的基本工作过程及各主要元件的作用。
    (4) 理解变流机在飞机上的作用及种类。
    (5) 记住常用工具的使用方法。
    (6) 掌握定期检修工作、排除一般故障的工作内容。
能力目标:(1) 能根据实验科目卡熟练地进行变流机的分解、检查、测量与组装的操作工作。
    (2) 能叫出工具的名字,能熟练使用本任务中所使用的工具。
    (3) 能通过实际操作总结出变流机分解与维修的注意事项。
    (4) 如果实际操作中,如出现一些安全事故,能有效自救或者救助他人。
情感目标:(1) 培养分析问题和解决问题的能力。
    (2) 树立认真负责的工作态度,懂得"机务工作无小事"的道理。
    (3) 培养团队协作精神。
    (4) 培养吃苦耐劳的精神。

【教学重点】

（1）变流机的功用、组成结构。
（2）某型单相变流机的分解与维修。

【教学难点】

（1）如何引导学生通过以前所学知识来分析问题和解决问题，最终归纳总结，达到掌握知识、提高能力的目的。
（2）在学生实际操作中如何做到有效引导，既充分调动学生的积极性，又要避免一些安全事故的发生。
（3）如何培养学生团结协作的精神，让学生懂得集体利益永远大于个人利益。

课前任务1 请同学们回忆直流电和交流电的应用范围，分析其在飞机上的重要性。
普通任务 直流电、交流电日常生活的具体应用有哪些？

_____
_____
_____

高级任务 根据对飞机的了解，分析一下直流电和交流电在飞机上的具体应用有哪些？

_____
_____
_____
_____

同学们，普通任务是大家必须要完成的，高级任务可以视自身情况而定，当然完成了高级任务，表示你的分析问题和解决问题的能力很强，如果实在解决不了，也没关系，可以在课上解决这个问题。

课前任务2 根据你的预习情况，通过想象回答下面的问题。不要担心会出错。
（1）想象一下变流机在飞机中的功用及种类，如果变流机出了故障，会有什么样的后果。

_____
_____
_____
_____

（2）如果变流机出了故障，应该如何维修？都使用哪些工具？

_____

模块 2　飞机电源系统的修理与维护

 情境创设

　　飞机在空中飞行时，飞机姿态，飞行科目的实施；飞机的起降、通信、导航、仪表、电气设备、机载雷达、导航、火控系统等设备能否正常工作，最基本的工作条件就是飞机必须要具备自身的电源。承担这一工作任务的设备就是发电机，它是给飞机各机载设备系统能够及部分附件提供电源的。但这些设备要正常工作需要在一定的电流电压下，那就需要变流机把直流电变成交流电以供设备工作。因此，飞机变流机及电源网络的维护工作十分重要。如果维护、维修工作不当，就会发生空中断电的故障、设备工作失效或飞行事故征候，从而危及飞行安全，有可能最终导致飞行事故，使国家和人民的财产受到损失，甚至夺去机上人员的生命。

　　航空静变流机是航空电源系统的二次电源，将飞机上 28V 低压直流电变换为单相 115V/400Hz 或 26V/400Hz，或三相 115V/200V，或三相 36V 交流电，供机上负载使用。

　　静变流机的基本要求是：可靠性高，成本低，维护方便，体积小，重量轻，电气性能好。主要电气指标有：输出频率稳定，输出电压精度高，动态响应快，输出正弦电压失真度低，效率高。航空的特殊环境也对静变流机提出了进一步要求。随着飞机性能的提高和用电设备的不断增加，对航空静变流机也提出更高的要求。具有高效、高可靠性、高功率密度、输入输出之间有航空电隔离的变换器才能满足上述要求。

　　现有一台型号为 P/N:39B168 的静变流机发生了故障，运用大家的所学知识，让我们一起来把它修好吧。

工作项目：静变流机的分解与维修

【任务内容】

任务 1　静变流机的分解。
任务 2　静变流机的清洁。
任务 3　静变流机分解后的检查。
任务 4　静变流机零件的修理。

【任务准备】

准备好 P/N:39B168 静变流机。

【任务执行】

任务 1　静变流机的分解

1. 铭牌分解

静变流机零件分解目录如图 2-63 所示（由于零件众多，在此不一一注释，见书后插

163

提示:铭牌不建议拆卸,除非有要求。

(1) 拆下铭牌 104 上的两颗螺钉。

(2) 从控制盒 120 上拆下铭牌 104。

2. 外盖拆卸(图 2 – 63)

(1) 拆下四颗螺钉 2 和四个垫片 3。

(2) 拆下四个螺钉 4 和四个垫片 4。

(3) 滑动外盖直到外盖离开控制盒。

3. 控制盒分解(图 2 – 63)

(1) 拉电路板 8、7 和 6 的把手,从控制盒上拆下电路板 8、7 和 6。

(2) 拆下两个过滤变压器组件 28 连接线并且识别其接线。拆下四颗螺钉 28 和四个垫片 30,拆下过滤变压器组件。

(3) 拆下过滤变压器组件 35 连接线并且识别其接线。拆下过滤变压器组件上的两颗螺钉 36 和两个垫片 37,拆下过滤变压器组件。

(4) 拆下一颗螺钉 40、两个垫片 41、两个弹簧垫片 42 和两个螺母 43。把安装托架 38 上的五颗螺钉 39 拆下。拆下安装托架 38。

(5) 拆下和标识线圈 44 接线。从线圈组件上拆下一颗螺钉 45、一个绝缘垫 46、一个中心套管 47、一个垫片 48 和一个弹簧垫片螺母 49。拆下线圈组件。

(6) 拆下和标识电容 61 接线。从卡环 60 拆下一个螺钉 56、一个弹簧垫片 57、一个垫片 58、一个接线头 62 和一个螺母 59。从控制盒拆下电容 61。

(7) 拆下和标识线圈 65 接线。拆下两颗螺钉 19、两个弹簧垫片 20、四个垫片 21、两个螺母 22、24。拆下一个螺母 66、一个绝缘垫片 67、一个中心套管 68、一个平垫片 69、一个螺母 70。拆下线圈组件。

(8) 拆下和标识反应器 76 接线。拆下两颗螺钉 77 和两个止动盘 78。从托架 79 上拆下输入反应器。

(9) 从托架 79 上拆下四颗螺钉 80 和 81。从控制盒 120 上拆下托架 79。

(10) 拆下和标识输出功率变压器 84 接线。拆下两颗螺钉 85 和两个垫片 86,从变压器基座 97 上拆下输出功率变压器 84。

(11) 拆下和标识二极管 87 接线。从二极管 87 上拆下一颗螺母 88、一个弹簧垫片 89、一个垫片 90、一个绝缘垫片 91、一个绝缘套管 92。从变压器的基座 97 上拆下二极管 87。

(12) 拆下和标识反应器 94 接线。拆下两颗螺钉 95 和两个垫片 96。从变压器基座 97 上拆下反应器 94。

(13) 从变压器基座 97 上拆下六颗螺钉 83。从控制盒 120 上拆下变压器基座 97。

(14) 散热组件分解

① 从大接线块上拆下六颗螺钉 10、平垫片 11 和弹簧垫片 12。

② 从小接线块上拆下六颗螺钉 13、平垫片 14 和弹簧垫片 15。

③ 小心地拆下静变流机和散热片接线块的接线。

④ 拆下和标识散热组件的98接线。

⑤ 拆下散热组件98上方的四颗螺钉99和装在控制盒前面的九颗螺钉100。

⑥ 小心地拆下散热组件98。

（15）拆下四颗螺钉107和109和两个弹簧垫片108。从控制盒拆下盘组件106。拆下四颗螺钉111和113及两个弹簧垫片112。从控制盒120上拆下盘组件110。

（16）从安装块114上拆下一颗螺钉115、一个平垫片116、一个弹簧垫片117、两个薄片119、一个螺母118。从控制盒120上拆下安装块114。

（17）从锁组件上拆下两颗螺钉102，拆下两块插销组件101和插销槽103。

任务2　静变流机的清洁

（1）清洁需要的材料如表2-17所列。

（2）清洁静变流机只需要使用清洁、干燥的压力空气。

（3）焊接完成后，按照军标TT-1-735A(2)，使用无水乙醇清洁焊点去除松香和其他杂质。清洁部分包括清洁使用的材料、清洁部位等。

表2-17　清洁所需材料

种类	用途
异丙醇	整体清洁
Genesolv 2004 1,1,1-三氯-2,2,2-三氟乙烷	清洁对收敛性要求比较高的部分

任务3　静变流机分解后的检查

1. 外观目视检查

外观目视检查步骤如下：

（1）检查铭牌完整和数据清晰；

（2）检查接头是否损坏、腐蚀、弯曲、开裂等；

（3）检查外观是否掉漆。

2. 内部目视检查

内部目视检查步骤如下：

（1）检查焊接接头是否良好；

（2）检查绝缘漆是否脱落；

（3）检查电子元器件是否有损坏现象（如过热、裂开、弯曲、掉线等）；

（4）检查电路板是否损坏（如在接线处开裂、金属腐蚀等）；

（5）检查所有的屏蔽线是否接地良好；

（6）检查变压器、二极管、电阻是否有烧黑或过热现象。

任务4　静变流机零件的修理

1. 电路板S3磁屏蔽安装（图2-64，见书后插页）

（1）当安装新型快速晶体管时，电路板S3上耦合振荡器在低温调节输出电压速度变快，因为老的晶体管和新的晶体管产生的场不一样，所以推荐在更换输出和驱动晶体管时应该实行该步修理。

（2）项目号1967以下的元件在低温无负载下工作以屏蔽S3振荡器和预防电变磁阻拾音器干扰引起的调制。两块安装块和两镀镍层铝箔分别安装在电路板S3周围：

① 参考分解部分，拆下电路板组件S3 6、电压器底座组件82和散热组件99。

② 如图2-64所示，进行钻孔。

③ 使用平头螺钉115组装安装块，再装上平垫片116、弹簧垫片117和螺母118。

④ 使用平头螺丝钉、弹簧垫片108和112及扁平螺丝109和113来安装屏蔽板和螺母106、110。

⑤ 确定变压器底座组件82安装在控制盒120且安装牢固。电路板S3沿着控制盒上的定位轨道安装到控制盒内。

⑥ 修理散热组件99，安装新的散热组件。

2. 39B168-1-B类散热组件的修理

（1）如果是T4、T6、CR22、CR23、Q26或Q27损坏需要更换时，参考常规修理的步骤。

（2）如果输出的谐波失真超过范围，这是由于输出晶体管不匹配引起。如果功率晶体管有失效现象，这时应该注意观察，是否需要特殊修理，因为厂家在组装之前已进行了预匹配。

（3）如果修理厂没有能力进行修理，推荐更换整块散热组件（P/N1548647-2）。更换散热组件的步骤如下：

① 从控制盒上拆下散热组件（参考分解部分）。

② 如果没有屏蔽，按照屏蔽电路板S3进行工作。

③ 装上新的散热组件，连接好线束。在新的散热板上喷洒聚亚氨酯后，按照组装参数进行固化。

④ 把散热组件安装到控制盒上（参考组装部分）。

（4）如果有大修能力，就必须对失效元器件进行更换。更换步骤如下：

① 拆下所有的功率晶体管。可以使用热风枪对元器件周围的涂层进行软化，但是要注意：热风枪的温度不能超过300℉（149℃）。

② 使用欧姆表判断晶体管是否短路或开路，以确定其是否损坏。

③ 使用Tektronix Type 576对拆下的晶体管特性曲线图示仪测量测试晶体管性能，判断是否需要更换。

④ 使用晶体管特性曲线图示仪测试新的晶体管是否符合要求。

⑤ 把晶体管装到散热板上并固定螺母，扭矩要求在0.565N·m~0.678N·m。

⑥ 如果没有屏蔽，按照屏蔽电路板S3进行工作。

⑦ 装上新的散热组件，连接好线束。在新的散热板上喷洒聚亚氨酯后按照组装参数进行固化。

⑧ 绝缘体承受电压测试。将所有的二极管和晶体管引脚连接在一起，用绝缘测试设备60B4-3-A，应用1500V/60S测试引脚连接点和散热片。如果在测试期间散热组件没有出现瞬间电弧或者其他的损坏现象，说明该件绝缘性良好。

⑨ 安装散热组件到控制盒内（参考组装部分）。

3. 底屏蔽板螺钉增加垫片

为了在底部屏蔽板的螺钉降至最低点之前使得序号 2909～3054 静变流机能够安全，将四个薄垫片加到底部屏蔽板的螺钉上。

(1) 从控制盒上拆下四个平头螺钉 113 和 115。

(2) 给每个螺钉加上薄垫片。

(3) 重新装上四颗平头螺钉。

【结果评价】

以小组为单位进行评分，满分 100 分，课前任务每项 10 分，任务 1～任务 4 每项 10 分。

课前任务 1	课前任务 2	任务 1	任务 2	任务 3	任务 4

知识导航

1. 飞机电能变换设备

民航运输机上使用了各种各样的用电设备，有些用电设备所需的电源与飞机上的主发电机所构成的主要电源不一定相同。例如，在一架具有 28V 直流主电源的飞机上，使用了一些需要由 26V 和 115V 交流电源供电的仪表和电子设备。即使在主要采用交流电源的飞机上，也不可能完全取消直流电，因为在这种飞机上还装有许多需要直流电源的用电设备。

即使用电设备本身电路中的某些部分，也需要不同类型的电源，或需要类型相同但参数不同的电源。因此在飞机上，不仅需要改变电源形式的设备，而且还需要将同一种电源的参数值加以改变的设备。飞机电能变换设备（又称电源变换装置）就是用来完成交流电能和直流电能相互变换、高压电能和低压电能相互变换的设备，这些设备能够将飞机上主电源的电能变换成另一些形式的电能，以满足不同用电设备的需要。所以，这些设备往往是飞机上的二次电源、应急电源、备用电源或某些用电设备的专用电源的主要组成部分。

飞机电能变换设备的种类很多，按照该设备有无旋转部件，可分为旋转型和静止型两类。

2. 旋转变流机

旋转变流机是将直流电转换为交流电的电动机—发电机组，用于低压直流电源系统中作二次电源、给交流用电设备供电，它有单相变流机和三相变流机两大类。

(1) 单相变流机可将飞机上的低压直流电转变为 115V/400Hz 单相交流电，给无线电和雷达等设备供电。它们通常由一个并励式（或复励式）直流电动机和一个旋转电枢式单相交流发电机组成，如图 2-63 所示。

当变流机接通直流电源时，电动机便转动起来，并带动交流发电机的电枢旋转，产生 115V/400Hz 单相交流电，经由滑环和电刷向外输出。

（2）三相变流机可将飞机上的低压直流电变换成36V/400Hz（或500Hz）三相交流电，给陀螺仪表及雷达、自动驾驶仪等设备供电。它通常由一个直流复励式电动机和一个永磁转子的三相交流发电机组成，如图2-64所示。

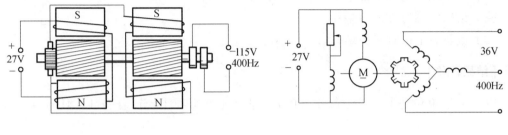

图2-63　单相变流机　　　　　　　图2-64　三相变流机

由于变流机体积、重量、噪声、重量功率比大，可靠性较差，正在逐步被静止变流器所取代。

3. 静止变流器

静止变流器将飞机上的直流电转变为400Hz或其他频率的单相或三相交流电。

现代飞机用静止变流器主要由两部分构成：直流变换器和直交逆变器。前者用于将低压直流电转变为高压直流电并实现电气隔离，后者将高压直流电转变为400Hz正弦交流电，经滤波后输出。

（1）直流变换器由输入滤波器、输出滤波器、变换器和控制保护电路构成。输入滤波器用于减小变换器工作时对电网的影响；输出滤波器用于滤除交流分量，平滑输出电压；控制电路用于在电源电压变化和负载变化时保持输出电压不变；变换器通过电力电子器件的开关作用，将直流变换成矩形波。

（2）直交逆变器是静止变流器的核心部件，它将直流电转变为一定频率的交流电。按照输出交流电相数的不同可以分为单相逆变器和三相逆变器。在飞机上使用较多的单相逆变器有：矩形波逆变器、正弦脉宽调制逆变器、阶梯波合成逆变器。

4. 变压整流器

飞机变压整流器，用于将115V/400Hz或200V/400Hz变频交流电转变为28V直流电，主要用于以交流电源为主电源的大中型飞机上，也可装备变频交流电源的飞机。典型的变压整流器由三相降压变压器和二极管整流桥构成，由于它自身没有输出电压调节的作用，输出电压受负载和电源电压的影响较大，且因有400Hz变压器，体积、重量较大。因此，在先进飞机上采用了电子式变压整流器，它实际上是一种具有隔离作用的直流变换器，在其输入端还有将三相交流电整流为直流电的整流电路，可以克服普通变压整流器的缺点。

 学习体会

通过这次学习，你都学到了什么东西呢？写在下面吧。

课后任务

(1) 变流机在飞机上的作用是什么？
(2) 变流机的工作原理是什么？

模块3　电动油泵的检修

电动油泵在长期的工作中,除受到外界的振动影响、油水和尘土的侵蚀外,更重要的还由于它们在工作中不断运转,引起电动油泵的活动部分,如轴承、电刷与整流子、传动轴和齿轮、叶轮和柱塞、密封装置等部件的磨损,造成某些零部件的几何尺寸、配合间隙发生变化,以及高速旋转的传动轴偏摆量增大等,使电动油泵的性能参数发生变化,严重时将影响油泵的工作。

这一模块将进行电动油泵检修部分的学习。

项目1　离心式电动油泵的分解和维修

学习指南

【教学目标】

知识目标:(1) 熟悉离心式电动油泵的功用、结构。
(2) 熟悉离心式电动油泵的基本工作过程及主要部位元件的作用。
(3) 独立熟练地进行离心式电动油泵的分解、维修与组装的操作工作。
(4) 了解离心式电动油泵的分类。
(5) 了解离心式电动油泵在各个油箱中的分配。
(6) 记住常用工具与专用工具的使用方法。
(7) 掌握离心式电动油泵一般故障的排除方法与定期维修工作内容。

能力目标:(1) 了解离心式电动油泵工作原理。
(2) 掌握离心式电动油泵在油箱中的应用。
(3) 根据实验科目卡熟练地进行起动发电机的分解、检查、测量与组装的操作工作。
(4) 熟练使用本任务中所使用的工具。
(5) 能通过实际操作总结离心式电动油泵分解与维修的注意事项。
(6) 如果实际操作中出现一些安全事故,能有效自救或者救助他人。

情感目标:(1) 培养分析问题和解决问题的能力。
(2) 树立认真负责的工作态度,懂得"机务工作无小事"的道理。
(3) 培养团队协作精神。
(4) 培养吃苦耐劳的精神。

【教学重点】

（1）离心式电动油泵的分类与所在油箱中的位置。
（2）离心式电动油泵的功用、组成结构。
（3）离心式电动油泵的分解与维修。

【教学难点】

（1）如何引导学生通过以前所学知识来分析问题和解决问题，最终归纳总结，达到掌握知识、提高能力的目的。
（2）在学生实际操作中如何做到有效引导，既充分调动学生的积极性，又要避免一些安全事故的发生。
（3）如何培养学生团结协作的精神，让学生懂得集体利益永远大于个人。

 课前任务

根据你的预习情况，回答下面的问题。

课前任务1　离心式电动油泵主要有哪几种，分别安装在什么地方？

课前任务2　设想一下离心式电动油泵在飞机中的功用，如果离心式电动油泵出了故障，会有什么样的后果。

课前任务3　如果离心式电动油泵出了故障，应该如何维修？试着总结出维修中的注意事项。

同学们，普通任务是大家必须要完成的，高级任务可以视自身情况而定，当然完成了高级任务，表示你的分析问题和解决问题的能力很强。如果实在解决不了，也没关系，可以在课上解决这个问题。

情境创设

某型飞机上采用的离心式电动油泵有两种，共三台。第一组油箱的1号油箱内装有某型电动油泵，称一油泵；第二组油箱的3号油箱（亦称消耗油箱）内装有另一种电动油泵，称二油泵；第三组油箱的4号油箱内也装有该电动油泵，称第三油泵。飞机上的所有煤油都通过3号油箱内的二油泵输送给发动机，第一组油箱的煤油由一油泵输送到3号油箱，第三组油箱的煤油由三油泵也输送到3号油箱，这样实现了三组共六个油箱的煤油输送工作。

可见，油泵工作的好坏是至关重要的，然而电动油泵又是工作时间最长，磨损严重易于发生故障的部件。下面有一台某型离心式电动油泵发生故障，运用大家所学知识，让我们一起来把它修好吧。

 工作项目：离心式电动油泵的分解和维修

【任务内容】

任务1　熟悉离心式电动油泵的功用、结构及主要技术数据。

任务2　对不同种类离心式电动油泵进行分解、检查与装配。
任务3　离心式电动油泵安装完毕,通电检查各项性能符合规定后的工作。

【任务准备】

准备好某型离心式电动油泵、常用工具、润滑脂、铝棒、木托、牛皮锤、专用扳手、压床、专用工具等。

【任务执行】

任务1　对不同种类的离心式电动油泵进行分解、检查与装配

按照下面步骤对离心式电动油泵进行分解、检修与装配。

1. 分解前的准备工作

（1）依据《维修规程》的有关内容,对电动油泵进行外部检查。

（2）对电动油泵进行通电,检查其工作性能并进行登记；发现参数不符合要求时,可结合分解维修工作予以解决。

（3）了解电动油泵在飞机上的使用情况,如有故障,可重点检查,予以排除。

2. 电动油泵的分解与注意事项

1）泵体部分分解与注意事项

泵体部分的分解如图 3 – 1 所示。

（1）用一字解刀拧下泵体连通导管的箍套螺钉,拆下其箍套；用小扳手分别拧下固定滤网罩的三个固定螺帽,取下滤网罩,拔出连通导通。

（2）用小扳手分别拧下蜗牛盖上的五根螺杆,取出蜗牛盖。

（3）如果需要更换密封垫圈或弹簧,要对蜗牛盖进行分解。用小扳手拧下放油开关的螺塞11。用小一字解刀拧下出油管上工艺孔的螺塞12。

（4）取出叶轮销钉,用小一字解刀拧下叶轮压紧螺钉,拔出叶轮。

（5）依次取下导流环、单向活门、船型键21,调整垫片、衬套。

（6）用小一字解刀分别拧下密封胶圈压紧环上的四颗螺钉,取出压紧环,拉出密封胶圈和支撑衬套。

（7）用小扳手拧下电缆插座上的螺杆,拆开插座,焊下电动机的两根引出线。

（8）用小扳手分别拧下压紧衬圈上的三个专用螺杆,用小一字解刀分别拧下压紧衬套上其余的12颗螺钉,依次取出衬圈、电动机密封罩、密封圈（如不好取,可在泵体分离后取出）。

（9）用木托托住电动机,用牛皮锤对称地敲打泵体,同时疏通电动机引线,泵体就可与电机分离（泵体上的定位销一般可不取出）。

注意事项：

（1）拔出叶轮时,工作应认真,操作应细心,防止用力过猛而损伤叶轮或使电动机长轴变形。

（2）取出船形键时,因船形键与轴槽配合一般较紧,严禁用钳子夹取和撬取,可在键处滴入润滑油,然后用铝棒抵住船形键的一端,轻轻敲打铝棒的一端,船形键便可推出。

（3）拆下插座前,应做好插销的安装位置标记,确保安装位置正确。焊下电动机两根

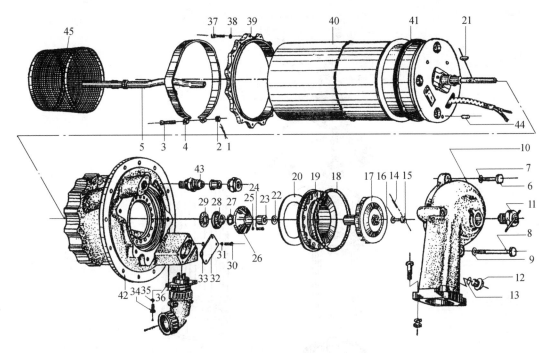

图 3-1 泵体部分的分解图

1—开口销；2—螺帽；3—螺钉；4—箍套；5—连通导管；6—螺杆；7—垫片；8—长螺杆；9—垫片；10—蜗牛盖；11—放油开关螺塞；12—工艺孔螺塞；13—封圈；14—叶轮销钉；15—压紧螺钉；16—垫片；17—叶轮；18—导流环；19—单向活门；20—垫圈；21—船型键；22—垫片；23—衬套；24—螺钉；25—垫片；26—压紧圈；27—胶圈；28—衬套；29—轴承；30—螺杆；31—垫片；32—插座盖板；33—电缆引出线；34—螺杆；35—垫片；36—插座；37—螺杆；38—垫片；39—衬套；40—泵体；41—密封圈；42—电动机；43—导管接头；44—定位销；45—滤网罩。

引出导线前，应按插钉号做好导线的标记，以防焊接错误。

（4）拧下压紧衬圈上的三个专用螺杆时，应做好专用螺杆对泵体螺孔的位置标记。

（5）将泵体与电动机分离前，应做好电动机后端盖与泵体的位置标记，安装时可方便对准定位销。

2）电动机部分分解与注意事项

电动机部分分解如图 3-2 所示（由于零件众多，在此不一一注释）。

（1）用小一字解刀分别拧下调速电阻上的两根固定螺杆，取出调速电阻。

（2）用小扳手分别拧下前轴承胶木盖的四个固定螺帽，取下胶木盖、绝缘纸片。

（3）用小一字解刀拧出电刷固定螺钉，依次取出电刷、导线、电刷护板。

（4）用专用扳手卡住甩油螺帽，用扳手拧下前轴承固定螺帽，依次取出螺帽、弹簧垫圈、平垫片。

（5）用扳手分别拧出后端盖上的四个固定螺帽，取出弹簧垫圈、平垫片。

（6）电枢的分离方法有以下三种：

① 用专用工具向电动机输出轴的方向顶出带后端盖的电枢。

② 没有专用工具时，可用一根铝棒顶在电枢前轴端，再用牛皮锤沿电枢轴方向轻轻敲击铝棒，将电枢分离。

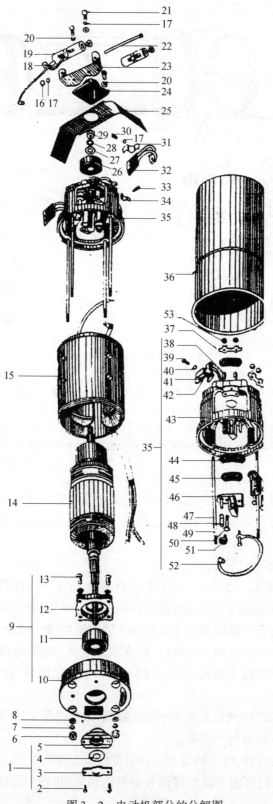

图 3-2 电动机部分的分解图

③ 焊开调速电阻上的励磁线,拧出前端盖上励磁导线的压片螺钉,将前端盖与磁极壳体分离。

(7) 用小一字解刀拧下甩油螺帽上的两颗螺钉,取出锁紧垫片、平垫片。

(8) 在压床上将电枢从后端盖上压出。

(9) 用小一字解刀拧出压轴承板上的四颗固定螺钉,取出压板;将后端盖放在压床上,把后轴承压出。

(10) 将前端盖放在压床上,将前轴承压出。

(11) 分解前端盖内的电刷弹簧、连接导线(如无故障时,可不分解)。

注意事项:

(1) 取出调速电阻上的两根长螺杆时,要注意固定方向,以防装配后,电动机与电动机密封罩相碰。还应牢记两个相串联的调速电阻的各自位置,不能互换。

(2) 电刷取出时要做好标记,确保原位安装。

(3) 分离电枢时,应认真细心,不要损伤电枢前轴螺纹,或碰伤前轴承及连接导线。

3. 某型电动油泵的检查和修理

1) 电动机部分的检查和修理

(1) 检查电枢整流子的外部应完好,不得有烧伤和划伤。如有轻微烧伤和划伤,可用细砂纸打磨,然后清洗干净。严重烧伤和划伤,则需进行车修。

测量整流子的直径不应小于 45.5mm,整流子的径向偏摆量不应大于 0.02mm,整流子云母槽的深度应不小于 0.5mm,整流子表面的粗糙度不应高于 $Ra0.80\mu m$。

(2) 检查电枢铁芯应完好,如有锈蚀应除掉。

(3) 检查电枢轴安装密封胶圈处,不应有磨损和划痕。如有磨损及划痕,应用细砂纸打磨,并用麂皮抛光。用卡尺测量安装密封胶圈处轴的直径,应不小于 10mm(不合格的可用局部镀铬的方法加大),表面的粗糙度不高于 $Ra0.20\mu m$,用千分表测量安装密封胶圈处轴的径向偏摆量不大于 0.02mm,安装叶轮处轴的径向偏摆量不大于 0.03mm。如偏摆量不符合要求,可用牛皮锤敲击来矫正。

(4) 检查电枢绕组有无断路和短路。一般可用欧姆表通过相邻两整流片间的电阻值来判别,也可根据整流片的烧伤情况来判别。

如果发现电枢绕组与整流片的焊接处有甩锡现象,则主要是整流子温度过高而引起,应查明原因后,方可进行补锡修理。

必要时,需测量电枢绕组的电阻值,20℃时的电枢绕组阻值应在 $0.0243\Omega \sim 0.297\Omega$ 范围内。

(5) 检查励磁绕组的绝缘层应完好,其引出线应无断丝或断头,接线片要焊接牢固。在20℃时的定子绕组阻值,串励磁绕组在 $0.0129\Omega \sim 0.0151\Omega$ 范围内,并励磁绕组在 $14.72\Omega \sim 17.28\Omega$ 范围内。检查磁极极掌和壳体应无锈蚀。

(6) 检查电刷架部分应完好,刷握无变形,电刷架胶木绝缘垫片应完好,用500V 兆欧表测量电刷架与壳体的绝缘电阻应基本为无穷大。

电刷应完整,其接触面应不小于 75%,电刷高度不低于 18mm。

电刷弹簧应完好,无裂纹和锈蚀存在,其弹簧压力应在 450g ~ 550g 范围内。

(7) 密封轴承应开盖清洗干净后,按通用规程中规定的方法进行检查,然后填加

7008号润滑脂,装好密封盖。

(8) 检查前端盖上的四根螺栓不应松动、弯曲。如松动,应拧紧,然后冲点保险。

(9) 检查两调速电阻应完好,瓷轴不得脱落,接线片不应松动,裸露的电阻丝不得有断头、上翘和裂痕;滑动片触头与电阻丝应接触良好,电阻上的连接导线应焊接牢固,套管完整而无烧伤。两调速电阻的阻值,大的应为 $(20\pm5\%)\Omega$,小的应为 $(5.1\pm5\%)\Omega$。

(10) 电动机密封罩应无裂纹和砂眼,开口处边缘应完好。密封罩如有轻微变形,可用专用工具整形。

2) 泵体部分的检查和修理

(1) 检查叶轮应无裂纹、掉块和变形,表面划伤严重时,应更换叶轮。

(2) 导流环应完整,朝叶轮一面应无磨损和划痕。

(3) 单向活门(圆环)应平整,表面无划伤,与泵体的配合应严密。

(4) 检查密封胶圈箍紧弹簧两端的衔接应牢靠,严重变形的要更换。密封胶圈与轴的接合部分应光滑,并有一定的结合宽度。

(5) 更换不合要求的橡胶密封胶圈(如老化、变形和失去弹性的),有条件的应进行全部更换。

4. 某型电动油泵的安装与注意事项

1) 电动机部分的安装与注意事项

(1) 电动机部分的安装步骤与分解时相反。

(2) 注意事项:

① 安装磁极壳体与前端盖时,应对正位销,固定好励磁线压片,拨正引至电刷架的正负线接线片。

② 安装前、后端盖轴承时,应对轴承的安装工作进行复查,看密封盖是否在正中,卡圈是否落入槽内。轴承装入时,最好应在压床上进行,以保证均匀受力。如无压床时,可手持工具装入,但应注意保持轴承水平装入;将铝管作用在轴承外环上,使其均匀受力落入木槽内。严禁直接敲击轴承。

③ 安装后端盖轴承压板上的四颗螺钉时,应拧紧,使压板紧紧地压在轴承外圈上,最后再冲点保险。

④ 将电枢装入后端盖轴承时,要先装到底,再拧入甩油螺帽,后固定紧,以便消除电枢的轴向游隙。最后将锁紧垫片固定好并锁紧。

⑤ 安装电枢与后端盖装入壳体与前端盖时,要注意放正,不能碰伤电刷或电线。固定后端盖四个螺帽时,要对称拧入,转动电枢,发现安装问题应及时解决。

⑥ 安装电刷时,要做到原位安装。注意电刷护板的安装位置,防止短路。

⑦ 电动机安装完毕,要检查电动机引线与壳体的绝缘电阻应不小于 $10M\Omega$。

⑧ 通电检查电动机各项性能,符合要求后,应固定后端盖螺帽。调整电阻的调整螺帽和固定螺帽,点上红漆,进行漆封保险。

2) 泵体部分的安装与注意事项

(1) 泵体部分的安装步骤与分解时相反。

(2) 注意事项:

① 将电动机装入泵体时,应先用专用工具固定好泵体,使电动机后端盖的销钉孔对

正泵体上的定位销钉后,将电动机装入泵体。为了方便安装,应在安装前给后端盖与泵体标上号码,并在安装时,注意不要碰伤输出轴和损伤电动机引出导线。

② 安装密封胶圈时,应在内表面涂上少许 7008 号润滑脂,并要装到底,胶圈落于密封处不应扭折,而且松紧要适宜。固定环压到密封罩上,不应歪斜,螺钉应对称拧紧。固定环与泵体端面的间隙应均匀,且保持在 1mm～2.5mm 范围内。

③ 安装叶轮时,要确定判明轴键已装入其中,然后将叶轮压紧螺钉固定紧。

④ 将电动机的引出导线焊接到插座上时,焊前应套上聚氯乙烯管,焊接要牢固。插座安装时,其定位肋应指向铭牌方向。

⑤ 连通管装入泵体时,要插正,插到底后,再装入滤网和箍套。

⑥ 箍套的安装位置应紧贴在连通管的凸台上,以防连通管向上移动。

任务 2　离心式电动油泵安装完毕,通电检查各项性能符合规定后的工作

某型离心式电动油泵在室内通电、调试、检查工作完成,并且各项性能符合规定后,应进行如下工作:

(1) 表面的螺钉打好开口销保险。

(2) 螺帽打好铁锁紧保险。

(3) 清点工具,打扫维修场地。

(4) 整理、填写有关检修资料和履历文件。

【结果评价】

以小组为单位进行评分,满分 100 分。

课前任务	任务1	任务2	任务3

1. 离心式电动油泵工作原理

离心式电动油泵包括电动机和离心式泵两部分。离心式泵主要由叶轮、导流筒和带输出管的蜗壳组成,如图 3-3 所示。

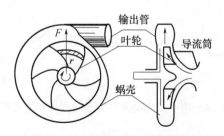

图 3-3　离心式泵

油泵工作时,叶轮被电动机带动,高速旋转。经导流筒流入叶轮的燃油,受叶片的推动,也随着旋转。燃油在旋转过程中,压力提高,并被甩入蜗壳,经输出管排出泵外。

叶片间的燃油随叶片旋转时，会产生离心力。离心式泵就是依靠燃油所产生的离心力来使燃油增压。

如果把叶片间的燃油，按离轴心远近的不同，分为若干层，那么每层燃油都会产生一定的离心力。它的大小与该层燃油的圆周速度(u)的平方和质量(m)成正比，与该层燃油至轴心的距离(r)成反比，其离心力($F_离$)为

$$F_离 = m\frac{u^2}{r}$$

每层燃油所产生的离心力都会作用到它的外侧各层燃油上，使它们的压力提高。而每层燃油所受到的离心力，是它内侧各层燃油所产生离心力的总和。油层距离轴心越远，处在它内侧的油层数目越多，它所受的离心力越大，燃油的压力也就越高。所以，燃油流经叶轮时，它的压力是逐渐提高的。处于叶轮外缘的燃油，它所受的离心力最大，燃油压力也就最高。这个压力就是离心力使燃油增加的压力，又称出口压力或进出口压力差。

在这个压力的作用下，燃油就能克服外部管路阻力，以一定的流量流出。

因为离心力与燃油所获得的圆周速度的平方成正比，而燃油的圆周速度又与叶轮的转速成正比，所以转速降低，燃油的压力就会降低。在输出管路阻力一定的条件下，燃油压力降低了，流量也会随之减小。因此，要使油泵输出的燃油具有足够的压力和流量，必须使叶轮具有足够高的转速。

离心泵使燃油增压，并以一定的流量流出，这表明叶轮对燃油做了功，将电动机输出的能量传递给了燃油。燃油的压力，实际上就是单位体积的燃油所具有的能量。在泵传递能量给燃油，使其增压的同时，泵又不可避免地会引起燃油能量的损耗，降低燃油的压力，引起压力损失。例如，叶片与导流筒之间免不了有间隙存在，而叶轮的出口压力又大于进口压力。在此压力差的作用下，就会有少量燃油从叶轮外缘经此间隙返回入口，如图3-4(a)所示。

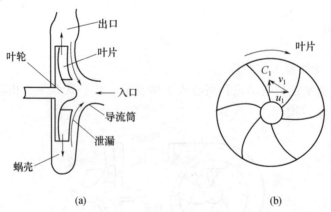

图3-4　离心式电动油泵的泄漏损失和撞击损失

这就是泄漏损失。又如，在叶轮进口处，燃油以一定的绝对速度 C_1 沿径向流向叶片间的流道，如图3-4(b)所示。由于叶轮在高速旋转，所以，相对于叶轮来说，燃油就不是按绝对速度 C_1 的方向进入流道，而是按相对速度 v_1 的方向进入流道(相对速度 v_1 等于绝对速度 C_1 同叶轮进口圆周速度 u_1 的向量差)。燃油的相对速度 v_1 的方向往往与叶片前

缘的切线方向不一致,这就会引起燃油对叶片的撞击,在叶片后面形成涡流,造成撞击损失。此外,燃油流经叶轮时,与流道壁相摩擦,还会产生摩擦损失。由于这些损失的存在,叶轮实际传递给燃油的能量减小了,使泵的实际出口压力减小,在管路阻力一定的条件下,流量也要随之减小。

离心泵出口压力的大小,是由离心泵内使压力增加和引起压力损失的双方共同决定的。在管路阻力一定的条件下,这也决定着流量的大小。因此,要使输出的燃油具有足够的压力和流量,除保持叶轮有足够的转速外,还必须尽量减小泵所引起的压力损失。

 材料阅读

材料 离心式电动油泵的常遇故障

1. 运转时有杂音

电动油泵工作时产生杂音,其原因主要是转动部分有摩擦或装配不良所造成。具体地说,主要有如下原因:

(1) 滚珠轴承的润滑脂干涸、变质,或轴承经过一段工作时间后产生摩擦,使轴承转动不灵活,有阻滞;轴承径向间隙过大,轴承外圈随电枢一起转动等,都造成油泵工作时出现杂音。

(2) 叶轮变形或原来装配时叶轮和导流环之间的间隙调整得过小,致使叶轮转动时与导流环发生摩擦,也使油泵工作有噪声或尖叫声。

(3) 挡油密封胶圈安装不正,密封胶圈与电枢轴产生摩擦,也会使油泵运转时发生尖叫声。

(4) 电动机装配不好,轴承受力不均匀,或电枢与电动机其他部分有摩擦。

如果是由于轴承、叶轮或密封胶圈不好而造成的杂音,则应更换油泵的轴承、叶轮或密封胶圈。如果是叶轮与导流环间隙过小而引起的,则应拆下叶轮,重新进行调整,并使之符合规定。如果是电动机装配不良所造成,可用牛皮锤轻轻敲击,使油泵各部件均正常到位进行校正。

2. 漏油

电动油泵漏油孔有油漏出,说明油泵的挡油装置出现故障。其原因有:

(1) 密封胶圈老化变质、裂纹或变形,密封胶圈与电枢轴有了较大的间隙,使煤油漏出;装配时,密封胶圈的规格选错,其内径大于电枢轴较多,两者间也会出现较大的间隙而使油泵漏油。

(2) 密封胶圈的弹簧弹力减弱或弹簧变形,不能将其紧紧地箍在电枢轴上。

(3) 安装密封胶圈处的轴表面有划伤,或轴的偏摆量过大,将密封胶圈内径磨大。

如果是密封胶圈或其弹簧不好造成的漏油故障,应更换密封胶圈或弹簧;如电枢轴划伤,应用细砂纸打磨光滑;如由于电枢轴的偏摆量大所致,应进行校正。

3. 油泵出口压力小

油泵出口的压力小于规定值,其原因可能是:

(1) 叶轮和导流环之间间隙过大,致使油泵泄漏损失大,而造成压力小。

(2) 电动机转速低于规定值,使燃油所受惯性离心力减小,因而其压力也减小。

由于叶轮与导流环之间间隙大而造成出口油压减小,应重新调整其间隙。如果是电

动机转速低造成油泵压力小,则应进一步查明其原因,以便排除(如电枢绕组有无短路,绕组电阻是否增大,电动机装配是否过紧,电刷是否在中性面上等)。

4. 出口油压不稳定

在试验电动油泵性能时,出口压力的油压表指针来回摆动,其原因是:

(1) 安装密封胶圈处的电枢轴表面不够光滑,或密封胶圈内壁上有毛刺、气泡,或者密封胶圈弹簧的弹力发生变化,密封胶圈所受的弹簧压力不均匀等。

(2) 整流子或安装叶轮处轴的偏摆量大。

(3) 轴承受力不平衡。

以上这些因素都将使电动机转动时所受负荷不稳定,影响电动机的转速,因而使燃油压力发生变化。这种情况往往也将使电动机工作电流不稳定,故电流表的指示也可能发生摆动。

如果是由于密封胶圈或其弹簧不好,应更换密封胶圈或其弹簧;如果是电枢轴不光滑,则应用细砂纸将其打磨光;如果是电枢轴偏摆量大,则应进行校正;如果是整流子偏摆量大,则应车修整流子。

5. 消耗电流过大

油泵工作时,消耗电流超过规定值,其原因有:

(1) 电枢绕组或整流片间短路。此种故障还将使电动机火花加剧。

(2) 叶轮和导流环之间间隙小,油泵出口压力增大,电动机负荷增加,故使油泵工作电流增大。

(3) 轴承转动不灵或有摩擦,叶轮和导流环摩擦,电枢同其他部分摩擦,都将增大电动机负荷,使其工作电流增大。

(4) 电刷弹簧压力过大。

针对以上原因进行修理。如果电枢绕组短路,应更换电枢。如果由于整流片间炭粉堆积而造成短路,应用汽油将其彻底清洗干净并烘干。

6. 电流摆动

造成油泵工作电流不稳定,忽大忽小,除前面已分析到的原因外,还有:

(1) 电刷与整流子接触不良。

(2) 调速电阻滑针和电阻丝接触不良,使转速忽高忽低,引起工作电流忽大忽小。

电刷和整流子接触不良的原因很多,应查明后加以排除。

材料2　某型电动油泵的检修

某型电动油泵的分解、检查修理和装配

分解时,首先应如图3-5所示将泵体部分分解后,再如图3-6所示(由于零件众多,在此不一一注释)分解电动机部分。

1) 分解注意

分解插座时,应注意插座定位肋的方向,以便安装时装回原位;焊下导线时,也应标记导线号,以防焊时弄错。

分解电刷和焊下瓷质电阻导线时均应做好标记。

2) 检查和修理时注意:

瓷质绕线电阻 RXYC - 25T - 15Ω 因电阻丝线较细,容易造成断丝和损伤,要特别注

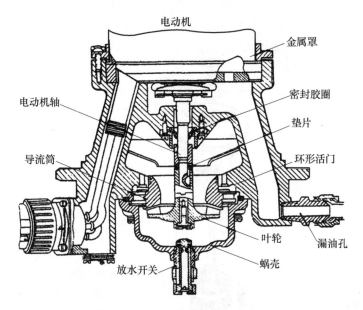

图 3-5 LB-6A 泵体部分的构造

意检查,不合格者应更换新品。

要认真检查电枢整流子的状况,对绕组有疑虑的应进行电枢绕组检查。

测量整流子的直径不应少于 42mm,整流子的径向偏摆量不应大于 0.02mm,整流子云母槽的深度应不低于 0.4mm,整流子表面的粗糙度不应高于 $Ra0.80\mu m$。

电枢长轴的密封胶圈处应重点检查,其表面粗糙度不应高于 $Ra0.20\mu m$,且直径不应小于 7.9mm。用千分表测量安装密封胶圈处的径向偏摆量不应大于 0.02mm,安装叶轮处的径向偏摆量不应大于 0.04mm。

必要时,可对电枢绕组和励磁绕组的阻值进行测量。

电刷和电刷弹簧也是重点检查内容。电刷的接触面不少于 75%,高度不低于 17mm;电刷弹簧压力应在 280g~360g 范围内。

电动机密封罩应完好,开口处应成型完整,以保证安装后密封良好。

泵体部分的叶轮、导流环和单向活门,以及密封胶圈也是检查的重点,要认真细致地检查。

3) 装配时注意

电动机安装后,用手转动电枢轴,应能转动灵活,不应感觉到有轴向间隙存在。然后取出负电刷,用 500V 兆欧表测量冷状态下的绝缘电阻,应不低于 10MΩ。

有条件的最好将电动机安装于力矩试验台上进行电动机性能试验(只试验"正常"工作状态)。在电压为 27V 和负载力矩为 5.6kg·cm 下,电动机的转速应在 7600r/min~8400r/min 范围内,电流不大于 29A,电机火花不大于 1 级,且运转声音正常(试验时间不超过 5min)。

如果上述试验不合乎要求,可用调速电阻来调整。

试验完毕,测量热态下的电动机绝缘电阻,不应小于 2MΩ。然后再进行抗电耐压试验。

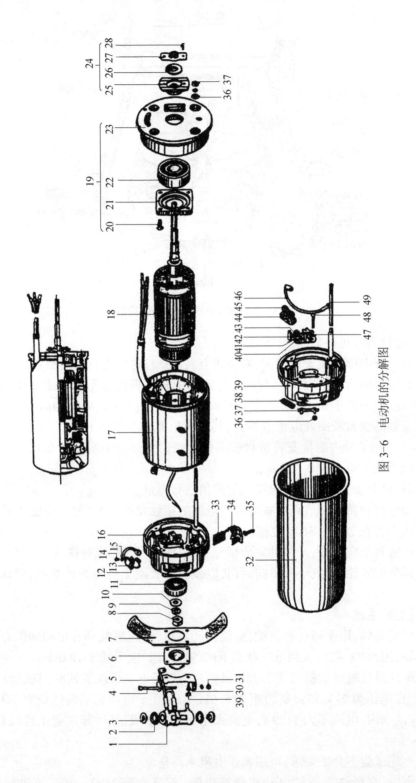

图 3-6 电动机的分解图

4) 泵体装配时注意

用专用工具卡住叶轮,拧紧叶轮螺钉,装好卡销后,用塞尺测量叶轮与导流环之间的间隙,应在0.15mm~0.25mm的范围内,且任意两测量点间隙之差应不大于0.1mm。间隙不符合要求,也是用叶轮下的垫片调整。

泵体各部分和电动机密封罩下的密封胶圈,安装时都应仔细检查就位后有无扭曲、松紧不一的现象。密封胶圈如有新品备件,装配时应进行更换。

安装电动机轴上的密封胶圈时,胶圈与轴的滑动面应涂以少许的7008号润滑油脂;安装后,要判明胶圈上的箍紧弹簧确实落于胶圈槽内。

学习体会

通过这次学习,你都学到了什么东西呢?写在下面吧。

_____
_____
_____
_____
_____
_____
_____
_____

课后任务

(1)离心式电动油泵的功用、组成、基本工作原理。
(2)离心式电动油泵泵体部分的分解步骤及注意事项。
(3)离心式电动油泵电动部分电枢的分离方法。
(4)离心式电动油泵电动部分安装时的注意事项。

项目2　齿轮式电动油泵的分解与维修

学习指南

【教学目标】

知识目标:(1)掌握齿轮式电动油泵的功能。
(2)熟悉电动油泵的工作原理。
(3)了解电动油泵的结构与组成。
(4)熟悉齿轮式电动油泵泵体部分主要元件的作用。
(5)熟悉齿轮式电动油泵的分解、维修、检查与组装的操作。

(6) 记住专用工具的使用方法。

能力目标:(1) 通过回忆离心式泵的工作原理,分析两种油泵的区别。

(2) 通过实际操作,总结出齿轮式电动油泵分解与维修的注意事项。

(3) 根据实验科目卡熟练地进行齿轮式电动油泵的分解、检查、测量与组装的操作工作。

(4) 知道工具的名称并熟练使用本任务中所使用的工具。

情感目标:(1) 培养分析问题和解决问题的能力。

(2) 树立认真负责的工作态度,懂得"机务工作无小事"的道理。

(3) 培养团队协作精神。

(4) 培养吃苦耐劳的精神。

【教学重点】

(1) 齿轮式电动油泵的功用和工作原理及组成结构。

(2) 齿轮式电动油泵的分解与维修。

(3) 分解与维修中的注意事项。

【教学难点】

(1) 如何引导学生通过以前所学知识来分析问题和解决问题,最终归纳总结知识,达到掌握知识、提高能力的目的。

(2) 在学生实际操作中,如何做到有效引导,既充分调动学生的积极性,又要避免一些安全事故的发生。

(3) 如何培养学生团结协作的精神,让学生懂得集体利益永远大于个人利益。

 课前任务

根据你的预习情况,回答下面的问题。

课前任务 1　齿轮式电动机的功用。

课前任务 2　如果油泵出了故障,应该如何维修? 都使用哪些工具?

课前任务 3　总结在维修过程中应该注意哪些事项。

 **情境创设**

飞机的核心部件发动机要工作,首先是点火,形成火焰点燃发动机燃烧室。齿轮式油泵的作用就是将油箱中的汽油增压后输送到启动喷油点火器。如果油泵出现故障,整个发动机将不能启动,飞机不能执行任务,可见,齿轮式油泵作用之大。因此,飞机上齿轮式电动油泵检修与维护工作十分重要。希望同学们在实训工作中要认真细心地操作,严格遵守工作程序,努力做好第一手工作,确保机务维修工作质量;熟悉齿轮式电动油泵的功用、结构组成、工作原理,掌握齿轮式电动油泵的分解、组装、检修、定期维护等工作内容,为今后的工作奠定基础。

下面有一台某型齿轮式电动油泵发生了故障,运用大家的所学知识,让我们一起来把它修好吧。

工作项目:齿轮式电动油泵的分解与维修

【任务内容】

任务1 熟悉齿轮式电动油泵的功用、结构及主要技术参数。
任务2 对电动油泵进行分解、检修和装配。
任务3 电动油泵安装完毕,其性能检查和调整。

【任务准备】

准备好某型齿轮式电动油泵、常用工具、润滑脂、专用工具等。

【任务执行】

任务1 对电动油泵进行分解、检修和装配

按照下面步骤进行齿轮式电动油泵的分解、检查与装配。

1. 分解检查前的准备工作

（1）分解前,依据《维修规程》的有关内容对其进行外部检查和通电检查,并做好记录,发现问题时,结合分解工作进行维修。

（2）全面了解齿轮式电动油泵在飞机上的使用情况并进行修复。

综合上述要求,有针对性地进行维修工作。

2. 某型齿轮式电动油泵的分解

1）总体分解

某型电动油泵零部件分解如图3-7所示。

用小扳手拧下固定泵体和电动机的四个结合螺帽,将泵体与电动机分离开。

2）泵体的分解及注意事项

（1）泵体的分解步骤:

① 用小一字解刀分别拧下锁紧螺钉,取下定位片。

② 用小扳手分别拧出压紧螺帽,一次取出连接轴套、密封衬套、密封胶圈、螺旋弹簧。

③ 用小扳手分别拧下泵体盖子上的六个固定螺帽,轻轻撬动,取下盖子。

④ 依次取出主动齿轮、从动齿轮。

⑤ 分解调压活门。用扳手拧下螺帽,取出垫片;取出圆柱销,拧出调整螺钉;取出弹簧及网套;拧下螺帽及调压活门的外壳。

⑥ 取出接管嘴。

（2）注意事项:

① 分解泵体。撬开盖子时,注意不要损坏金属密封垫。

② 取出连接轴套、密封衬套、密封胶圈时,应记住先后顺序,安装时不能装错顺序。

3）电动机的分解与注意事项

（1）电动机的分解步骤(图3-8):

① 用小一字解刀拧下前罩固定螺钉,取下罩盖。

② 取出电刷。

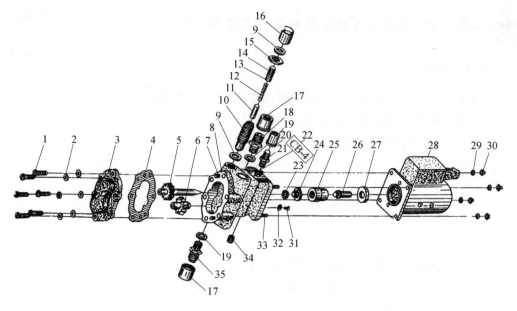

图 3-7 某型电动油泵零部件

1—螺杆;2—垫片;3—端盖;4—垫片;5—主动齿轮;6—从动齿轮;7—螺套;8—泵壳体;9—垫圈;10—联结轴套;11—密封衬套;12—弹簧;13—调节螺钉;14—定位销;15—六角垫片;16—螺塞;17—螺塞;18—接头;19—垫片;20—螺塞;21—接头;22—铭牌;23—垫圈;24—自锁螺母;25—轴套;26—轴;27—垫圈;28—电动机;29—垫片;30—螺帽;31—螺钉;32—垫片;33—螺套;34—螺套;35—接头。

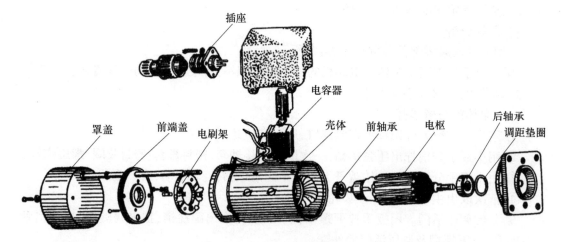

图 3-8 某型电动机的零部件

③ 用扳手拧下电动机上的两根长螺杆,将前端盖、壳体和后端盖分开。

④ 取出电枢及前后轴承。

⑤ 下列部位除需要更换元器件时一般可不分解。

a. 插座:拧出四个固定小螺钉,拔下插座。

b. 电容器:先拔出插座,再拧下电容器保护罩的螺钉。

(2) 注意事项:

① 取出电刷时,应做好标记,以确保原位安装。

② 分解前端盖、壳体和后端盖时,应做好标记,防止安装错误。

③ 取出轴承时,应注意轴承座内的垫片不要丢失,并做好记录。前后轴承座的垫片不能混装,一定要原位安装。

3. 某型电动油泵的清洗、检查和修理

1) 泵体部分的清洗、检查和修理

(1) 将所有零部件用航空汽油清洗干净并烘干。

(2) 检查所有零部件,表面不应有锈蚀或漆层脱落,否则应进行除锈或表面处理工作。

(3) 将调压活门的钢套和主动齿轮安装密封胶圈处用抛光轮均匀抛光,其粗糙度应达到 $Ra0.20\mu m$ 以下。检查主动齿轮轴处的直径应为 $10^{-0.1}$ mm,小于此值,可镀铬加粗。

(4) 检查接管嘴内的过滤网,应完好、清洁、无杂物。

2) 电动机部分的清洗、检查和修理

(1) 所有零部件用航空汽油清洗干净并烘干。电刷用绸布擦拭干净。

(2) 检查电枢外部应完好。整流子直径应不小于 19mm,表面应无划伤,粗糙度不高于 $Ra0.80\mu m$。整流片间槽深不小于 0.5mm。整流子的偏圆度(径向跳动量)应不大于 0.02mm。

(3) 检查电枢绕组应完好,必要时测量其电阻值,20℃时的电枢绕组电阻值应在 $1.53\Omega \sim 1.73\Omega$ 范围内。

(4) 检查壳体部分应完好,励磁线圈固定牢固,引出导线应无断丝、断头,绝缘良好。20℃时的励磁线圈电阻应在 $0.246\Omega \sim 0.278\Omega$ 范围内。

(5) 检查前端盖组件应完好,刷架应无变形和损伤,刷架胶木组件应无裂纹,电刷弹簧应无锈蚀,否则应更换新品。

检查电刷应完好,连接导线应无断丝,电刷高度不应低于 11mm,弹簧压力应在 $120g \sim 180g$。

(6) 半密封前轴承(60025)和后轴承(60027)清洗、检查和烘干后,应立即填加特7号精密仪表脂,并装好密封盖。

(7) 用 250V 兆欧表分别对电容器($CJ40,2 \times 0.47\mu F$)进行充放电检查,当放电时应有较强烈的火花。

4. 齿轮式电动油泵的安装及注意事项

1) 电动机的安装及注意事项

(1) 电动机的安装与分解时的顺序相反。

(2) 注意事项:

① 装入电枢时,应注意将前、后端盖轴承槽内的调距垫圈装回原位。固定两根长螺杆时,应按原来标记位置装好前后端盖,以防止错位,电枢反应使电刷下的火花增大。螺杆拧紧后,凭感觉检查电枢的轴向间隙,应在 0.05mm ~ 0.15mm,否则应用轴承下的调距垫圈进行调整。调好后,电枢转动应灵活。

② 电动机装配后,将电动机固定到力矩试验台上,通电进行力矩试验。

电动机在 27V 电压和 $1.95kg \cdot cm$ 的负载力矩下,其消耗电流不应大于 7A,转速应在 3250r/min ~ 3700r/min。电动机每次力矩试验 40s,间离 60s,进行五次。电动机在运转过程中，声音应正常，电刷火花不应大于 1/2 级。试验完毕，检查电刷的接触面，应不大于 75%。

力矩试验结束后 5min 内，用 250V 兆欧表测量电动机在热状态下的绝缘电阻，应不小于 2MΩ。

2）泵体部分的安装及注意事项

（1）泵体部分的安装与分解时的顺序相反。

（2）注意事项：

① 将调压活门钢套装入调压活门壳体内时，应检查调压活门钢套在活门壳体中的移动是否灵活。安装调压活门时，不要忘记装入圆柱销，活门壳体上的紧固螺帽和螺盖要拧紧。

② 在壳体与盖子结合的断面及壳体的定位销表面应涂一薄层 101 酚醛树脂，再进行安装（但不能过多，否则容易挤入油泵内腔，而影响齿轮转动的灵活性）。盖子上的六根固定螺栓，也应涂一薄层 101 酚醛树脂，再将螺栓拧紧。

③ 泵体安装后，检查主动齿轮的轴向间隙应在 0.06mm～0.18mm；否则，应更换壳体与盖子间的金属密封垫片。

④ 泵体部分装配好后，要检查主动齿轮转动的灵活性，凭感觉其转动力矩应不大于 1.2kg·cm。

⑤ 在主动齿轮轴上安装密封胶圈前，应在其摩擦面上涂以少量特 7 号精度仪表油脂。

⑥ 安装密封衬套、连接轴套和压紧螺帽时，要将密封衬套确实安装到位，正压在密封胶圈上，再用专用工具将压紧螺帽拧紧。

3）电动油泵的总体安装及注意事项

（1）电动油泵的总体安装（如图 3-7 所示）。

（2）注意事项：

① 泵体部分与电动机对接前，应转动电动机输出轴，使其扁平部分正好对正联结轴套的槽口进行组装。

② 四个固定螺帽应对角拧入，并且均匀用力。

③ 电动油泵通电检查其性能合格后，应将螺钉、螺栓和调压活门螺盖用保险丝锁紧（即打好保险）。

任务 2　电动油泵安装完毕，对其进行性能检查和调整

1. 电动油泵的出口压力和工作电流检验

1）额定电压下的性能检验

接通电动油泵进口预压力电动油泵电门，使预压力电动油泵工作，调整流量开关使进口压力始终保持在 0.4kg/cm^2；然后再打开被检电动油泵电门，用调压旋钮将电源电压调至 27V，并调节针形供油开关，将供油量调至 40L/h～48L/h（即 0.66L/min～0.8L/min），此时观察到的油泵出口压力应为 2kg/cm^2～2.2kg/cm^2，工作电流不应大于 7A。使油泵在此状态下保持工作 10s，然后断开所有电源开关，使油泵停止工作 60s；再按上述步骤使油泵循环工作三次，其性能数据应符合上述要求。

如果油泵的出口压力不符合要求，应调整调压活门的调整螺钉。顺时针转动调整螺针,出口压力提高;反之,则出口压力降低。

电动油泵的工作电流一般在5A左右,如果工作电流接近或超过7A,则应分解检查主动齿轮上是否沾有酚醛树脂,排除后重新装配。

2）12V低电压下的性能检验

按第一项的操作方法和顺序进行电动油泵低电压下的性能检验,所不同的只是将被检电动油泵的工作电压调至12V,而流量开关维持不变,此时油泵的出口压力应不小于 1kg/cm^2,工作电流应不大于7A。

2. 电动油泵的吸油能力检验

上述试验结束后,改变被检电动油泵的固定位置,使其高出油箱液面100mm～400mm,在电动油泵不加进口预压力(预压力电动油泵不工作)的情况下,油泵应能自动吸油工作。

3. 电动油泵的密封性检验

在电动油泵通电工作过程中,观察油泵各部位均不得渗油。油泵检验结束后,用吸湿性较强的纸卷成纸捻插入油泵的漏油接管嘴内,检查密封胶圈处,此处不得渗油。

4. 电动油泵的工作声音检验

在油泵通电工作过程中,其声音应正常,不应有金属撞击声和周期性杂音。

注:(1) 电动油泵检验性能合格后,应将螺钉、螺栓和调压活门螺盖用保险丝锁紧。

(2) 油泵不允许在无油液的情况下空转工作。

(3) 油泵试验器中的工作液应为RH－70航空汽油,但也允许使用RP－1－号喷气燃料代替。

【结果评价】

以小组为单位进行评分,满分100分。

课前任务	任务1	任务2	任务3

齿轮式电动油泵泵体部分的结构

某型齿轮式电动油泵的功能是:当发动机启动时,它将汽油箱中的汽油增压后输送到启动喷油点火器,形成一个火焰以点燃发动机的燃烧室。

齿轮式电动油泵泵体部分的结构如图3－9所示,它由主动齿轮、从动齿轮、泵室和调压活门组成。

齿轮式电动油泵是靠高速旋转着的齿轮不断地挤压燃油来提高压力的。如图3－8中的主动齿轮在电动机的带动下做逆时针转动时,从动齿轮被主动齿轮带动做顺时针转动。齿轮在转动的过程中,不断地将燃油从油泵的进口流入两齿轮的齿隙空间并沿旋转方向被推至出口,燃油在出口处受到齿轮齿身的挤压,压力得到了提高。

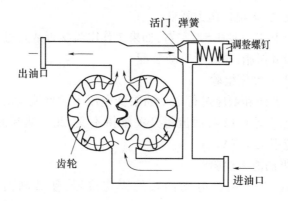

图 3-9 齿轮式电动油泵的结构

齿轮式油泵的流量与输油管路阻力无关,而只取决于齿轮的转速(即电动机转速)。因为齿轮每转一周,就有 24 个齿隙空间(每个齿轮有 12 个齿)的燃油从进口被推至出口,所以齿轮式泵输出燃油的流量与电动机的转速成正比。出口压力的大小,则取决于油泵齿轮的转速和输油管路口径的大小。在输油管口径一定的条件下,油泵的齿轮转速越高,它的流量越大,油泵出口处的燃油所受的挤压越厉害,压力也就越大。若齿轮的转速一定(即流量一定),则输油管口径越小,燃油压力也越大。

在使用过程中,输油管可能被堵塞而引起燃油压力过高,将油管胀破。为了避免这种危险,齿轮式泵都装有压力调节装置。

压力调节装置由调压活门和弹簧组成,如图 3-8 所示。当出口压力过大时,燃油压力克服了弹簧弹力,顶开调压活门,使一部分燃油经活门流回进油口,燃油压力越大,弹簧被压缩得越多,活门的开度就越大,回油也就越多,出口压力就不致过高而保持在一定的范围内。

齿轮式泵安装压力调节装置以后,它的流量将不再与管路阻力无关,而是随着管路阻力的减小而增大。

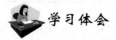 学习体会

通过这次学习,你都学到了什么东西呢?写在下面吧。

? 课后任务

（1）齿轮式电动油泵的功用、基本工作原理、泵体部分的组成。
（2）泵体部分的分解步骤及注意事项。
（3）电动机在热状态下的绝缘电阻应不小于多少兆欧？

模块 4　灯光照明系统的维护

项目 1　信号灯的拆卸和维护

学习指南

【教学目标】

　　知识目标:(1) 了解在飞机座舱里工作必须遵守的规定。
　　　　　　(2) 了解信号灯的构造。
　　　　　　(3) 了解灯罩不同颜色所代表的意义。
　　能力目标:(1) 能根据实验科目卡拆卸信号灯。
　　　　　　(2) 能叫出工具的名字,能熟练使用本任务中所使用的工具。
　　情感目标:(1) 培养分析问题和解决问题的能力。
　　　　　　(2) 树立认真负责的工作态度,懂得"机务工作无小事"的道理。
　　　　　　(3) 培养团队协作精神。
　　　　　　(4) 培养吃苦耐劳的精神。

【教学重点】

　　(1) 信号灯的结构和含义。
　　(2) 信号灯的拆卸方法。

【教学难点】

　　(1) 如何引导学生通过以前所学知识来分析问题和解决问题,最终归纳总结,达到掌握知识、提高能力的目的。
　　(2) 在学生实际操作中,如何做到有效引导,既充分调动学生的积极性,又要避免一些安全事故的发生。
　　(3) 如何培养学生团结协作的精神,让学生懂得集体利益永远大于个人利益。

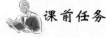课前任务

请同学们对照教学用飞机,根据图 4-1 和图 4-2 找出信号灯都用在哪些地方。
课前任务 1　找出信号灯都用在哪些地方。
课前任务 2　不同颜色的信号灯代表的含义是什么?
课前任务 3　说出不同位置的信号灯的名称,代表的含义,并填入表 4-1。以某型飞机为例,找出多少个,可填多少行,也可另外续行。

模块 4　灯光照明系统的维护

图 4-1　某型信号灯的外形

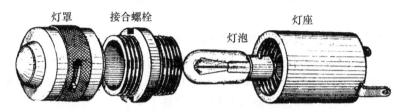

图 4-2　某型信号灯的结构

表 4-1　信号灯的名称和含义

名称	含义
例：火警信号灯	表示是否发生火灾

同学们，如果你们找不到答案也没关系，通过学习本节内容，所有问题都可以解决。

 情境创设

某型信号灯的作用是通过不同颜色的灯光来显示系统的不同工作状态。告警系统按照工作方式分为灯光式、音响式和文字信息式。通常都是几种同时使用。

 工作项目：信号灯的拆卸和维护

【任务内容】

任务 1　检查某型信号灯的灯泡。
任务 2　对灯泡进行拆卸和维护。

【任务准备】

准备好某型信号灯、电烙铁、焊锡、焊锡膏、尖嘴钳、镊子、细线绳、剪刀、抹布、胶布。

193

【任务执行】

任务1　检查某型信号灯的灯泡

首先,对某型信号灯灯泡进行检查,步骤如下:

(1) 按照进出座舱的要求进入座舱。

(2) 用手捏住信号灯灯罩,逆时针转动灯罩即可拆下灯罩。

(3) 用拇指、食指捏住灯泡,利用手指和灯泡的摩擦力,往里面按压并逆时针转动灯泡,即可拆下灯泡。

(4) 检查灯泡的外观。灯泡的玻璃体和灯座不应松动,灯泡的灯丝不应出现发黑、松弛、变长的迹象(可以用手指轻弹灯丝,观察灯丝的变化)。

(5) 安装灯泡。注意(灯泡两端的固定卡钉的高低位置不一样)将灯泡旋入灯座后,双手手指向里按住灯泡并顺时针转动即可将灯泡装上。

(6) 安装灯罩。顺时针转动灯罩即可将灯罩装上。由于灯罩的透光孔有两个位置,分别是小光孔(适应夜间航行)和大光孔(适应昼间飞行)。昼间飞行时,应将已拧紧的灯罩再逆时针转动一个角度,即可露出大光孔。

任务2　进行拆卸和维护

1. 步骤

按照下面步骤更换信号灯灯座。

(1) 将灯罩和灯泡拆下。

(2) 用一只手从仪表板后面扶住信号灯的灯座部分,另一只手手持尖嘴钳卡住结合螺管的缺口部分,逆时针转动结合螺管即可拆下结合螺管。此结合部有一个弹簧钢垫圈。应防止丢失。

(3) 将灯座取下后,拆除灯座尾部塑料管上的绑线,并退下塑料胶管。

(4) 拆下灯座的导线。用电烙铁焊下灯座尾部的导线,用胶布包扎好并做好标记。

(5) 安装时,灯座根部的两根导线不能焊错。正极线必须焊接在灯座中心的接线片上,负极线接侧面的接线片上,绝缘胶套必须固定到位,并用线绳扎好。

(6) 手持结合螺管插进灯座安装孔内,在仪表板后部装上弹簧垫片。另一只手手持灯座,按顺时针方向拧紧结合螺管,此时,勿使灯座转动,以免导线旋转而受力损伤导线。最后,用尖嘴钳卡在结合螺管的缺口处用力拧紧。

(7) 安装信号灯座上的灯泡时,为使灯泡受力均匀,应注意灯丝的安装位置,灯丝处于左右分开的位置,才能延长灯泡的使用寿命。若灯丝的位置不当,可拧松结合螺管,转动灯座,即可校准位置。最后,用尖嘴钳卡住结合螺管,将其拧紧。

(8) 安装灯罩。

(9) 工作结束,做好收尾工作。

2. 注意事项

(1) 进入座舱时,应先检查座舱里各设备、手柄无异常,再进入座舱。若发现异常,应及时报告机械师。

(2) 在座舱里,凡涂有"红颜色"的机件,绝不许动,不属于本专业的设备,不要乱动。

(3) 在飞机上工作,应使用36V的低压电烙铁。

（4）在座舱里工作，要防止工具和随身物品掉入座舱。要养成离开座舱前清点工具和检查随身物品的好习惯。

【结果评价】

以小组为单位进行评分，满分100分，第一项20分，第二项和第三项每项40分。

课前任务	任务1	任务2

1. 飞机灯光信号装置的用途

在外国的军用飞机上采用机外和机内两种灯光信号装置。机外信号灯用来在夜间飞行、着陆、滑行和起飞时标记飞机，并用作飞机与飞机以及飞机与地面之间的联络。机外信号灯包括航行灯、编队灯和飞机信号灯三种。航行灯用于表示飞机的飞行方向；编队灯用于飞机编队和保持队形；飞机信号灯则用来从长机上向随从的编队飞机发出灯光信号。此外，在练习机和教练机上还装有各种辅助灯。

机内信号灯用来指示飞机各种操纵附件及操纵机构的正常状态和紧急状态。

2. 对飞机灯光信号装置的要求

飞机的信号灯应具有：

（1）足够的发光强度，以便给观察者的眼睛提供确切辨认信号所需的照度。

（2）可靠的作用角，以便观察者从空间的各个点上能看到灯光。作用角依信号灯的用途而定，例如，三个航行灯的总立体作用角应为4π球面度。

（3）一定的色度，以便于观察者确切识别，例如，起落架放下的黄色指示灯应与白色尾灯在照色上有所区别。

为了提高飞机信号灯的易见性以及区别于其他灯光，最好使一些飞机信号灯呈脉动发光状态工作，这样就可避免与其他灯光混淆，例如，飞机的白色尾灯不至于与星光混淆。

3. 信号灯颜色的含义

（1）绿色、蓝色或白色。用来指示系统运行正常或处于安全状态，有时也用来指示某个飞机部件的位置。

（2）琥珀色或黄色。用来指示系统工作不正常而需引起注意，但不一定是危险的情况。

（3）红色。用来向飞行人员发出不安全情况的危急信号，需立即采取纠正措施。

4. 起落架信号灯

利用信号灯来指示起落架的位置。信号灯装在仪表板上，红灯亮，表示起落架已收好；绿灯亮表示起落架已放下。飞机着陆前，如果襟翼已放下，而起落架未放下时，则"放下起落架"警告灯会亮，提醒飞行员勿忘放下起落架。

5. 液压系统信号灯

当液压系统压力下降到某一数值时，液压电门把感受到的压力门限值转变为电信号，用此电信号控制信号灯,告诉飞行员采取相应措施。信号灯一般安装在座舱比较容易观察到的位置,且为红色。有的飞机还在平显上同时出现提示字符和在耳机中有声响报警,通过声、光、字符加强报警效果。

6. 无伞信号灯

使用减速伞的飞机座舱内一般设置无伞红色信号灯,由伞锁钩壳体上的微动电门控制,当伞锁钩处于假锁和真锁状态时,微动电门均断开电路,灯灭。当伞钩打开后,微动电门接通电路,表示无伞,红灯亮。

7. 燃油系统信号灯

信号灯安装在座舱内,它用来显示各油泵的工作情况及各油箱的燃油是否耗尽,如油泵信号灯、剩油警告灯及副油箱油尽信号灯等。

通过这次学习,你都学到了什么东西呢?写在下面吧。

(1) 拆卸信号灯的操作要领是什么?
(2) 信号灯的作用是什么?

项目 2　着陆滑行灯的检修

【教学目标】

知识目标:(1) 知道着陆滑行灯的结构。
　　　　(2) 知道着陆滑行灯的工作原理。
能力目标:(1) 能根据实验科目卡对着陆滑行灯进行修理前的通电检查和总体分解。
　　　　(2) 能根据实验科目卡进行带电动机的减速器组件的分解和摩擦离合器组件的分解。
　　　　(3) 能根据实验科目卡对某型着陆滑行灯进行检修、装配和总装配。
情感目标:(1) 培养分析问题和解决问题的能力。
　　　　(2) 树立认真负责的工作态度,懂得"机务工作无小事"的道理。
　　　　(3) 培养团队协作精神。

（4）培养吃苦耐劳的精神。

【教学重点】

（1）着陆滑行灯的结构和工作原理。
（2）着陆滑行灯修理前的通电检查和总体分解。
（3）带电动机的减速器组件的分解和摩擦离合器组件的分解。
（4）对着陆滑行灯进行检修、装配和总装配。

【教学难点】

（1）如何引导学生通过以前所学知识来分析问题和解决问题，最终归纳总结，达到掌握知识、提高能力的目的。
（2）在学生实际操作中，如何做到有效引导，既充分调动学生的积极性，又要避免一些安全事故的发生。
（3）如何培养学生团结协作的精神，让学生懂得集体利益永远大于个人利益。

  课前任务

请同学们对照教学用飞机，找出着陆滑行灯的位置，观察它的外形。

_____
_____
_____
_____
_____
_____

情境创设

在教学飞机的左右机翼上各装有一个着陆滑行灯，左机翼着陆滑行灯放下角度为88°，用来在飞机着陆时拉平飘飞阶段，照亮机头前方50m~60m处的跑道；右机翼着陆滑行灯放下角度为50°，用来在飞机着陆下滑阶段，照亮机头前方50m~60m处的跑道。

   工作项目：着陆滑行灯的检修

【任务内容】

任务1　修理前通电检查。
任务2　总体分解。
任务3　带电动机的减速器组件的分解。
任务4　摩擦离合器组件的分解。
任务5　带齿轮的某型电动机的分解。
任务6　检修。

任务7　装配。
任务8　总装配。

【任务准备】

准备好教学用飞机、电烙铁、焊锡、焊锡膏、尖嘴钳、镊子、细线绳、剪刀、抹布、胶布。

【任务执行】

任务1　修理前通电检查

（1）检查着陆灯的外观及装配状况。

（2）按照性能检查和调整的要求，检查放下角度、着陆灯空载工作时的电流、着陆灯加额定负荷时电流及摩擦离合器打滑时所需的电流。

（3）检查完毕，向外拧调整螺钉，使着陆灯的活动部分全部放出，然后稍稍吸回，便于分解。

任务2　总体分解

进行如下分解：

（1）剪除所有的锁紧螺钉。

（2）拧出锁紧螺钉，拧下调整螺钉，然后用冲子轻轻冲出垫子。

（3）拧下灯罩与支撑环的连接螺钉。

（4）拧下着陆灯的引线固定螺钉，取下引线，并做好记号。

（5）拧下支撑环，取出胶垫、灯泡和垫圈。

（6）将固定离合器与电动机构的减速器螺钉拧下，将离合器组件取下，再取下带电动机的减速器组件。

任务3　带电动机的减速器组件的分解

（1）接好减速器与试验器电路，通电按下述步骤检查。

① 电压27V，减速器空载运转的需用电流。

② 用手按压减速器的输出轴，观察声音和电流有无变化。

③ 观察减速器运转时，看第一级减速器的轴是否转动。

（2）拧下开关组件的固定螺钉，取出开关组件，注意：先大后小，将开关组件移出壳体。

（3）拧下固定插座的螺钉，并轻转向外伸出导线和插座。

（4）用烙铁将开关组件上的导线及插座1号插钉上的导线焊下，并将1号插钉上两根导线的焊接处分开，然后将插座及电缆从壳体上取下。注意：不要损伤导线，各导线均应按焊接位置做好记号。

（5）拧下固定罩盖的螺钉，用解刀轻轻撬下下盖。撬时，用力要均匀，并注意尽可能不损伤盖与壳体的配合表面。

（6）取下第一级齿轮，注意齿轮两面的垫片，要认真记住数量及厚度。

（7）拧下电动机固定螺钉，取下电动机组件，注意不要拉坏导线。

（8）拧下锁紧螺钉，然后用专用工具取下带环组件及游星齿轮组件。

任务4　摩擦离合器组件的分解

（1）拧下固定端盖的固定螺钉，轻轻撬下端盖，取下离合器输入轴上的垫圈并记住垫圈数量及厚度。

（2）从壳体中取出离合组件、轴承。注意：轴承不分解，只需清洗，更换润滑脂。

任务5　带齿轮的某型电动机的分解

（1）取下罩盖。

（2）通电测量电动机的启动电压、启动电流、空载需用电流及炭刷火花。

（3）按齿轮在电动机轴上的装配位置做好记号，然后用专用工具打下销子，注意：因销子装配较紧，分解时可先用平冲将销子冲松，然后再用直径略小于销子的冲子将销子打出。

（4）将止动垫圈的弯边撬直，然后锁紧螺帽、垫片、刹车盘、垫圈，应记住垫圈的厚度和数量。

（5）拧下电刷的固定螺钉，取下弹簧垫圈及电刷。取下的电刷应按装配位置做好记号。

（6）分解时，应注意以下两点：

① 在分解时，动作应轻缓、细致，特别是有些轴承均是采用冲点铆紧在其壳体上，分解时应特别注意，以免引起上述轴承位置变化而导致装配间隙的改变。

② 分解下来的各主要零件应成套保存，严禁串件。

任务6　检修

对于分解下来的零件，应根据要求用 RH-70 汽油进行清洗、烘干、检查、修理，更换零部件，应适当做好记录，具体检修内容如下。

1. 电动机的修理

（1）检查、修理电动机的电枢、定子，并打磨电刷，使之满足表 4-2 所列性能要求。

表 4-2　性能要求

序号	检查内容	单位	技术要求
1	换向器直径不小于	mm	15
2	换向器径向跳动量不大于	mm	0.015
3	换向器片间槽深不小于	mm	0.5
4	换向器表面粗糙度	μm	Ra0.80
5	电枢绕组电阻值	Ω	1.26±6%
6	定子绕组电阻值	Ω	1.25±6%
7	电磁离合器绕组电阻值	Ω	0.51±7%
8	电刷高度不大于	mm	6

（2）将各轴承清洗并烘干后，添加 7007 号或 7008 号润滑脂。

2. 开关组件的修理

（1）各微动电门应完整，固定应牢靠，在微动电门上的弹簧处于松开状态时，测量其与微动电门顶杆的间隙不应小于 0.5mm。

(2)测量微动电门的接触电阻,应不超过0.5Ω。按下微动电门上的弹簧处于松开状态时,动作声音应清脆。必要时,可将微动电门分解开,进行清洗及检查并打磨触头。

3. 摩擦离合器的修理

1)分解

(1)依次取下卡圈、圆螺母、卡环、半月键、垫圈和钢球,钢球应整套保存,不允许破坏其成套性。

(2)将止动垫圈的弯边撬直后,依次取下圆螺母、止动垫圈、衬套、钢球。钢球共30个,不允许破坏其成套性。

(3)取出输出端套筒组件、钢球。钢球共32个,不允许破坏其成套性。

(4)取下套筒,然后拧下圆螺母,依次取下外衬套组件、弹簧、内衬套组件、铜片、钢片、垫圈。弹簧共15个,不允许破坏其成套性。铜片、钢片按其位置依次穿起来,以保持其原来的接触面。

2)修理

(1)将所有零件用RH-70汽油清洗干净。

(2)检查钢片和铜片,如有黑斑,可用绸布蘸酒精擦洗,严重划伤的铜片、钢片,则应成对地更换。

(3)止动垫圈应更换新品,圆螺母若其冲点部位不影响装配和使用,可继续使用,否则应更换。

任务7 装配

1. 摩擦离合器组件的装配

(1)各零件均用绸布蘸特7号精密仪表脂擦拭,弹簧、滚球等均应涂上特7号精密仪表脂。

(2)按照与分解顺序相反的步骤进行装配,压紧弹簧的圆螺母不要拧得太紧,钢片和铜片应均匀地涂一层掺有5%胶体石墨的精密仪表脂。

(3)装上套筒,然后依次安装钢球(32个)、套筒组件,再装上钢球(30个)、衬套、止动垫圈、圆螺母。圆螺母的拧紧程度以套筒组件既转动灵活,又无轴向间隙为准,然后用锁紧垫圈将圆螺母锁紧。

(4)按先调整钢球、卡圈,后半月键、环,依次安装。然后拧紧圆螺母、卡紧弹簧圈。注意:先将圆螺母拧紧以消除间隙,然后反方向转动圆螺母,使圆螺母与环的间隙为0.15mm~0.3mm,安装卡紧弹簧圈将圆螺母锁住。

(5)将输出端轴承和顶端轴承内涂上特7号精密仪表脂,然后装入壳体,加上垫圈,盖上顶盖,拧紧螺母。注意:装入壳体时,应该对准键槽,轻轻往里推,凭感觉检查摩擦离合器对壳体的轴向间隙为0.05mm~0.3mm,不合格时,用垫圈进行调整。

(6)输出端键和调整垫圈待总装时装配。

2. 带齿轮的电动机的装配

(1)按照分解时相反顺序安装。在电动机无故障时,不必分解电动机,只需检查炭刷及观察电枢表面情况。

(2)在安装时,应检查电枢的轴向间隙不大于0.7mm,电枢转动应灵活。电刷在刷握内的移动应灵活,测量电刷弹簧对电刷的压力应不小于125g,如不合格,应更换电刷弹簧并进行调整。

（3）制动片应沿轴向方向自如活动；制动片的间隙应为 0.2mm ~0.4mm。

（4）通电检查电磁离合器的吸合电流应不大于 2.7A；释放电流不大于 0.8A；测量电动机的全套启动电压应不大于 14V。

（5）电动机在冷状态、20V 电压下，通电测量其两个方向的需用电流均应不大于 1.25A，通电持续时间为每个方向 20s。

（6）电动机的齿轮按原位置安装，压入销子后，在销子的两个端面各冲两点保险。

3. 带电动机的减速组件的装配

（1）将减速器组件的各轴承、齿轮上涂上特 7 号精密仪表脂，涂油量以与轴承圈齐平，齿轮以与齿平齐为好。

（2）按照分解相反的顺序，依次将小轴、游星齿轮组件装入壳体。

（3）在游星齿轮组件第三级输出齿轮上放上适量的调距垫圈，然后装上压好轴承的环组件。装配时，应注意使齿圈的凸台与环组件的凹槽对正，同时环组件的四个螺钉孔应与壳体上的四个孔对正；否则，应调整齿圈凸台的位置，使三者对正。装配时，用力要轻，然后装上螺钉。

（4）用专用工具测量输出轴的轴向间隙，应为 0.08mm ~ 0.15mm，不合格时，增减调距垫圈进行调整。

（5）装上调距垫圈，然后用专用工具装上卡圈，调距垫圈的厚度以装上卡圈后，游星齿轮组件第三级输出的轴与轴承之间无轴向间隙为准，用手转动小轴，其轴转动灵活、平稳，无卡滞现象。

注意：若修理前检查时，减速器性能良好，可将带环的组件的游星齿轮第三级输出齿轮直接压入。装配时，除注意上述问题外，还应该注意使游星齿轮分别与齿圈和中心点啮合好后，再用手压床将其压入。

（6）装上带齿轮的电动机并用螺钉固定，电动机的引线应视其焊接位置分别从相应的孔内穿出。

（7）装上带电缆的插座，电缆应从相应的孔内穿出。将导线按图分别在开关组件和插座上焊好。焊接处应分别套上直径为 3mm 和 4mm 长的硅橡胶绝缘套管，焊接时应使用（ncp－3）高温焊料，然后将插座用螺钉固定。

（8）按照由第一级减速齿轮、垫圈、第二级减速齿轮、垫圈的顺序依次安装，注意使两级齿轮和电动机上齿轮齐平。若不齐平，可调整垫圈。轴承上部的调整垫圈的装配厚度，以与小轴上的卡圈齐平即可，第一级减速齿轮上部的调距垫圈的装配厚度，应使后盖与第一级减速齿轮轴之间的间隙为 0.05mm。

注意：如修理前检查时，减速器性能良好，则调整垫圈可按原数量装配。

（9）装上后盖，但不要拧紧螺钉，这时通电使减速器工作，一边拧紧螺钉，一边观察声音和电流的变化。一般当螺钉拧紧后，电流和声音均无明显变化。

（10）通电检查电压 27V。冷状态时，减速器两个方向的需用电流均不大于 1.6A。不合格时，应检查各装配间隙是否合格，游星齿轮转动是否灵活，涂油量是否过多等。

（11）通电使减速器输出轴的凸块转至所需位置，然后将开关组件先大后小依次放入并装上垫圈，用螺钉固定紧。

（12）调整减速器输出轴的回转角。

着陆灯放下角度为88°的，其减速器回转角为125°～130°；着陆灯为50°的，其回转角为100°～110°，最好调整在100°～105°。

减速器输出轴的回转角用专用工具测量。测量时，拧动带大板片的开关组件的固定螺钉，转动偏心轴进行调整，调整后应将固定螺钉拧紧，然后用 φ0.8 的保险丝成对锁紧螺钉。

任务8　总装配

（1）组装摩擦离合器组件与着陆灯主体。注意离合器应稍稍顶上联杆组件的圆环，但不能过紧，可用手转动灯环感觉。不合格时，可用增减垫圈进行调整。

注意：若修理前检查时着陆灯性能良好，摩擦离合器组件在修理时，各零件均未变动，则可按原来的垫圈进行装配。

（2）在四联杆组件上的各活动关节上涂上少量的特7号精密仪表脂，将减速器组件上的电缆从着陆灯主体的孔内穿出，然后将减速器组件与着陆灯主体组装。

注意：装配时，应尽量避免按压开关组件上的各导线，以免引起导线焊接部位断股或折断。

（3）将电缆固定在主体上，夹子与电缆间应装上直径6mm、长26mm 的6141（5P-129）硅橡胶绝缘管（允许将胶管切开后装入）。

（4）将灯的衬套装到罩上，将电缆从罩的孔中穿出后，将电缆在灯泡上固定，螺钉拧紧后并用卡片锁紧，然后将罩用螺钉拧紧。注意：罩上的刻线应位于灯环的两条刻线之间。

（5）最后，装上连接灯与电动机构的后盖，拧紧螺钉并用锁紧丝锁紧，将所有的紧固螺钉拧紧并用锁紧丝锁紧，装上调整螺钉、垫子和顶丝。

【结果评价】

以小组为单位进行评分，满分100分，课前任务到任务7每项10分，任务8为20分。

课前任务	任务1	任务2	任务3	任务4	任务5	任务6	任务7	任务8

某型着陆滑行灯的结构和主要性能参数

1）构造

着陆滑行灯由电动机、减速器、电磁制动器、凸轮接触装置、摩擦离合器和摇臂连杆结构及灯泡组成。

（1）电动机。

（2）电磁制动器。又称为电磁刹车，其作用有两个：①当灯泡收到极限位置时，电动机断电以后，进行制动，它可使着陆灯不致因震动而瞎掉；②当灯泡放到规定角度后，可防止灯泡被气流吹回。

(3) 减速器。由二级圆柱型齿轮减速器和四级同轴游星齿轮减速器组成,总减速比为4776:1。

(4) 凸轮接触装置。它由一个凸轮和两个微动电门组成。当输出轴转动角度为95°～135°时,断开电动机"放"的电路;全部收上时,断开"收"的电路。一般情况下,着陆灯放下角度为88°,其减速器输出轴的回转角调定为125°～130°;着陆灯放下角度为50°的,其减速器输出轴的回转角调定为100°～105°。

(5) 摩擦离合器。它是一个自动调整滑脱力的摩擦离合器,其作用有两个:①在过载时能保护电动机构;②便于调整灯泡的放下角度,以确保电动机构能确实停在终点位置。

(6) 灯泡。其内有两根灯丝,细而长的为滑行灯丝,短而粗的是着陆灯丝。

2) 主要性能数据

(1) 灯泡部分。

① 额定电压为28V。

② 消耗电流:着陆灯丝不大于8.5A;滑行灯丝不大于6A。

③ 额定功率:着陆灯丝为240W;滑行灯丝为170W。

④ 最大功率:着陆灯丝为264W;滑行灯丝为187W。

⑤ 寿命:着陆灯丝5h;滑行灯丝50h。

(2) 电动机构部分。

① 额定电压为27V。

② 消耗电流:额定负荷下(摩擦离合器未打滑时)不大于2.6A;摩擦离合器滑脱时不大于3.5A。

③ 电磁制动器吸合电流不大于2.7A;电磁制动器释放电流不大于0.8A。

④ 电磁制动器制动力矩不小于0.85kg·cm。

⑤ 电动机额定转速为(13000±1300)r/min。

⑥ 输出端在额定负荷下,着陆灯的放下时间:放50°时不超过7s;放88°时不超过10s。

⑦ 电动机绕组电阻:电枢绕组电阻为(1.26±6%)Ω;串激绕组电阻为(1.25±6%)Ω。

⑧ 电磁制动器绕组电阻为(0.57±7%)Ω。

⑨ 工作状态:短时重复,工作5个循环后,彻底冷却(放下后立即又收上,并休息1min,作为一个工作循环)。

材料阅读

材料 着陆滑行灯的故障分析

某型着陆滑行灯兼有着陆灯和滑行灯的功能,在飞机进行夜航训练时,其作用不可忽视,由于着陆滑行灯平常很少使用,只供飞机在无夜航设备的机场着陆时照明地面,以便目测高度,观察跑道和滑行道。因此,使用维护中应使着陆滑行灯保持良好的正常工作状态,以便在夜航时发挥正常作用。

然而,由于着陆滑行灯构造比较复杂,在维护修理当中稍有不当即可造成故障,长期不使用的着陆滑行灯应定期进行通电检查,以判断工作好坏。

某型着陆滑行灯常可能发生的故障及排除方法如下。

1. 接通电源后电动机构不工作

某型着陆滑行灯的电动机构由电动机、电磁离合器、减速器、凸轮接触装置、摩擦离合器和摇臂连杆机构等组成。在检修过程中，必须严格按照要求检修与装配，对于几个部件的间隙调整必须符合要求，当确保检修、装配没有问题时，若接通电源后电动机构不工作，可能是以下原因造成：

（1）电动机引出线可能因为拆装、折叠而断线。
（2）微动电门触头接触不良。
（3）电刷与整流子不接触或严重接触不良。
（4）电枢绕组或励磁线圈断路。
（5）电磁离合器的制动片吸合不下来。
（6）由于使用期过长，减速器里的润滑脂干涩阻滞，使减速器和轴承卡死、锈死。

若是电动机引出线断头，可重新焊好；若是微动电门接触不良，可重新调整其位置，或打磨擦洗触头，以保证接触良好；若是电动机整流子与电刷接触不好，应根据具体原因擦洗整流子或磨合，更换电刷或调整电刷弹簧弹力或修复弹簧等；若是电枢绕组和励磁线圈断头，应更换；若制动片吸合不了，可根据原因进行排除；若是制动线圈断头，可焊接好；若是制动圆盘与制动片粘住，可用粗砂纸打磨制动圈，并将制动片清洗烘干；若是由于装配时间隙调整不当，则应该重新装配调整好间隙，并重新涂上润滑脂。

2. 电动机构的工作声音不好

工作声音不好，除轴承不好和装配不良外，还可能有以下原因：

（1）减速器中三级同轴游星齿轮减速器每级存在间隙过大。
（2）减速器输出轴的轴向间隙过大。
（3）齿轮啮合不好。
（4）电动机小齿轮与一级普通齿轮之间齿轮啮合不好，不在一个平面内（齿轮不平齐）。
（5）电枢的轴向间隙过大。

若是三级同轴游星齿轮间隙不好，应重新装配；若是输出轴的轴向间隙过大，或齿轮啮合不好，或电动机小齿轮与一级普通齿轮之间的齿轮啮合不好，应该重新装配，并严格按照要求调整好间隙；若是电枢的轴向间隙过大，则应调整。

3. 消耗电流超过2.6A

消耗电流过大，可能由以下原因引起：

（1）电动机有短路。
（2）减速器或轴承因缺润滑油，或者生锈，或者有阻滞等，增大其摩擦。
（3）电刷弹簧压力过大。

此种情况下造成电动机有过热现象，若因装配不当可能造成更大影响。因此，应详细查明其故障所在，然后加以排除。严禁没有查明原因而反复通电。

此外，电动机构还有绝缘电阻低于规定值和工作时电流不稳定等故障，这些主要是电动机电刷部分不干净，导线绝缘不好，以及整流子表面不清洁或有伤痕所致，应一一加以清洗或更换。

学习体会

通过这次学习,你都学到了什么东西呢?写在下面吧。

_____
_____
_____
_____
_____
_____
_____

课后任务

(1) 着陆滑行灯的结构是什么?
(2) 如何对着陆滑行灯进行修理前的通电检查和总体分解?
(3) 如何进行带电动机的减速器组件的分解和摩擦离合器组件的分解?
(4) 如何进行检修、装配和总装配?

项目3　荧光灯的检查与更换

【教学目标】

知识目标:(1) 知道荧光灯的构造。
　　　　(2) 知道飞机上哪些部位使用荧光灯。
能力目标:(1) 能根据实验科目卡更换荧光灯。
　　　　(2) 能叫出工具的名字,能熟练使用本任务中所使用的工具。
情感目标:(1) 培养分析问题和解决问题的能力。
　　　　(2) 树立认真负责的工作态度,懂得"机务工作无小事"的道理。
　　　　(3) 培养团队协作精神。
　　　　(4) 培养吃苦耐劳的精神。

【教学重点】

(1) 荧光灯的结构。
(2) 荧光灯的拆卸方法。

【教学难点】

（1）如何引导学生通过以前所学知识来分析问题和解决问题，最终归纳总结，达到掌握知识、提高能力的目的。

（2）在学生实际操作中，如何做到有效引导，既充分调动学生的积极性，又要避免一些安全事故的发生。

（3）如何培养学生团结协作的精神，让学生懂得团体利益永远大于个人利益。

在生活中，同学们都见过荧光灯（图4-3）了，如教室中的日光灯，那么你能回答下面的问题吗？

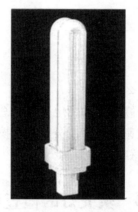

图4-3 日常用的荧光灯外形

课前任务1　荧光灯、白炽灯和LED灯有什么不同？

课前任务2　飞机上哪些地方使用荧光灯？

课前任务3　思考一下，如果教室内的荧光灯坏了，怎么更换？飞机上荧光灯的更换与日常生活中的更换有什么不同？

同学们，如果你们找不到答案也没关系，通过学习本节内容，所有问题都可以解决。

荧光灯用来照射仪表刻度、指针、电门、手柄上的荧光粉，使其发亮，以便夜间飞行时，在照明灯关闭的情况下，能使飞行员看清仪表的指示，准确操纵飞机。

教学飞机上装有两个荧光灯：座舱内左侧一个；驾驶杆上一个。

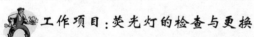

【任务内容】

任务1　观察荧光灯的工作情况。

任务2　更换荧光灯。

【任务准备】

飞机荧光灯;大小号一字解刀。

【任务执行】

任务1　检查荧光灯的工作情况

接通"头盔加温、荧光灯、工作灯及地平仪上锁信号灯"电门(右后配电盘下排)后,依次顺时针转动两个荧光灯变阻器,当变阻器转到点燃位置时,相应的荧光灯应亮(图4-4)。

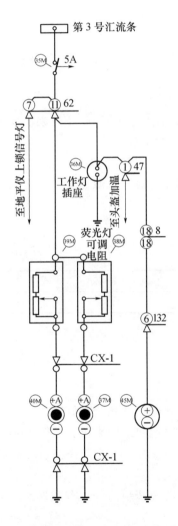

图4-4　荧光灯工作电路

逆时针转动变阻器,灯光应逐渐变暗,不应有闪亮的现象。当变阻器转到断开位置时,灯才熄灭。检查完毕,应将变阻器放在断开位置,关断"头盔加温、荧光灯、工作灯及地平仪上锁信号灯"电门。

任务2　更换荧光灯

1. 更换的步骤

（1）按进入座舱的要求进入座舱。

（2）用手指尖按住灯罩侧面的不锈钢弹簧片（白色），将钢珠压下，逆时针转动灯罩，再往外拉灯罩，即可卸下灯罩。

（3）用双手指按住灯泡，逆时针转动，即可卸下灯泡。

（4）拆下旧灯泡，安装上新灯泡，安装灯罩。

（5）用小号一字解刀调整万向接头的螺钉，调整灯头的紧度和灯头的方向。

（6）装好蓄电池，接好插头，打开飞机电源总电门和"荧光灯、工作灯、头盔加温、地平仪信号电路"电门，通电检查荧光灯的工作情况（是否转动荧光灯可变电阻），查看灯泡光线是否随着可变电阻的变化而变化。

（7）通电检查后，应关掉电门（先关支路电门，后关总电门），最后拔掉电源插头。

2. 注意事项

（1）遵守进入座舱工作的安全规定。

（2）在座舱里工作，一定要清点好工具，防止外来物掉入座舱。

（3）不属于本专业的设备，禁止触摸。

（4）工作中要防止小物件丢失，要认真工作。

（5）通电检查后，要关掉电门，拔掉电源插头。

【结果评价】

以小组为单位进行评分，满分100分，第一项20分，第二项和第三项每项40分。

课前任务	任务1	任务2

飞机光源

利用电能的飞机照明光源有白炽灯和荧光灯。

飞机用的白炽灯按其工作原理和结构来说，与普通的白炽灯没有原则上的区别。飞机用白炽灯的特点是外廓尺寸小、耐震、发光效率高、使用寿命较短。

白炽灯由如下主要部分构成：

（1）优质的普通玻璃或耐熔玻璃制的灯泡有球形的、棒形的、梨形的和顶灯形（舞台上用的）的。

（2）灯泡座，有单接触点的、双接触点的、普通的或聚焦的。

（3）灯丝，为难熔的金属丝（钨丝），固定在支脚上，支脚可将电流输至灯丝。

所有飞机用白炽灯与普通的白炽灯一样，对电压的变化特别敏感。如果电压发生变化，灯的所有主要参数，即使用寿命、消耗功率、单位发光效率和总发光效率等都将改变。特别是电压的大小对灯的使用寿命有很大的影响。

各种形式的外部照明设备和大部分的内部照明设备都采用白炽灯。光源有两个主要部分:白炽灯泡及其附件(灯座)。附件供以分配光通,以及安装、固定和保护白炽灯使用。在个别情况下,灯泡与附件结成一个整体。

白炽灯已标准化,功率为3W~600W。

各型灯的标记都标注在灯座壳体上,如指明电压、功率和出厂日期等。

荧光灯可发出紫外线,在照射到仪表板上的仪表刻度、仪表指针以及某些开关上时显得分外醒目。

学习体会

通过这次学习,你都学到了什么东西呢?写在下面吧。

课后任务

(1) 荧光灯的功用是什么?
(2) 进入座舱工作的安全规定是什么?
(3) 在座舱里工作,为什么要清点好工具?

项目4　座舱灯的检查

学习指南

【教学目标】

知识目标:(1) 了解在飞机座舱里工作必须遵守的规定。
　　　　　(2) 知道座舱灯的功用。
能力目标:(1) 能根据实验科目卡判断座舱灯的好坏。
　　　　　(2) 可以更换座舱灯。
情感目标:(1) 培养分析问题和解决问题的能力。
　　　　　(2) 树立认真负责的工作态度,懂得"机务工作无小事"的道理。
　　　　　(3) 培养团队协作精神。

（4）培养吃苦耐劳的精神。

【教学重点】

（1）座舱灯的作用。
（2）座舱灯的检查和更换方法。

【教学难点】

（1）如何引导学生通过以前所学知识来分析问题和解决问题，最终归纳总结，达到掌握知识、提高能力的目的。
（2）在学生实际操作中，如何做到有效引导，既充分调动学生的积极性，又要避免一些安全事故的发生。
（3）如何培养学生团结协作的精神，让学生懂得集体利益永远大于个人利益。

 课前任务

请同学们对照教学用飞机，找出座舱灯在什么位置。

课前任务1　找出座舱灯的位置。
课前任务2　说出座舱灯的作用。
课前任务3　能根据图4-5考虑如何对座舱灯进行检查。把步骤写在下面。

_____

_____

同学们，如果你们找不到答案也没关系，通过学习本节内容，所有问题都可以解决。

 情境创设

座舱灯常用低压白炽灯作为光源，用于在夜间及能见度较差的条件下飞行时机舱内的照明。用于舱内照明，发白光，由于光线较强，夜航时容易破坏暗适应，且夜战时容易暴露目标，因此只适用于短时间使用或供查看地图时用。

下面来学习座舱灯的拆卸吧。

 工作项目：座舱灯的检查

【任务内容】

任务1　检查座舱灯的照明情况。
任务2　座舱灯的拆卸。

【任务准备】

准备好飞机座舱灯、大小一字解刀。

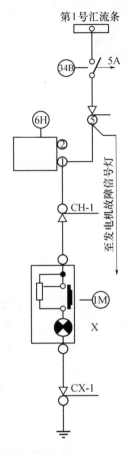

图 4-5　座舱灯工作电路

【任务执行】

任务1　检查座舱灯的照明情况

接通"发电机故障灯、座舱灯、转弯仪"电门（左配电盘下排后），按下座舱灯上的按钮，座舱灯应最亮；松开按钮时灯灭，见图4-5。

转动座舱灯可变电阻，座舱灯的亮度应均匀改变，灯光不应闪烁。检查后，将座舱灯可变电阻放在断开位置，然后断开"发电机信号、座舱灯、转弯仪"电门。

任务2　座舱灯的拆卸

1. 拆卸座舱灯的步骤。

（1）按要求进入座舱。

（2）用一字解刀拧下灯体侧面的固定螺帽，将灯罩卸下。

（3）双指尖按住灯泡，往左转动，即可卸下灯泡。检查座舱灯的灯泡，不应发黑，灯丝不应松弛，灯座和玻璃体不应松动。

（4）检查后，按与拆卸相反的步骤将座舱灯装好。

（5）转动座舱灯安装支架根部的羊角螺帽，调整好支架的紧度。

（6）用一字解刀调整座舱灯的安装万向支架的紧度。

2. 注意事项

(1) 遵守进入座舱工作的安全规定。

(2) 在座舱里工作时,一定要清点好工具。

(3) 工作中要防止小物件丢失,要认真操作。

【结果评价】

以小组为单位进行评分,满分100分,第一项20分,第二项和第三项每项40分。

课前任务	任务1	任务2

1. 民航飞机的座舱灯

民航飞机的机内照明主要是依靠座舱灯。座舱灯的种类很多,有壁灯、舱顶灯、阅读灯和一般座舱灯等,供飞行员、领航员、报务员、座舱、客舱、货舱、通道等场所使用。有的座舱灯设计成密封式的,用橡皮垫圈将防护玻璃紧嵌在灯罩内。座舱灯的形状各种各样,如防护玻璃应制成乳白色的或颗粒状的,这样可以使光线较为柔和。

有的座舱灯仅起局部照明作用,如乘务员工作灯、座舱仪表板工作灯等。

2. 进出座舱的方法

1) 进入座舱

(1) 进入座舱之前,应先清点需要带入座舱的工具、抹布等物件,以便工作完后如数带出座舱,避免工具、抹布遗留在座舱内,妨碍操纵。同时,还应刮除鞋上的泥土,以免将泥土带入座舱。必须从座舱左侧进入座舱。

(2) 开盖前,检查座舱盖周围,应没有障碍物,以判明抛盖活门的薄膜没有漏气(开盖、密封手柄处应该没有漏气声,主压缩空气系统压力无下降),如果怀疑薄膜破裂,应当通知座椅专业人员进行处理。

(3) 打开座舱盖。打开座舱盖的外开把手,顺时针转动外开把手到底,座舱盖即自动解除密封(如果原来是密封的)并打开。

座舱盖打开后,将外开把手恢复原状态。

(4) 检查座舱。按进入座舱安全规定的要求判明各保险装置、电门、手柄等应处于规定位置。

(5) 用手扶住座舱边缘,跨入座舱,脚可踩在座椅的脚踏板上(座椅上没有伞包时,可踩在座椅底板上),随后便可坐下。

2) 出座舱

(1) 用手扶住座舱边缘,跨出座舱。但出座舱后,应再次检查座舱,以判明座舱内的电门、开关、手柄等确实处于规定位置。

(2) 判明座舱盖周围确已没有障碍物后,关闭座舱盖。关闭的方法是:打开座舱盖的外开把手,逆时针转动外开把手到止动位置(此时侧位锁销被止动挡住,因而使外开把手不能继续逆时针转动),待座舱盖平稳落下,由侧位锁的锁环压下止动片后,再逆时针转动外开把手到底,先使座舱侧位锁的锁销伸出锁环而上锁,继而关闭开盖放气活门(使开盖动作筒不能通大气放气,以保证空中应急抛盖时动作筒能来气完成助抛作用),并保证密封手柄能够前推完成座舱密封。

3. 进出座舱的注意事项

(1) 关闭座舱盖时,不得施加外力,以免座舱盖猛开、猛关造成事故。

(2) 进出座舱时,严禁碰撞推压瞄准具,以免改变瞄准具的校准位置。

材料 飞机驾驶舱灯光暗亮系统故障分析

1. 故障现象

2009 年 2 月 13 日,2539 飞机机组反映 P5 板灯光放在暗亮位时,部分灯光依然保持明亮。针对此故障,进行灯光暗亮测试,发现放暗亮位时,皮托管加温面板指示灯光在明亮位,其他灯光正常暗亮。根据 WDM33-18-01 分析,先后检查飞机的继电器 R33、R34 及 M564(主暗亮组件)进行串件判断,故障依旧。由于停场时间不足,保留。对 WDM 进一步分析,对 M208、M209、M210 进行量线,发现 M208 二极管失效,由于航材未到,次日更换 M208 后恢复正常。

2. 基本原理

主暗亮测试电门 MD&T(TEST/BRT/DIM)位于 P1 板,用于灯光检查与按需灯光亮度可调。开关位于 BRT 位时,R33 与 R34 继电器没有被激励,电路通过 R33 使灯光明亮。当开关位于 DIM 位时,R34 继电器被激励,电路通过二极管减压使灯光暗亮。当开关位于 TEST 位时,R33 继电器被激励,使所有灯光明亮。

3. 故障分析

无法保持暗亮故障有以下几种可能:

(1) 开关无法保持在 DIM 位。

(2) R34 继电器没有被激励。

(3) 二极管无效。

(4) 线路短路。

通过分析可知,故障现象为仍有灯光能保持暗亮,说明开关故障的可能性可以排除。R34 继电器故障以及二极管被击穿的可能性最高,且备忘录上也常有提到二极管被击穿的现象。线路故障基本都会放到最后排除。由于对串过 R34 继电器,剩下只有二极管与线路故障的可能性。通过 WDM 分析,通过 R34 减压的二极管有三个,分别是在 M208、M209、M210 组件上,如何判断是哪个组件故障,就要找出对应组件所控制的对应故障暗亮灯光,发现 M208 组件正好与故障灯光一一对应。再对 M208 进行阻值测量,与 M209、M210 进行对比,证实二极管失效,更换 M208 后灯光暗亮系统恢复正常。

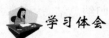

通过这次学习,你都学到了什么东西呢? 写在下面吧。

课后任务

(1) 进入座舱的要求是什么?
(2) 在座舱里工作的注意事项是什么?
(3) 拆卸座舱灯的操作要领是什么?

项目5　航行灯的检查与拆装

【教学目标】

知识目标:(1) 了解航行灯的功用。
　　　　 (2) 了解航行灯的固定方式。
能力目标:(1) 掌握航行灯的拆卸技巧。
　　　　 (2) 掌握航行灯的基本维护技能。
情感目标:(1) 培养分析问题和解决问题的能力。
　　　　 (2) 树立认真负责的工作态度,懂得"机务工作无小事"的道理。
　　　　 (3) 培养团队协作精神。
　　　　 (4) 培养吃苦耐劳的精神。

【教学重点】

(1) 航行灯的作用和固定方式。
(2) 航行灯的拆卸技巧和基本维护技能。

【教学难点】

(1) 如何引导学生通过以前所学知识来分析问题和解决问题,最终归纳总结,达到掌握知识、提高能力的目的。
(2) 在学生实际操作中,如何做到有效引导,既充分调动学生的积极性,又要避免一些安全事故的发生。

（3）如何培养学生团结协作的精神，让学生懂得集体利益永远大于个人利益。

课前任务

对照教学用飞机或者其他类型飞机的图片，如图4-6~图4-8所示，找出航行灯的位置。

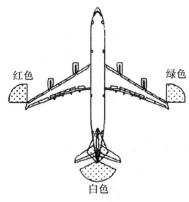

图4-6　航行灯的分布

图4-7　左翼尖航行灯

图4-8　阿尔法喷气教练机机尾航行灯

课前任务1　找出航行灯的位置。
课前任务2　说出航行灯的作用。
课前任务3　想想如何对航行灯进行检查。把步骤写在下面。

同学们，如果你们找不到答案也没关系，通过学习本节内容，所有问题都可以解决。

情境创设

航行灯的作用是为了避免空中的交通事故。天空虽然非常辽阔，但是现代飞机的速度很快，因此仍然会有对撞的危险。要避免空中对撞事故，除了对定期航班的民航飞机规定有一定的航线以外，飞行员在空中还必须注意观察前后左右的情况。为了便于飞行员观察周围有无飞机，随时了解其他飞机与自己航向的位置，在夜航时，要在飞机的左右两侧和尾部开三盏航行灯：从飞行员的位置来看，红灯总是装在左翼尖，绿灯装在右翼尖，白灯装在机尾。三盏灯可以连续燃亮，也可以断续燃亮。如果航行灯出了故障，是很危险的。

工作项目：航行灯的检查与拆装

【任务内容】

任务1 检查航行灯的工作情况。

任务2 航行灯的拆装。

【任务准备】

准备好航行灯、中号一字解刀、十字解刀、鱼口钳。

【任务执行】

任务1 检查航行灯的工作情况

某型飞机航行灯的工作特点是：亮度可以改变，以适应于暗夜、明夜和地面等不同情况的要求，还可以工作在"闪光"状态，用于仪表条件下的飞行或准备加入编队的飞行。

"航行灯亮度转换"电门有四个工作位置："亮"、"暗"、"闪光"和"断开"。

接通"起落架信号、阻力伞信号、航行灯、阻力伞电路"电门。

操纵左操纵台壁上的"航行灯转换"电门，航行灯的亮度应与电门位置所表明的一致，如图4-9所示。

如有雨、雪，在通电之前应擦去落在灯罩上的雨雪，以免玻璃炸裂。地面通电不要长时间把电门放在"大"的位置，以免烧坏灯泡或使玻璃罩发生炸裂。

检查完毕，将转换电门置于"断开"位置。

任务2 航行灯的拆装

航行灯的结构如图4-10所示。

1. 翼尖航行灯的拆装

（1）用十字解刀拧下翼尖航行灯保护蒙皮上的十字固定螺钉（共20个），使保护蒙皮与机翼蒙皮分开。

（2）用一字解刀拧下翼尖灯玻璃灯罩上的螺钉，取下灯罩和橡胶垫（要防止灯罩上的铅垫丢失）。

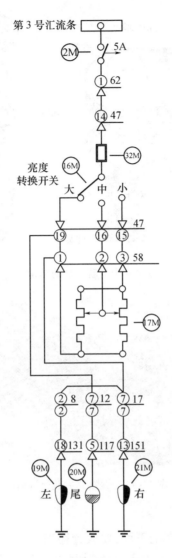

图 4-9 航行灯工作电路

（3）用手指捏住灯泡，逆时针转动一个角度，取出灯泡。

（4）检查灯泡的质量。灯泡的玻璃不应发黑，灯泡的灯丝不应松弛，灯座和玻璃不应松动。

（5）用一字解刀拧下翼尖航行灯灯座与蒙皮的固定螺钉，使灯座和机体蒙皮分开。图 4-11 为拆除翼尖航行灯后。

（6）双手拧下航行灯导线的固定螺帽，将胶木座拉出，检查胶木座上正极线的焊接情况，导线不应有损伤痕迹。

（7）检查航行灯处的导线，要固定牢固，不应有磨损现象。

（8）安装步骤与拆卸步骤相反。注意：灯座安装好后，航行灯灯罩下面的橡皮垫圈和玻璃上面的铅垫圈要装好。拧螺钉时，用力要适当，以免压碎和压裂灯罩（在飞行中，若出现灯罩玻璃裂纹现象，就是螺钉拧得太紧所致）。

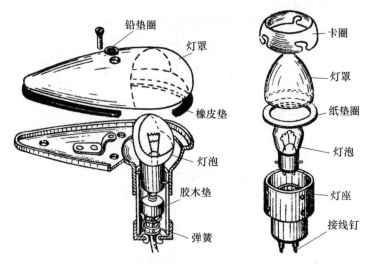

图4-10 航行灯的结构

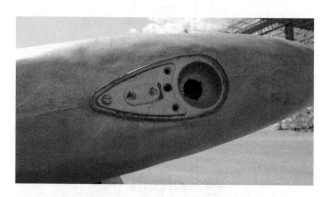

图4-11 拆除翼尖航行灯后

2. 航行尾灯的拆装

（1）将工作梯放在垂直尾翼的下面，要放置稳当。

（2）拆卸时，用一字解刀拧松固定灯座侧面的三个小螺钉（不要拧下），逆时针将灯罩卡圈转动一个角度，将卡圈、玻璃灯罩和纸垫圈一同取下。

（3）用手指捏住灯泡，逆时针转动一个角度，将灯泡取下。

（4）检查灯泡。灯泡的玻璃不应发黑，灯泡的灯丝不应松弛，灯座不应松动。

（5）拧下固定灯座的三个小螺钉，将灯座取出。

（6）拧松两个接线铜螺钉，将导线抽出，即可取下灯座。

（7）检查导线的完好状况，不应有断丝现象。

（8）安装顺序和拆卸顺序相反，但要注意将灯罩下面的纸垫圈垫好。

3. 注意事项

（1）操作时，要放好工作梯。上下梯子时要防止滑倒、摔伤，注意安全。

（2）拆下的玻璃灯罩和灯泡要放置好，防止摔碎。

（3）安装灯罩时，要注意将灯罩上的铅垫和下面的纸垫、橡胶垫圈垫好，防止丢失。

（4）拧灯罩螺钉时，不可用力过大，以免压裂、压碎灯罩。

(5) 在拧尾灯侧面的固定螺钉时,要一手扶住解刀的刀口,另一只手转动解刀,防止解刀滑脱戳伤眼睛。

【结果评价】

以小组为单位进行评分,满分 100 分,课前任务 20 分,任务 1 和任务 2 每项 40 分。

课前任务	任务 1	任务 2

航行灯(Navigation Light)

航行灯又称导航灯,其主要功能是夜航时指示飞机在空中的位置及航向,必要时可用来进行飞机与飞机之间或飞机与地面之间的紧急联络。夜间在地面进行发动机试车、飞机滑行和牵引时,也用来标志飞机的位置和外部轮廓,以免车辆、人员与飞机相撞。航行灯的颜色色度图按国际照明学会(CIE)规定的三色坐标系统表示,以便与星光和地面灯光相区别。一般左翼尖或靠近左翼尖处设红灯;右翼尖或靠近右翼尖处设绿灯;飞机尾部设白灯。俗称左红、右绿、尾白。每个航行灯由光源、反射器和滤光罩组成。在大型飞机上,为提高航行灯工作的可靠性和增大航行灯的作用距离,常采用几只功率为数十瓦的航空白炽灯泡装在同一灯具内的航行灯。

夜航飞机打开航行灯以后,飞行员观察情况就方便了。如果飞行员看到有一架飞机与自己在同一高度上,而且只看到红、绿两盏灯,这说明对方正在迎面而来,有对撞的危险,必须设法避开;如果只见到一盏灯光,那就说明对方是在自己的左侧或右侧;如果三盏灯同时可见,则说明对方在自己的上空或下空飞行,这两种情况是没有危险的。

材料 航行灯的故障分析

航行灯的故障分析如表 4-3 所列。

表 4-3 航行灯的故障分析

故障现象	故障原因	排故方法
三个灯泡都不亮	断路器跳闸	接通断路器
	控制开关失效	更换开关
	线路故障	修理线路
三个灯中的一个不亮	灯泡损坏	更换灯泡
	线路故障	修理线路

通过这次学习,你都学到了什么东西呢? 写在下面吧。

课后任务

(1) 航行灯的功用是什么？
(2) 维护操作技巧是什么？

模块 5　飞机电气系统电路分析

项目 1　飞机操纵系统电气设备电路分析

【教学目标】

知识目标:(1) 知道襟翼收放电路的工作原理。
　　　　(2) 知道水平安定面配平警告电路的工作原理。
　　　　(3) 知道起落架收放操纵电路的工作原理。
　　　　(4) 知道调整片电动操纵电路的工作原理。
能力目标:(1) 能看懂电路图;
　　　　(2) 根据操纵系统电气设备电路,会分析由于电路故障引起的故障。
情感目标:培养分析问题解决问题的能力。

【教学重点】

(1) 会分析操纵系统电气设备电路的工作原理。
(2) 解决由于电路故障造成的操纵系统工作不正常的问题。

【教学难点】

(1) 如何引导学生通过以前所学知识,来分析问题和解决问题,最终归纳总结,达到掌握知识、提高能力的目的。
(2) 如何引导学生学会电路分析的方法。
(3) 如何培养学生团结协作的精神,让学生懂得团体利益永远大于个人利益。

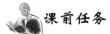

请同学们根据图 5-1,完成下列任务。
课前任务 1　将图中字母所表示的飞机操纵面名称填写在下面的横线上。
　　A _____　　B _____　　C _____
　　D _____　　E _____　　F _____
　　G _____　　H _____　　I _____

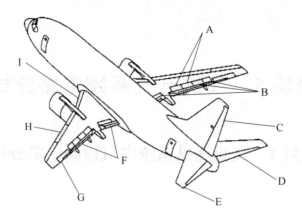

图 5-1 飞机操纵面

课前任务 2 操纵各个操纵面,对飞机的飞行姿态有什么影响?

_____
_____
_____
_____

课前任务 3 思考襟翼、水平安定面、起落架收放和调整片操纵是如何实现电气控制的?

情境创设

飞机操纵系统是供飞行员对飞机起飞、爬升、巡航、着陆和滑行实施操作的一整套机电或液压设备。由飞行员人工操纵或由飞机自动控制系统操纵飞机各舵面或调整片来实现飞机姿态的调节。

工作项目:飞机操纵系统电气设备电路分析

【任务内容】

任务 1 襟翼收放电路的分析。
任务 2 水平安定面配平警告电路分析。
任务 3 起落架收放操纵电路分析。
任务 4 调整片电动操纵电路分析。

【任务准备】

准备好襟翼收放电路图、水平安定面配平警告电路图、起落架收放操纵电路图、起落架手柄锁控制电路图、调整片电动操纵电路图。

【任务执行】

任务 1　襟翼收放电路的分析

首先根据图 5-2 对襟翼的收上电路进行分析：

（1）接通位于配电板上的保险电门 K_1，将位于中央操纵台上的襟翼操纵电门 K_2 置于"收上"位置，即 1 与 2 接通。

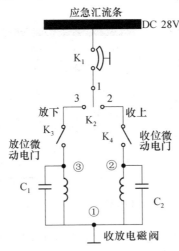

图 5-2　襟翼收放工作电路

（2）此时，机上 28V 直流电压由应急汇流条经保险电门 K_1 至襟翼操纵电门 K_2 的 1-2 触点，加至装在中翼右侧后梁上的收上位置终点电门 K_4 的触点，最后加至襟翼收放电磁阀的收上线圈②-①而接地。

（3）这时，收放电磁阀动作后打开收上襟翼的液压油路，把襟翼收上。当襟翼收至 0°时，收上位置终点电门 K_4 的两触点断开收上电路。

（4）切断收上液压电路，使襟翼保持在收上状态。这时，襟翼放下位置终点电门 K_3 的两触点处于接通位置，为放下襟翼操作做好电路准备。为了防止电磁线圈断开电路时产生的自感电动势在终点电门触点上产生的火花，在收放电磁阀的②端并接电容 C_2。

然后根据图 5-2 对襟翼的放下电路进行分析：

（1）设襟翼处在收上状态，将位于中央操纵台上的襟翼操纵电门 K_2 置于"放下"位置，即 1 与 3 接通。

（2）此时，机上 28V 直流电压由应急汇流条经保险电门 K_1 至襟翼操纵电门 K_2 的 1-3 触点，加至放下位置终点电门 K_3 的触点，最后加至襟翼收放电磁活门的放下线圈③-①而接地。

（3）这时，收放电磁阀动作后打开放下襟翼的液压油路，把襟翼放下。当襟翼放到 38°时，放下位置终点电门 K_3 的两触点断开放下电路。

（4）切断放下液压电路，使襟翼保持在放下状态。这时，襟翼放下位置终点电门 K_4 的两触点处于接通位置，为收上襟翼操作做好电路准备。为了防止电磁线圈断开电路时产生的自感电动势在终点电门触点上产生的火花，在收放电磁活门的③端并接电容 C_1。

根据图5-3,首先分析紧急放下襟翼的控制电路:

(1) 接通紧急放下襟翼保险电门 K_3,接通紧急放下襟翼操纵电门 K_6。28V 直流电压由汇流条,经由保险电门 K_3 和操纵电门 K_6 的2-1触点,使紧急液压油泵接触器 J_2 和紧急液压油泵电动机 F_1 工作,同时因接触器 AN_1 的活动触点3和固定触点1-2接通,使紧急油泵工作指示灯 VD_1 燃亮。

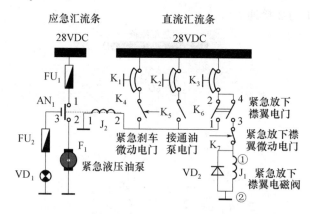

图5-3 紧急液压泵和紧急放下襟翼工作电路

(2) 紧急放下襟翼操纵电门 K_6 的4-3触点接通,使28V 直流电经紧急放下襟翼终点电门 K_7 的触点加至紧急放下襟翼电磁阀 J_1 的电磁线圈①-②接地,接通紧急放下襟翼的液压油路,使襟翼放下。

(3) 襟翼放下之后压断终点电门 K_7,断开紧急放下襟翼电磁阀 J_1 的电路。为防止电磁阀 J_1 断开电路时产生的自感电动势,使终点电门 K_7 产生火花。在电磁阀 J_1 线圈两端并联有二极管 VD_2,用以短路电磁阀自感电动势。

根据图5-3,分析正常刹车液压源的电路:

(1) 接通刹车系统保险电门 K_2,接通液压泵操纵电门 K_5。

(2) 使紧急液压油泵接触器 J_2 和紧急液压油泵电动机 F_1 工作,同时因接触器 AN_1 的活动触点3和固定触点1-2接通,使紧急油泵工作指示灯 VD_1 燃亮,以保证向正常刹车系统供压。

根据图5-3,最后分析紧急刹车液压源的电路:

(1) 在接通了紧急刹车系统保险电门 K_1 的条件下,如需要压动紧急刹车手柄时,将使手柄上的微动电门 K_4 接通。

(2) 使紧急液压油泵接触器 J2 和紧急液压油泵电动机 F_1 工作,同时因接触器 AN_1 的活动触点3和固定触点1-2接通,使紧急油泵工作指示灯 VD_1 燃亮,以保证向紧急刹车系统供压,进行紧急刹车。

任务2　水平安定面配平警告电路分析

飞机停放在地面时,需要将中央操纵台左侧的水平安定面配平轮调到最前面,使水平安定面下垂,停在使机头下俯的位置上。当飞机起飞时,水平安定面应调整到水平位置,如在起飞时水平安定面仍在下垂位置,将发出警告信号。根据图5-4,分析水平安定面配平警告电路的工作原理:

若在起飞时水平安定面仍在下垂位置,这时受配平轮控制的微动电门 K_4 被压通,从直流汇流条来的电流经减震柱继电器闭合触点和微动电门接通的触点 K_4 加至中央警告系统,在警告牌的"操纵"窗口发出警告信号。

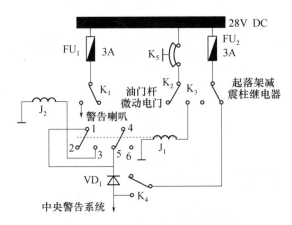

图 5-4　水平安定面配平警告电路

飞机已滑出准备起飞时,将油门杆推大之后,将发出警告。根据图 5-4,分析起飞不安全警告电路的工作原理:

(1) 飞机已滑出准备起飞时,将油门杆推大之后,被油门杆控制的微动电门 K_2 压通。

(2) J_1 继电器吸通工作,J_1 的触点 1-3 接通,使起飞不安全警告继电器 J_2 通电,吸合其触点,经此触点将直流电加到警告喇叭,警告喇叭发出警告音响信号。

任务 3　起落架收放操纵电路分析

图 5-5 所示为利用电器元件操纵液压电磁阀,开关液压油路,驱动液压作动筒对起落架进行收放控制的起落架收放操纵电路。起落架收放操纵电路主要组成元件有自动保险电门 K_1、收放起落架操纵电门 K_2、地面联锁终点电门 K_4、储压器充压电磁阀线圈 L_1、收放操纵电磁阀 L_2 和 L_3、起落架应急收起电门 K_3,以及与电磁阀线圈反向并联用于消除自感电动势的二极管 VD_1、VD_2 和 VD_3 等。

根据图 5-5,首先分析正常情况下在空中收起起落架的工作原理:

(1) 接通保险电门 K_1,将起落架操纵电门 K_2 置于收上位置,这时 28V 直流电压由汇流条,经由保险电门 K_1 和操纵电门 K_2 的 1-2 触点和 4-5 触点接通。

(2) 收上触点至地面联锁终点电门 K_4 触点 3,此终点电门因飞机离地减震柱放松伸开,不再压动此电门,K_4 触点 3-4 接通,直流电由此加至收放电磁阀的收上线圈 L_2,于是打开收上起落架液压油路电磁阀,将起落架收上。

(3) 经操纵电门 K_2 收上触点 1-2 的来电还加至储压器充压电磁阀线圈 L_1,使其停止储压,全部压力用于加速收上起落架。

根据图 5-5,然后分析应急情况在空中收起起落架的工作原理:飞机起飞后,应将起落架收上。若此时联锁终点电门 K_4 失效,K_4 的触点 3-4 接触不良时,可接通应急收上起落架电门 K_3,使起落架收上,减少阻力,以免造成不必要的返航。

根据图 5-5,最后分析着陆前放下起落架的工作原理:

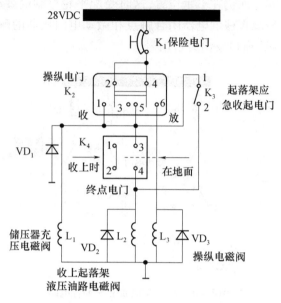

图 5-5 起落架收放操纵电路

（1）接通保险电门 K_1，将起落架操纵电门 K_2 置于"放下"位置，这时 28V 直流电压由汇流条，经由保险电门 K_1 和操纵电门 K_2 的 2-3 触点和 4-6 触点接通。

（2）直流电经操纵电门 K_2 的 4-6 触点加至操纵电磁阀放出电磁线圈 L_3，打开放下起落架液压油路电磁阀，将起落架放下。

（3）当飞机着陆轮子接地后减震柱被压缩，地面联锁终点电门 K_4 受压，使触点 3-4 断开，切断了正常的起落架收起电路，防止在地面时误将起落架收起。但要特别注意，在地面上如接通紧急收上起落架电门，仍可收起起落架，所以在地面上禁止接通紧急收起起落架电门。

任务 4　调整片电动操纵电路分析

调整片操纵电门是一个手柄有弹性的电门，平时手柄处于中立，使用时用手柄将两侧压动，用以接通电动操纵机构，使传动杆伸出或收回，松开手柄又弹回中立位置。

在驾驶舱内安装调整片操纵电门时，要符合操纵习惯。例如，安装升降舵调整片操纵电门时，应使操纵手柄和驾驶杆的操纵向一致，即平时中立，向前压手柄应使飞机下俯，向后压手柄应使飞机上仰。

根据图 5-6，分析调整片电动操纵机构的工作原理：

实现调整片改变转向的原理是改变电动机的旋转磁场的方向，当操纵电门手柄压向"伸出"触点时，电源经熔丝和"伸出"触点到 4 号插钉，经过左转励磁到电动机的 B 端，再经过电动机的 A 端到 1 号插钉接地，电动机工作后使传动杆向外伸出；但电门手柄压向"收回"触点时，电源经熔丝和经"收回"触点到 2 号插钉，经过右转励磁到电动机的 B 端，再经过 1 号插钉接地，电动机工作后使传动杆向外收回。当调整片与舵面取齐时，正好是信号接触装置触点接通时刻，中立位置信号灯经 3-1 插钉与电源接通，中立灯亮表示调整片中立。

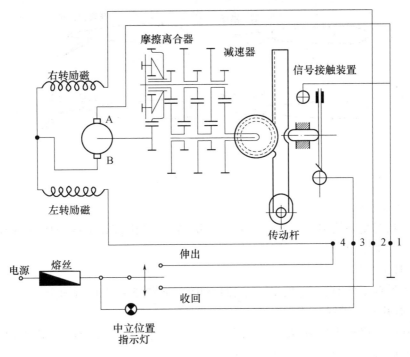

图 5-6 调整片电动操纵机构

【结果评价】

以小组为单位进行评分,满分 100 分,每项 20 分。

课前任务	任务1	任务2	任务3	任务4

1. 襟翼的功用

放下襟翼可以提高升力,同时也增大阻力,通常用于着陆。有的飞机为了缩短起飞滑跑距离,起飞时也放襟翼,但起飞时放下角度很小。

2. 后缘襟翼

1)简单襟翼

简单襟翼是指装置在机翼后缘可绕转轴转动的小翼面。不使用时,闭合成为机翼后缘的一部分;使用时绕轴向下偏转。它的增升原理是改变机翼剖面形状,增大机翼弯度,使上翼面气流加速,下翼面气流减速,增大上下翼面压力差,从而增大升力,如图 5-7(a) 所示。

2)开裂式襟翼

开裂式襟翼是指装置在机翼下表面一块可绕轴转动的板件。不使用时收回,紧贴合在机翼下表面,成为机翼后缘下表面的一部分;使用时绕轴向下打开,如图 5-7(b)所示。

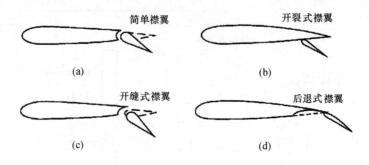

图 5-7 后缘襟翼

3）开缝式襟翼

开缝式襟翼是在简单襟翼基础上做了改进,将转轴由襟翼前缘正中移到襟翼前缘下表面,如图 5-7(c)所示。

4）后退式襟翼

后退式襟翼工作时,一边后退,一边向下偏转,如图 5-7(d)所示。

5）后退开缝式襟翼

后退开缝式襟翼工作时,襟翼一边向后退,一边向下偏转;同时,又在襟翼前缘与机翼后部之间形成收敛式缝隙,如图 5-8 所示。

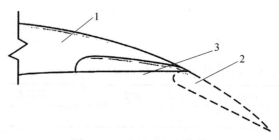

图 5-8 后退开缝式襟翼
1—机翼；2—襟翼；3—缝隙。

6）双缝或三缝襟翼

在襟翼前缘安装一片小翼面,或两片小翼面。使用襟翼时,襟翼一边后退,一边向下偏转,小翼面和主襟翼分开形成两条或三条收敛式缝隙,如图 5-9 所示。

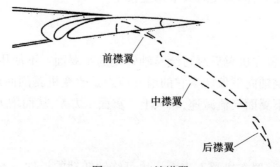

图 5-9 三缝襟翼

3. 前缘襟翼

1）下垂式前缘襟翼

下垂式前缘襟翼就是一个可操纵的机翼前缘，不使用时，保持机翼前缘原形，如图 5-10(a) 所示；使用时，在作动筒驱动下，整个前缘向下滑动，形成下垂的机翼前缘，如图 5-10(b) 所示。

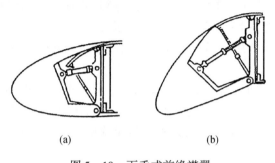

图 5-10 下垂式前缘襟翼
(a) 襟翼闭合；(b) 襟翼放下。

2）克鲁格襟翼

克鲁格襟翼位于机翼的前缘，它是机翼前缘下表面的一块面板，如图 5-11(a) 所示。不使用时，紧贴在机翼前缘下表面，形成机翼外表面；使用时，作动筒向外伸出推开克鲁格襟翼，使其绕前面的转轴转动，向前下方打开，如图 5-11(b) 所示。

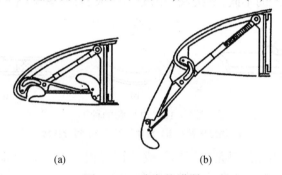

图 5-11 克鲁格襟翼
(a) 克鲁格襟翼闭合；(b) 克鲁格襟翼打开。

4. 水平安定面

水平安定面的作用是当飞机起飞、着陆和受到强烈气流影响时，作为飞机的配平机构保持飞机平稳飞行。

水平安定面配平操作的动力源可以是液压动力，也可以由大型电动机机构直接操纵，如波音系列的一些飞机就是用电力操纵的。其控制方式可以是自动控制，也可以人工控制。人工控制时，一般是利用中央操纵台上的水平安定面配平轮，使水平安定面向上或向下转动到所需要的角度。

5. 调整片

飞机主要操纵面（副翼、升降舵、方向舵）后缘的铰接小翼面或可调小翼片称为调整片。飞机中出现俯仰不平衡，驾驶员使用带杆的方法可以重新保持俯仰平衡，但要长时间带杆,会造成驾驶员的疲劳,因此飞机升降舵、副翼和方向舵上都装有调整片。

利用升降舵调整片来使升降舵偏转,以保持飞机的俯仰平衡。利用方向舵调整片可使方向舵偏转,以保持飞机方向平衡。利用副翼调整片可使副翼偏转,以保持飞机横侧平衡。

6. 终点开关

终点开关要在较大的外力作用下才能转换电路,它在飞机操纵机构中有着广泛的应用。例如,在起落架收起达到预定的位置后,起落架收起终点开关会切断起落架收放液压作动筒电路,锁定起落架并接通起落架收起指示灯电路,告诉飞行员起落架已经收好。

7. 电接触

从电源到用电设备之间,通常要用导线和各种开关电器来控制电路的通断。通常把两个或几个导体互相接触之处叫做电接触。电接触的作用是将电流从一个线路延续到另一个线路中去。电接触连接是电器线路中非常重要的一部分,对电器系统的工作有着重要意义。

因此,电接触触点应该满足下列条件:

(1) 确保电气线路的可靠接通与断开。
(2) 接触电阻值应该很低。
(3) 触点的耐磨性强。
(4) 触点的熔点高。

按照导体连接方式的不同,电接触可以分为三大类,如图 5-12 所示。

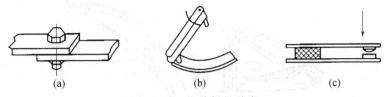

图 5-12 电接触的种类
(a) 固定接触;(b) 滑动接触;(c) 可分接触。

(1) 固定接触。固定接触是指用螺钉或铆钉将相互连接的导体压紧,或者用焊接的方法将连接处焊牢,或者如同波音飞机上所使用的一种专用"连接器"将导体连接起来,这些方法都使被连接的导体在工作过程中没有相对运动,如图 5-12(a) 所示。

(2) 滑动接触。滑动接触是指相互连接的导体,其中的一个可以在固定导体上沿一定轨道滑动,例如滑线电阻器、滑动电刷就属于滑动接触,如图 5-12(b) 所示。

(3) 可分接触。可分接触是指连接导体可通可断的连接形式,如图 5-12(c) 所示。在这种电接触形式中,直接实现电接触的导体对叫做触头或触点。其中的一个是固定的,称为固定触点,另一个则为活动触点。

触点的结构形式多样,按触点数量可分为单断点触点和双断点桥式触点两种形式,如图 5-13 所示。单断点触点一般用于对小负载的开关控制;双断点桥式触点多用于接触器的触点系统。

按接触方式不同可以分为点接触、线接触和面接触三种,如图 5-14 所示。点接触可用于电流比较小、电压比较低而触点压力不大的触点,继电器的触点一般采用点接触形

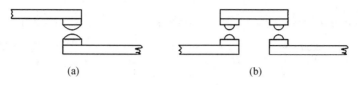

图 5-13 触点的结构
(a) 单断点触点；(b) 双断点桥式触点。

式。面接触用于电流比较大、电压比较高而触点压力较大的触点，接触器的触点一般都采用面接触形式。线接触则介于两者之间。

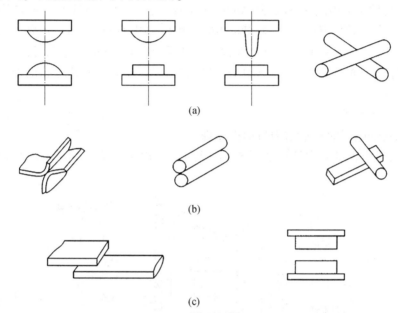

图 5-14 触点的接触形式
(a) 电接触触点；(b) 线接触触点；(c) 面接触触点。

触点在工作过程中，总是要经历以下四种工作状态：
(1) 闭合状态，保证电流顺利通过。
(2) 断开状态，保证电路可靠断开。
(3) 闭合过程，由断开状态到闭合状态的过渡过程。
(4) 断开过程，由闭合状态到断开状态的过渡过程。

8. 灭火花电路

火花放电通常在较高气压的条件下生成，电流密度比较高，并伴随有高温，因而会引起触头烧损。火花放电还会在线路中产生虚假的高频信号，对电子设备和无线电设备造成干扰。因此，必须设法减弱或消除火花。

由于电感储能是引起火花放电的主要原因，因此只要采取措施，将被断开电路中电感的能量消耗掉，就可以避免产生火花放电。这只要给电感储能提供一个放电回路就可实现。

常见的触点灭火花电路如图 5-15 所示。

图 5-15 中 R_1、L 代表感性负载。图 5-15(a) 是在负载两端并联电容器，图 5-15(b) 是在触点两端并联电容器。当触点断开时，电感中的能量可以通过 R_2C 灭火花电路

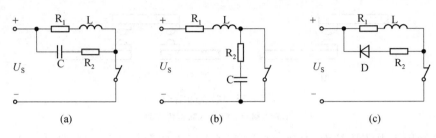

图 5-15 常用灭火花电路

形成通路,使电感中的磁能在 RLC 振荡回路中消耗掉;在图 5-15(b)中,因电容两端电压不能突变,所以触点刚断开时加在触点间的电压很小,到电容充电具有较高电压时,触点间隙已增大了。图 5-15(c)采用整流二极管与负载反向并联,在正常稳态时,灭火花电路不起作用,只有在触点断开过程中,自感电势使整流二极管导通,从而使电感的能量消耗在触点之外。

9. 电磁式继电器

1) 电磁式继电器的基本结构与动作原理

典型电磁继电器的基本结构如图 5-16 所示。它由磁路系统、电磁线圈、触点系统和返回弹簧四个主要部分组成。

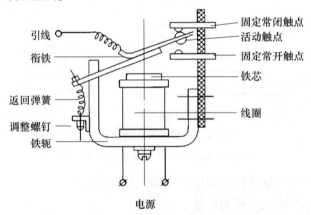

图 5-16 电磁继电器结构原理图

继电器的磁路系统包括铁芯、铁轭和衔铁。触点系统包括衔铁上的活动触点、固定的常闭触点、固定的常开触点,它们可以控制电路的通断。电磁线圈经外电路与电源相接。返回弹簧在线圈未通电时使衔铁保持在远离铁芯的位置。

继电器的工作是靠电磁线圈通电时,铁芯磁化产生电磁力,衔铁在电磁力作用下,克服返回弹簧的弹力而向铁芯运动。与此同时,带动衔铁上的活动触点与固定常闭触点分离,而与常开触点闭合,达到使被控制电路转换的目的。

当线圈断电时,电磁吸力消失,衔铁在返回弹簧的作用下回到原始位置,并使触点恢复原来状态。

2) 继电器的磁路系统

继电器的磁路形式大多采用拍合式电磁铁。拍合式电磁铁的特点是采用片状的吸片,称为衔铁,其铁芯和铁轭的结构形式可有多种,图 5-17 中列出了拍合式电磁铁常见的三种形式,其中图 5-17(a)为 U 形;图 5-17(b)为倒 E 形图 5-17(c)为盘式,它的铁轭是一个圆盘。三种形式的磁路系统,中间都是圆柱形铁芯,电磁线圈就绕在该铁心上。当通有直流电时,就会产生一定方向的磁通,如图 5-17 中虚线所示。磁通的方向按线圈的绕向和电流的方向用右手螺旋法则确定,如图 5-17(a)。磁力线的特点是互不相交的,它总是企图找出磁阻最小的路径而形成一个闭合回路。图 5-17 中 δ 为气隙,它的磁阻比铁的磁阻要大的多,只有通过这里的磁通才能对磁铁产生电磁吸力。

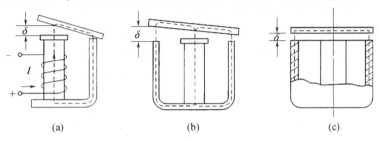

图 5-17 拍合式磁系统结构
(a) U 形;(b) 倒 E 形;(c) 盘式。

3) 继电器的主要技术指标

(1) 额定电源电压。额定电源电压是指使电磁继电器长时间正常工作的电压。

(2) 吸合电压。在常温条件下,继电器线圈通电后,由衔铁带动触点可靠动作所需要的最小电压值。

(3) 断开电压。继电器吸合工作状态下,降低电磁工作线圈电压到使衔铁刚要返回原位时的电压值,即是使触点能够断开时的最高电压值。

(4) 额定负载。继电器控制触点允许通过的额定电流值。

(5) 触点压降。一对触点在通过额定负载电流时,在触点上产生的电压降。

(6) 接点压力。触点接通时,两触点相互之间的压力。

(7) 动作时间。动作时间指从继电器工作线圈开始通电的瞬间至衔铁带动触点完成工作所需的时间。

(8) 线圈工作电流。继电器线圈在额定电压作用下,长时间稳定工作状态下通入线圈的电流,它产生的电磁吸力是衔铁保持工作的需要。

(9) 寿命。寿命指触点保持正常转换电路的能力,常用继电器的动作次数表示。

4) 电磁继电器的加速电路

电磁继电器的动作时间很短,是一种快速动作的控制元件,但由于存在着电磁惯性和机械惯性,继电器的吸合和释放动作总是需要一定的时间。一般继电器的动作时间为 $0.05s \sim 0.15s$,动作时间小于 $0.05s$ 的成为快速继电器,吸合或者释放时间大于 $0.15s$ 的称为时间继电器或延时继电器。

继电器的吸合时间是指从给继电器加上额定电压开始,到接触点完成动作为止的一段时间。它包括两部分:一部分是电流由零上升到衔铁刚要动的吸合触点时间;另一部分是从衔铁开始运动到最后闭合位置所需的吸合运动时间。前者主要是电磁惯性引起,后者主要是机械惯性,而且吸合触动时间占主要部分,因此减小吸合时间的办法主要是减小电磁线圈电路的时间常数 $\left(\tau=\dfrac{L}{R}\right)$。

同理，继电器的释放时间包括释放触点时间和释放运动时间两部分：释放触点时间从线圈断开电源瞬间开始至衔铁开始做返回运动的瞬间结束；释放运动时间从衔铁开始做返回运动开始至回到原位结束。一般也希望断开电路要快，即释放时间要短。缩短释放时间的方法除减小电磁惯性外，设计时减轻衔铁质量和增大弹簧刚性都可以达到目的。

继电器的动作时间除设计制造时已经确定的以外，在使用中还可以采取一些措施使吸合动作加速，在一些电气系统中，常见到下面形式的加速电路。

（1）串联加速电阻。在继电器线圈电路里串联加速电阻 R_g，同时将电源电压相应提高，以使线圈的稳态工作电流保持不变。图 5-18 为其电路和电流时间曲线。

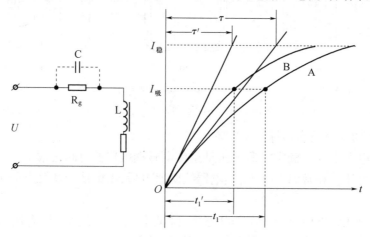

图 5-18 加速电路和电流时间曲线

线圈电路的时间常数，在未串加速电阻之前为

$$\tau=\dfrac{L}{R}$$

串联加速电阻以后电路的时间常数减小为

$$\tau=\dfrac{L}{R+R_g}$$

没有加速电阻时，电路时间常数较大，电流上升曲线如图 5-18 中曲线 A 所示。串联加速电阻后，电流上升曲线如图 5-18 中曲线 B 所示，时间常数减小为 τ'。若继电器的吸合电流 $I_\text{吸}$ 不变，则串联加速电阻后，继电器的动作时间由 t_1 减小为 t_1'。

（2）在加速电阻上并联电容器。如图 5-18 电路中的虚线所示，在加速电阻 R_g 上并联电容 C 可以进一步减小吸合触动时间。因为电容两端的电压不能突变，当线圈接通电压的瞬间，电流主要从电容器上通过，这样线圈电流增长得快，线圈电流达到稳定值以后，电容器不再起作用，电路的稳态电流也不变。一般来说，并联电容之后的吸合时间可比只有加速电阻的吸合时间再减小 1/2 以上。

5）延时继电器

在一些控制系统中，常常需要使继电器控制的电路比控制信号有较大的吸合延迟时间,或者是当断开控制信号后要有较大的释放延迟时间。要使继电器延时动作,可以在电磁继电器的控制电路中加装电阻、电容或二极管等器件,也可以采用带有阻尼装置的各种延时继电器,如空气阻尼延时继电器,对磁路设置阻尼套筒的延时继电器等。

(1)继电器的吸合延时。

① 阻容吸合延时电路。图 5-19 为阻容吸合延时继电器电路。图中 R、L 代表普通电磁继电器的工作线圈电路,电阻 R_g 和电容 C 为附加电路。

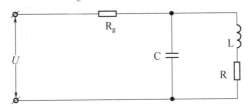

图 5-19 阻容吸合延时继电器电路

当接通电源时,因与继电器线圈并联的电容 C 起始电压为零,电容要通过 R_g 为它充电,电容上的电压按指数规律逐渐升高,也就是继电器线圈电压和电流由零按指数规律逐渐增大,当增大到继电器的动作电流时,继电器才开始动作,这就产生了延时。采用这种电路可产生 0.1s~0.4s 的吸合延迟时间。延时的长短与电容量 C 成正比,但电容不能选的太大,否则又将影响释放时间。

② 采用空气阻尼装置的吸合延时继电器。图 5-20 为某类型空气阻尼吸合延时继电器的结构图。它的主要特点是:活动铁芯由空气阻尼器构成的。空气阻尼器由石墨柱和唧筒组成,石墨柱套装在唧筒内,两者之间经过精加工而构成比较紧密的滑动配合。欲将石墨柱压进唧筒时,不能立刻压进去,必须将唧筒内的空气由两者相贴合的缝隙中慢慢挤出,这种空气产生的阻尼作用使运动速度减缓。同样,欲将石墨与唧筒分离,其运动速度也不可能很快。在这种继电器里,唧筒作为活动铁芯,同时也是电路的活动触点。当继电器线圈未通电时,唧筒式活动铁心套在石墨柱上并由弹簧顶住,这时活动触点与固定触点分开,控制电路处于断开状态。

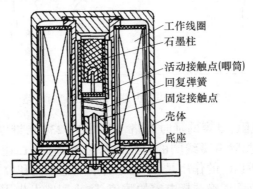

图 5-20 空气阻尼延时继电器

当接通继电器线圈电源后,经过触动时间,电磁吸力大于弹簧反力和空气阻尼器的阻力,活动铁心开始缓慢地向固定铁心运动,最后活动铁心底部与固定触点相接触,使被控制电路接通。电路的电流路径为:电源正极—固定接触点—活动接触点(唧筒)—石墨柱—电源负极。即电流要经过石墨柱和唧筒之间的间隙,另外石墨电阻也较大,所以这种延时继电器只能控制微弱的电流,它的吸合延迟时间可达20s。

(2)继电器的释放延时。

① 与继电器线圈并联电阻的延时电路。图5-21为在继电器线圈两端并联电阻R_g的延时电路。当电门K断开后,电磁线圈中的储能产生自感电势,使线圈中的电流不能立即消失,而可通过电阻R_g形成通路并按指数规律缓慢地衰减到零,当电流减小到继电器的释放电流时,衔铁将触点断开,从断开电源到断开触点的时间就是所需要的释放延时。这种办法的优点是简单易行,缺点是在继电器正常工作时外接电阻R_g要消耗电能。

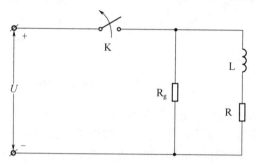

图5-21 继电器并联电阻的延时电路

② 与继电器线圈反向并联整流二极管的延时电路。为克服并联电阻电路的缺点,用二极管D代替电阻R_g就可以了。二极管反向并联于继电器线圈两端,正常工作时无电流通过。当电门K断开时,继电器线圈产生下端为正、上端为负的自感电势,经二极管维持电流导通,并按指数规律缓慢下降,从而使继电器延时断开,如图5-22所示。

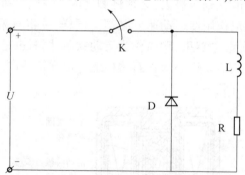

图5-22 继电器并联二极管的延时电路

③ 与继电器并联电阻、电容的延时电路。在图5-23中,继电器正常工作时,电容C已被充电,当断开电门时,除电磁线圈的自感电势之外,电容C还对线圈放电,从而延迟了释放时间。这里的电阻R_g的作用是:限制电容的充电电流和放电电流。

采用这种电路时,应该正确选择电容的数值,防止回路发生周期性振荡,否则会发生继电器时通时断的现象。

④ 附加阻尼套筒的延时继电器。这是在设计制造时已经做好的一种释放延时措施。如图5-24所示,在继电器铁芯底部套上一个铜或铝导体制成的阻尼圆环,它可以作为线圈骨架的一部分,也可以用短路线圈代替阻尼环。

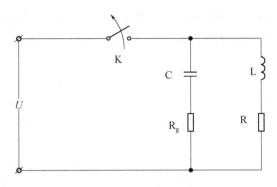

图 5-23 继电器并联电阻电容支路的延时电路

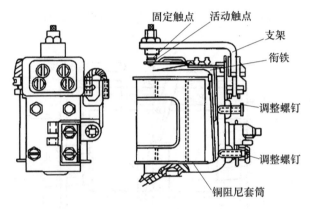

图 5-24 具有阻尼套筒的延时继电器

由于阻尼套筒的存在,当电门断开时,线圈电流下降,铁心内磁通要下降,于是在短路的阻尼套筒内产生感应环流,这个电流的作用是反对磁场衰减的,从而使电磁吸力下降变慢,达到延时的目的。这种方法可以产生 5s 以上的释放延时。最后要指出的是,这种办法对吸合时间的影响也比较大。

延时电路的常用符号如图 5-25 所示。延时电路有两种常用符号:图 5-25(a)所示符号应用于电气电子电路中,图中举例的"X"为延迟时间的数值,"SEC"为时间单位,一般用"秒"表示;图 5-25(b)为延时继电器控制线圈的符号。

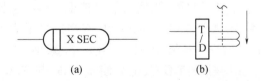

图 5-25 延时电路的常用符号

10. 特种继电器

1) 极化继电器

一般的电磁继电器是没有极性的,它不能反映输入信号的方向。而极化继电器却有两个显著的特点:一个是能反映输入信号的极性;另一个是具有很高的灵敏度,即其所需动作电流或电压值很小。极化继电器与普通电磁继电器的主要不同点是,在极化继电器的磁路里作用着两个互不相关的磁通,一个是永久磁铁产生的极化磁通,另一个是由电磁线圈产生的工作磁通,工作磁通的大小和方向决定于输入信号的大小和方向,下面分析其工作原理。

(1) 极化继电器的工作原理。极化继电器的结构原理如图 5-26 所示。磁路里有由永久磁铁产生的极化磁通 ϕ_m,还有输入信号通过工作线圈 Ⅰ 与 Ⅱ 产生的工作磁通 ϕ_g。极化磁通经过衔铁从气隙的左、右两边分成 ϕ_{m1} 和 ϕ_{m2} 两部分进入铁心,然后回到永久磁铁的另一极而构成回路。当输入信号为零时,磁路里只有极化磁通存在,它分两路通过气隙,对衔铁产生向左和向右的两个吸力 F_{m1} 和 F_{m2},当衔铁处于对称中心线位置时,由于气隙 $\delta_1 = \delta_2$,$\phi_{m1} = \phi_{m2}$ 则 $F_{m1} = F_{m2}$,衔铁应处于中立位置。但这是一种极不稳定的状态,在某种外界因素作用下必然要偏向一边(向左或向右),只要衔铁一偏,两个气隙就不再相等,从而两部分的极化磁通及吸力也就不相等,于是衔铁迅速倒向一边并保持在这一边。

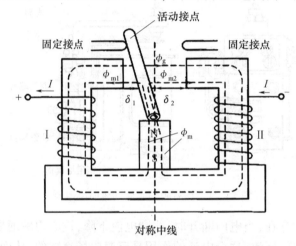

图 5-26 极化继电器结构原理图

当工作线圈输入某一极性的信号后,磁路中产生工作磁通 ϕ_g。由于永久磁铁的磁阻特别大,通过它的工作磁通可以忽略不计,所以工作磁通是串联通过气隙 δ_1 和 δ_2 的,然后从铁心构成磁通回路。若衔铁原来在左边,输入信号和它产生的工作磁通方向如图 5-26 所示,则气隙 δ_1 中的合成磁通 $\phi_1 = \phi_{m1} - \phi_g$,气隙 δ_2 中的合成磁通 $\phi_2 = \phi_{m2} + \phi_g$,他们分别产生吸力 F_1 与 F_2。显然,当输入信号较小时,因 ϕ_{m1} 比 ϕ_{m2} 大得多,故仍然有 $\phi_1 > \phi_2$ 与 $F_1 < F_2$ 的关系,衔铁仍停留在左边。只有当信号增大到使 $\phi_1 \leq \phi_2$ 与 $F_1 \leq F_2$ 时,衔铁便开始向右偏转。衔铁一经触动,使 δ_1 增大,δ_2 减小,从而使 ϕ_{m2} 增大,ϕ_{m1} 减小。这时,即使信号电流大小保持触动值不变,也会使 $\phi_2 > \phi_1$ 与 $F_2 > F_1$,而且随着衔铁的偏移,这种差值还会越来越大,促使衔铁偏转速度加快,特别是衔铁越过中线以后,由于 $\phi_{m2} > \phi_{m1}$ 的出现,衔铁急速偏向右边。此时,即使切断输入信号,衔铁也将偏向右边并稳定在这种状态。显而易见,如果此时再加入原极性的信号,衔铁是不会再运动的,若要使衔铁返回左边,则必须改变输入信号的极性。

(2) 极化继电器的特点。

① 具有方向性。由于极化继电器采用了永久磁铁,借助于它在左、右气隙中产生的极化磁通与信号产生的工作磁通进行对比,就达到了反应输入信号极性的目的,这是极化

继电器的一个重要的特点。

② 灵敏度高,动作速度快。极化继电器是借助于两种磁通对比产生作用力的,而它的磁路系统可以采用高性能坡莫合金和高磁能的永久磁铁,磁极面积可以较大,衔铁可以做的很轻,而且采用很小的触点压力(2g~6g)和极小的工作行程(0.06mm~0.1mm),所以动作功率极小,动作时间可在几毫秒以内,显示出灵敏度很高的特点。

③ 具有"记忆"功能。当衔铁的工作状态改变之后,不论控制信号是否还存在,工作状态保持不变,要使它改变工作状态,必须在下次通电时改变信号的方向。这就是说,它将前一次信号的极性"记忆"住了,这种特性在自动控制系统中具有重要意义。

极化继电器的主要缺点是触点的转换功率小,在大的冲击干扰力作用下容易产生错误动作,体积也较大。

2) 舌簧继电器

舌簧继电器的原理结构如图 5-27 所示。它主要由舌簧管、线圈或永久磁铁等部分组成。舌簧管是舌簧继电器的核心,它由一组舌簧片与玻璃管封装而成,并在玻璃管内充以氮气等惰性气体。舌簧片材料的选择除满足高导磁率、高饱和磁感应强度、低矫顽力、良好的导电性和优良的弹性等要求外,还要求其膨胀系数与玻璃管相适应。舌簧触点可以做成常开、常闭与转换三种形式。常开的舌簧片是分别固定在玻璃管两端的,它们在电磁线圈或者永久磁铁磁场作用下,其自由端所产生的磁场极性正好相反,靠磁性的"异性相吸"而使触点闭合。

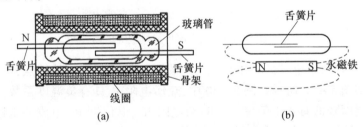

图 5-27 电磁式、永久式舌簧继电器
(a) 电磁式舌簧管;(b) 永久磁铁式舌簧管。

常闭的舌簧片则固定在玻璃管的同一端,如图 5-28 所示的 A、B 簧片,它们在电磁线圈或永久磁铁作用下,自由端产生相同极性的磁性,靠"同性排斥"而使触点断开。在常闭舌簧片的基础上在玻璃管的另一端增加一个常开舌簧片 C 就构成了转换式触点的舌簧管。

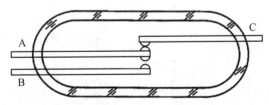

图 5-28 转换式触点式舌簧管继电器

由以上讨论可知,舌簧管继电器具有以下一些特点:结构简单轻巧,舌簧管尺寸常以其直径与长度表示,最小可做到 $\phi 1.5\text{mm} \times 8\text{mm}$,触点密封于充有惰性气体的玻璃管中,可以有效地防止污染与腐蚀,增加触点工作的可靠性;触点可动部分质量小,吸合与释放动作时间很快,小型舌簧管的动作时间可小于1ms;灵敏度高,吸合功率小,易用半导体器件驱动。但是,它的触点容易出现冷焊与粘连现象;触点距离小,转换容量小,耐压能力低;簧片为悬臂梁,断开瞬间易出现颤抖现象。

3) 热敏继电器

热敏继电器就是温度继电器,感受温度的变化而控制电路的通断,它一般有双金属片式和热敏电阻式两种。

(1) 双金属片式热敏继电器。如图5-29所示,因为不同材料的热膨胀系数不同,把不同膨胀系数的两种金属焊合在一起,就构成了感受温度的双金属片,利用它将温度的变化转换为双金属片的位移。如图5-29所示,双金属片上层用膨胀系数小的钢材制成,下层用膨胀系数大的铜合金制成,假定在常温下双金属片热敏继电器触点是闭合的,当感受到较高温度时,将使双金属片自由端向上弯曲,由触点K将电路断开,当温度降低后,触点自动闭合。双金属片热敏继电器常用作加温元件的控制器或用作高温信号敏感器件。

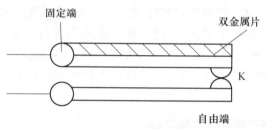

图5-29 双金属片式热敏继电器

(2) 热敏电阻式继电器。利用热敏电阻的阻值随温度变化的特点,可以构成热敏电阻式继电器,如图5-30所示。图5-30中,热敏电阻R具有负温度系数,即温度升高时其阻值变小,温度降低时其阻值变大。R_t与电阻R_1、电位器R_2组成分压器,其分压比随R_t阻值的变化而发生变化。当外界温度较低时,R_t阻值较大,它与R_2两端电压较高。当这个电压大于一定值时,三极管T_1导通,三极管T_2截止,电磁线圈J中无电流,触点K断开。当外界温度升高后,R_t阻值变小,T_1截止,T_2导通,电磁线圈J通电,从而使触点K闭合。调节电位器R_2的大小,可以改变感受温度的高低。

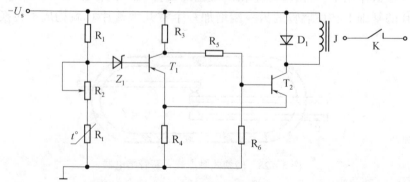

图5-30 热敏电阻式继电器

11. 接触器

接触器是一种用于远距离接通和断开交流或直流电源馈电线(干线)及大容量控制电路的开关电器(一般大于25A)。在飞机上,通常用它作为发电机电源馈线和外电源馈线与汇流条的连接开关,及发电机励磁等大电流电路的控制器件。

接触器的工作原理与继电器的工作原理基本上是相同的,它的主要组成包括电磁铁和触点系统两大部分,其主要区别在于接触器的接触点可以承担很大的负载电流。在现代飞机上,因为发电机的额定容量很大,而电网电压不高,所以电流很大,传输大电流的任务就由接触器来完成。由于接触器触点的负载大,这就要求接触器有较大的触点压力和较大的触点断开距离,因此它的电磁铁必须具有较大的吸力和行程,所以在结构上接触器一般都装有专门的灭弧装置和较强的触头弹簧,因此它与继电器有一些不同的特点。

接触器的种类很多,按照触点所控制电路的性质,可分成直流和交流两种(目前生产的交流接触器,其电磁线圈仍然由直流供电);按照接触器本身的结构原理可分为单绕组、双绕组、机械自锁式和磁力自锁式接触器等。

1) 单绕组接触器的工作原理

图5-31为单绕组接触器结构原理简图,它由电磁铁和触点系统两大部分组成。电磁铁包括一个电磁线圈和由活动铁心、固定铁心、导磁壳体组成的磁路系统及返回弹簧;触点系统包括固定触点、活动触点和触头上的缓冲弹簧。活动铁心是通过拉杆带动活动触点和缓冲弹簧的。当线圈通电后,电磁拉力克服返回弹簧的初始反力,把活动铁心吸向固定铁心,拉杆带动接触片使活动触点与固定触点接触,从而使输出电路接通。

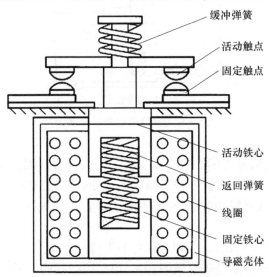

图5-31 单绕组接触器结构原理图

缓冲弹簧压在活动接触片上,在装配时已有一定的预紧力,使活动接触片以一定的初始压力压在拉杆的台肩上。由图5-31可见,当活动触点与固定触点刚接触瞬间,活动接触片便把缓冲弹簧的初始压力立即传递到动静触点之间,使触点压力迅速增大到这个初始压力值,从而避免触点的弹跳。

当触点断开时,活动触点与固定触点之间的距离称为触点间隙;活动铁心与固定铁心之间的距离称为磁间隙。接触器的磁间隙要比触点间隙大,因此,当活动触点与静触点接触后,铁心还要向下移动一段距离,使缓冲弹簧再压缩一段距离,以使触点的最终压力(工作压力)达到所需要的数值。活动铁心从触点刚接触后继续移动的这一段距离称为超行程,也称为备用行程,它是保证触点牢固接触所必需的。

当线圈电压降到断开电压以下或线圈断电后,活动铁心在返回弹簧及缓冲弹簧作用下返回到初始位置,使触点断开。

2）双绕组接触器的工作原理

双绕组接触器的结构与单绕组接触器基本相同,其主要不同点是双绕组接触器采用两个电磁线圈:一个称为吸合绕组,一个称为保持绕组,如图5-32所示。当线圈接上电源时,由于保持绕组被辅助触点短接,电源电压只加在吸合绕组上。由于吸合绕组导线粗、电阻小,电流就比较大,所以能产生较大的电磁力,将主触点接通,从而接通外电路。在主触点接通的同时,连杆的末端(通常用绝缘胶木制成)即将辅助触点顶开。这时,保持绕组与吸合绕组串联,电路中的电阻增大,接触器就以较小的线圈电流维持主触点在接通状态。

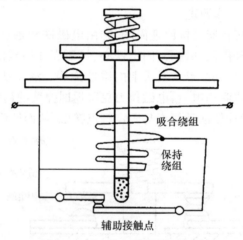

图5-32 双绕组接触器原理图

3）机械自锁型接触器

机械自锁型接触器的原理图如图5-33所示。当吸合线圈通电后,接触器吸合并被机械锁栓定于闭合为止,吸合线圈则依靠串联的辅助触点自行断电,不再消耗电功率。接触器需要释放时,只要接通脱扣线圈,利用脱扣装置解除机械闭锁,就可以在返回装置的作用下回复到释放为止。

这种接触器为电磁吸入式,在结构上具有如下特点：

（1）具有两组线圈,一组是吸合线圈,另一组是脱扣线圈。

（2）具有机械锁定机构,当吸合线圈通电时,接触器锁定在接通状态,此时,即使接通线圈断电,接触器也不会释放,只有脱扣线圈通电,将锁打开,才能使接触器断开。

（3）装有目视指示器,可以判定接触器的工作状态。所谓目视指示器就是在接触器线圈壳体侧面上开有一个小窗孔,当接触器处于断开状态时,小窗显示白色;当接触器处于接通状态时,小窗不显示。

由于机械自锁式接触器具有可靠性高、长时间不工作不消耗电能等优点,因此在飞机上得到广泛应用。

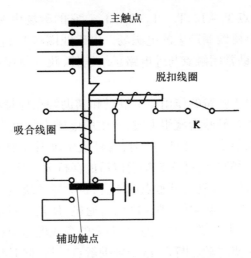

图 5-33 机械自锁型接触器原理图

4）磁锁型接触器

磁锁型接触器原理图如图 5-34 所示。它有 3 对常开式单向投掷的主触点 7 对常开

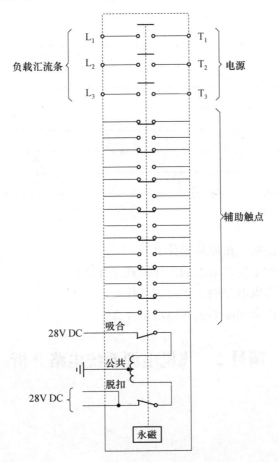

图 5-34 磁锁型接触器原理图

式和7对常闭式辅助触点 T_1-L_1、T_2-L_2、T_3-L_3。它的磁场由两部分组成,一部分是永久磁铁,另一部分是由电磁线圈产生的电磁场。电磁线圈有"吸合"和"脱扣"两个绕组,闭合绕组通过自身的辅助常闭触点与外电路正线连接,跳开绕组通过辅助常开触点与正线连接,两者共用地线。

当线圈未通电时,由于弹簧的作用使主触点和辅助触点保持在它的初始位置。当有 15V～29.5V 的直流电压加到吸合绕组上时,产生的电磁力将克服弹簧力,使活动铁心加速移向固定铁心,到气隙很小(接近于零)时,连杆使辅助常闭触点断开,吸合绕组断电,由永久磁铁作用完成最后的行程并作为接通以后的保持力。这时,主触点闭合,辅助常开触点闭合而常闭触点断开。辅助常开触点的闭合,也为脱扣绕组的通电做好了准备。

要使触点恢复初始状态,必须给"脱扣"绕组通电,使活动铁心与固定铁心之间气隙处产生的电磁磁通去抵消永久磁铁的磁通,当两者的合成磁通很弱时,其磁化力小于弹簧力,最终由弹簧推动连杆使主触点断开,继而辅助触点转换,同时将自身脱扣绕组断电。

通过这次学习,你都学到了什么东西呢?写在下面吧。

_____
_____
_____
_____
_____
_____
_____

(1) 襟翼收放电路的工作原理是什么?
(2) 水平安定面配平警告电路的工作原理是什么?
(3) 起落架收放操纵电路的工作原理是什么?
(4) 调整片电动操纵电路的工作原理是什么?

项目2　飞机电源系统电路分析

 学习指南

【教学目标】

知识目标:(1) 知道直流启动发电机控制电路的工作原理。

能力目标:(1) 能看懂电路图。
　　　　(2) 根据直流启动发电机控制电路,会分析由于电路故障引起的故障。
情感目标:培养分析问题、解决问题的能力。

【教学重点】

重点:会分析直流启动发电机控制电路的工作原理。

【教学难点】

(1) 如何引导学生通过以前所学知识,来分析问题和解决问题,最终归纳总结,达到掌握知识、提高能力的目的。
(2) 如何引导学生学会电路分析的方法。

 课前任务

请同学们根据以前所学知识,完成下列任务。
课前任务1　直流启动发电机启动时需要满足哪些要求?
_____
_____
_____
_____

课前任务2　直流启动发电机控制电路的工作原理是什么?
_____
_____
_____
_____

 情境创设

兼具启动功能的航空直流发电机称为直流启动发电机。它可用作电动机,用于启动飞机发动机或 APU;当发动机达到一定转速后,自动转为发电状态,给机上电网供电。这样飞机上就不必单独设置启动装置,从而减轻了设备重量。由于启动发电机要适应双重功能,因此,使它的工作条件变得更为复杂。

在启动过程中,启动发电机应该满足以下要求:(1) 有足够的启动转矩,使发动机能在预定的时间内平稳启动;(2) 启动电流不应过大,以免电机过热、换向恶化;(3) 启动完毕后能自动转入发电状态,给机上电网正常供电。

 工作项目:飞机电源系统电路分析

【任务内容】

任务1　直流启动发电机控制电路分析。

任务2 晶体管电压调节器原理电路分析。

【任务准备】

准备好直流启动发电机控制电路图、晶体管电压调节器原理电路图。

【任务执行】

任务1 直流启动发电机控制电路分析

首先根据图5-35对直流启动发电机启动控制电路进行分析,整个启动过程分为以下四级。

第一级:串入启动电阻R_{st},电枢串联电阻启动。

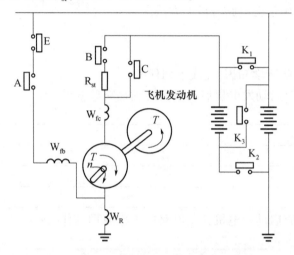

图5-35 直流启动发电机启动控制电路

发出启动指令后,首先接通K_1、K_2,使两组电瓶并联工作。同时,定时机构开始工作,1.3s后,接触器A、B同时动作接通(E为常闭接触器,此时也是接通的),启动电阻R_{st}被串入,电机工作在复励状态。这一级的电枢电流I_{a1}受到串联电阻R_{st}的限制,即有

$$I_{a1} \leqslant \frac{U}{R_a + R_{st}}$$

其中,R_a为电枢绕组电阻、串励绕组(W_{fc})电阻以及换向极绕组(W_R)电阻的总和。正因为I_{a1}不大,所以启动转矩T_{st1}也不大,以免产生过大的冲击而损坏发动机部件。当启动转矩T_{st1}大于发动机静态阻力转矩T_c时,发动机即被拖动而开始旋转,转速上升。随转速的上升,电枢感应电动势E_a增大,使电枢电流和转矩T_{st1}下降。随着转速的上升,发动机的总阻力转矩$T=f(t)$也不断增大,如图5-36所示。到2.5s时,接触器C接通,启动电阻R_{st}被短接,启动过程进入第二级。

第二级:切除启动电阻R_{st},启动发动机增速。

串联电阻R_{st}切除后,电枢两端电压升高,电枢电流上升到

$$I_{a2} = \frac{U - E_a}{R_a}$$

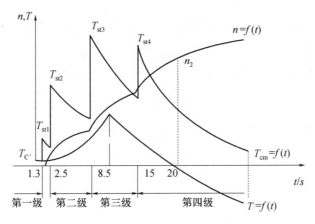

图 5-36 分级启动过程

使对应的转矩 T_{st2} 显著大于发动机的阻力转矩,因此转速很快升高。这时由于 E_a 随转速升高而增大,又使电磁转矩 T_{st2} 下降,到 8.5s 时接触器 K_1、K_2 断开,K_3 接通,两组电瓶串联供电,电压增高到 $2U$ 而进入第三级阶段。

第三级:两组电瓶串联升压启动。

此时端电压为 $2U$,启动电流上升到

$$I_{a3} = \frac{2U - E_a}{R_a}$$

电磁转矩上升到 T_{st3},使转速继续上升;但当转速上升时,E_a 也上升,因而 I_{a3} 下降。当转速达 600~700r/min 时发动机点火工作,其动力矩随即上升,发动机的总阻转矩 T 随着减小。启动到 15s 时,继电器工作使 E 断开,并励绕组(W_{fb})从电网切断、电动机成串励状态,进入第四级。

第四级:切除并励绕组转为串励电动机工作。

当并励绕组切除时磁通下降,引起感应电动势下降,因此电流又上升,使电磁转矩也上升到 T_{st4},使转速继续增大。随着转速的增大,电动势又将上升,则电枢电流下降,电磁转矩 T_{st4} 也随着下降。当转速上升到 n_2 时,发动机的动力转矩已能克服其阻转矩,实际上已能自行启动。但为可靠起见,启动机常再带动一段,直到启动箱定时机构到 30s 时,发动机转速一般上升到 1800r/min~3200r/min 以后,才使启动箱的接触器、继电器全部停止工作,而启动箱中的定时机构继续运行到 42s 时启动完毕。发动机进入慢车转速,一般是在 4100r/min~4500r/min,同时电机开始进入并励发电状态。

任务 2　晶体管电压调节器原理电路分析

JTY-12 型晶体管调压器由检比电路、差动放大电路、调制电路、整形放大电路和激磁控制电路等基本电路,以及校正电路、起激电路、起激防超压电路等辅助电路组成,如图 5-37 所示。

首先分析基本电路的工作原理。

检比电路是由电压检测电路的 R_1、R_2、R_3、R_{24}、P 和基准电压电路 R_8、DZ_2 组成的电桥,它输出的电压

$$U_{AB} = U_A - U_B = K_f U - U_{DZ2}$$

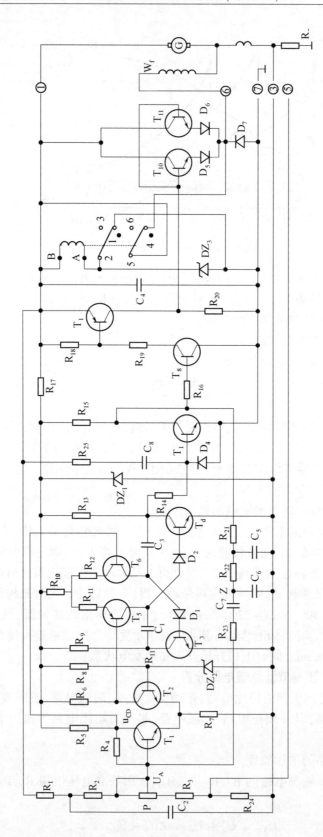

图5-37 JYT-12型晶体管调压器的原理电路

式中

$$K_f = (R_3 + R_{24} + R'_p)/(R_1 + R_2 + R_3 + R_{24} + R'_p)$$

其中,K_f 为检测电路的分压比;U 为发电机电压;U_{DZ2} 为稳压管 DZ_2 提供的电压;R'_p 为电位计 P 的实际电阻值。

由上式可知,检比电路输出的电压 U_{AB} 随发电机电压 U 而变化。

U_{AB} 先经 T_1、T_2、R_4、R_5、R_6、R_7 组成的第一级差动放大器放大,然后再经 T_5、T_6、R_{10}、R_{11}、R_{12} 组成的第二级差动放大器放大。这样,U_{AB} 就决定了 R_5 和 R_6 的集电极电流 I_{C5} 和 I_{C6} 的大小。差动放大器由 DZ_1 和 R_{17} 组成的稳压电源供电。

第二级差动放大器输出的信号,由 T_3、T_4、D_1、D_2、R_9、R_{13}、C_2、C_3 组成的调制电路调制成脉冲波。调制电路实际上是一个多谐振荡器,T_4 输出的脉冲宽度将在 T_5 和 T_6 的控制下改变。对此,分析如下:由多谐振荡器的工作原理知道,C_2 和 C_3 的放电电流就是 T_5 和 T_6 的集电极电流 I_{C5} 和 I_{C6}。在 T_5 和 T_6 的基极电压确定的条件下,I_{C5} 和 I_{C6} 也是一定的,因此可以把 T_5 和 T_6 看作恒流源,就是说 C_2 和 C_3 是以恒定电流放电的。

T_4 输出的脉冲宽度,即其截止时间,是由 C_2 的放电时间决定的。假设 T_4 截止前,即在 T_4 导通、T_3 截止期间 C_2 充电结束,所积蓄的电荷量为

$$q_2 = C_2 U_{C2}$$

式中,U_{C2} 为 C_2 充电结束时的端电压。当电路翻转即 T_3 导通、T_4 截止时,C_2 经 T_3 以恒流源 I_{C5} 放电,如图 5-38 所示。若经过 t_2 时间 C_2 放电终了,它的电压减小到零时,T_4 由截止转为导通,则

$$q_2 = I_{C5} t_2$$

T_4 截止时间

$$t_2 = \frac{q_2}{I_{C5}} = \frac{C_2 U_{C2}}{I_{C5}}$$

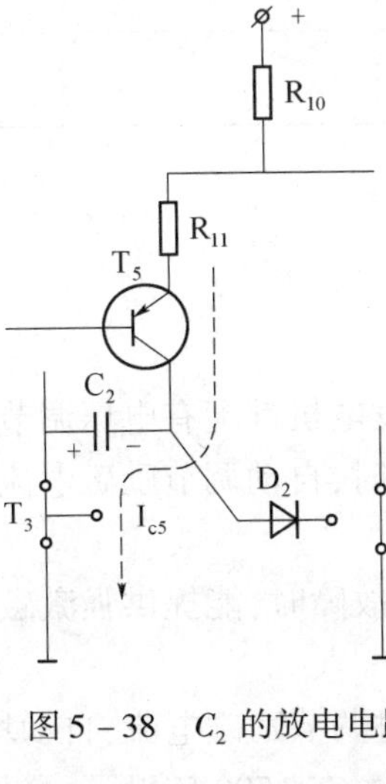

图 5-38 C_2 的放电电路

可见 T_5 集电极电流 I_{C5} 改变时,T_4 输出的脉冲宽度 t_2 也要发生变化。

同理，C_3 经 T_6、T_4 的放电时间，也就是 T_4 的导通时间为

$$t_1 = \frac{C_3 U_{C3}}{I_{C6}}$$

式中，U_{C3} 为 C_3 充电结束时的端电压。

由上两式可知：如果稳压管 DZ_1 所提供的电压一定，在 C_3 电容量确定的条件下，T_6 的集电极电流 I_{C6} 将决定 T_4 的导通时间 t_1；在 C_2 电容量确定的条件下，T_5 的集电极电流 I_{C5} 将决定 T_4 的截止时间 t_2。这就是说 I_{C5} 和 I_{C6} 的数值决定了 T_4 的导通比（$\sigma = t_1/(t_1 + t_2)$）的大小。调制电路输出的脉冲波，再送到由 T_7、T_8、T_9 组成的整形放大电路中，用提高晶体管饱和深度，即向晶体管提供的基极电流远大于饱和基极电流的方法，逐级扩大饱和区，缩小放大区，增大脉冲波前、后沿的陡度，获得较为理想的矩形波电压，以便推动励磁控制电路工作。

励磁控制电路由 T_{10} 和 T_{11} 并联组成，它以开关形式实现对励磁电流的控制。

然后根据图 5-37，分析调压过程。

例如，在发电机转速升高或负载减小使电压升高时，检比电路输出的电压 U_{AB} 增大，第一级差动放大器的电压 U_{C1} 降低，U_{C2} 升高，第二级差动放大器中 T_5 的基极电位升高，它的集电极电流 I_{C5} 减小；T_6 基极电压降低，它的集电极电流 I_{C6} 增大。结果调制电路 T_4 导通时间 t_1 缩短，截止时间 t_2 增长，导通比 σ 减小。它输出的被调制的脉冲波经 T_7、T_8、T_9 整形放大后，控制 T_{10} 和 T_{11}，使 T_{10} 和 T_{11} 的导通时间 t_1 和截止时间 t_2 同样地缩短和增长，导通比 σ 也同样减小，平均励磁电流 I_f 随之减小，这就抑制了发电机电压的升高，将它保持在给定值。

【结果评价】

以小组为单位进行评分，满分 100 分，每项 20 分。

课前任务	任务1	任务2	任务3	任务4

电压调节器

在飞机供电系统中，通常每台发电机都配有电压调节器，其主要功能是：

（1）当发电机负载或转速变化时，自动调节励磁电流，使发电机输出电压稳定在规定范围内。

（2）当交流供电系统发生短路故障时，能提供强激磁能力，以保证短路保护装置可靠动作。

（3）当发电机并联供电时，通过调节励磁电流，自动均衡各台发电机之间的负载。

早期的飞机直流发电机额定功率在 1500W 以下，采用振动式电压调节器，由于受到触点容量的限制，只能用于小容量发电机，且触点容易损坏。

炭片式电压调节器可用于中大功率飞机发电机,励磁电流可达10A～15A,但炭柱损耗大,炭片易磨损,抗冲击与振动的能力差,调压精度低,动态响应慢。

现代飞机采用的晶体管电压调节器具有体积小、重量轻、损耗小、调压精度高和动态响应快等优点。

学习体会

通过这次学习,你都学到了什么东西呢？写在下面吧。

_____
_____
_____
_____
_____
_____
_____
_____

课后任务

(1) 直流启动发电机控制电路的工作原理是什么?
(2) 晶体管电压调节器的工作原理是什么?

附录 A 国外民航飞机常用计量单位

美制单位
英寸(inch),英尺(feet),码(yard),英里(mile),海里(nautical mile),节(knot),加仑(gallon),夸脱(quart),品脱(pint),吉耳(gill),盎司(ounce),磅(pound),格令(grain),磅/平方英寸(PSI)英寸汞柱(inHg),
长度
1 英寸 = 8 英分 = 25.4 毫米　　　　　　　　　　　　　1 英尺 = 12 英寸 = 30.48 厘米
1 码 = 3 英尺 = 0.9144 米　　　　　　　　　　　　　　1 英里 = 5280 英尺 = 1609.35 米
1 海里 = 6080 英尺 = 1.15 英里 = 1853.1 米　　　　　1 密耳 = 0.001 英寸 = 25.4 微米 = 1 英丝
容积
1 美加仑 = 4 夸脱 = 3.7853 升 = 0.0038 立方米
1 英加仑 = 4.546 公升,英制和美制单位的加仑实际上大小不同
1 立方米 = 264.2 美加仑 = 1000 公升 = 1056.7 夸脱　　　　　1 夸脱 = 2 品脱 = 4 吉耳
重量
1 磅 = 16 盎司 = 0.45359 千克 = 4.445 牛　　　　　　　　1 盎司 = 437.5 格令
1 英石 = 14 英镑　　　　1 千克 = 2.205 磅　　　　　　　　1 牛 = 0.225 磅
面积
1 平方英寸 = 6.4516 平方厘米 = 0.0069 平方英尺　　　　　1 平方米 = 1550.0031 平方英寸
压强
1 磅/平方英寸 = 0.07031 千克/平方厘米 = 6.4516 牛顿/平方厘米 = 6894.8 帕
1 英寸汞柱 = 3386.4 帕 = 25.4 毫米汞柱
1 巴 = 1000 毫巴　　　　1 毫巴 = 100 帕
1 物理大气压(atm) = 1.01325 兆帕(MPa) = 101.325 千帕(kPa) = 1.033 巴(bar)
1 物理大气压 = 760 毫米汞柱 = 29.92 英寸汞柱 = 1013.25 毫巴
比重
1 磅/立方英寸 = 27.68 克/立方厘米
速度
1 英里/小时 = 1.61 千米/小时 = 0.447 米/秒
1 海里/小时 = 1.85 千米/小时 = 0.515 米/秒 = 1 节(kn)
1 米砂 = 2.24 英里/小时 = 1.94 海里/小时

(续)

流量	
1 加仑/分 = 0.63 公升/秒 = 0.227 立方米/小时	1 磅/小时 = 0.45359 公升/小时
1 加仑/小时 = 3.785 立方分米/小时	1 立方米/小时 = 4.4 加仑/分
1 公斤/秒 = 7936.7 磅/小时	
功率	
1 英尺磅/小时 = 0.337 毫瓦	1 英里磅/小时 = 0.203 千克米/秒 = 1.99 瓦
1 英马力 = 745.7 瓦	1 瓦 = 2655 英尺磅/小时
温度	
$K = 5/9(°F + 459.67)$ $K = °C + 273.15$	
力矩	
1 英尺·磅 = 0.1380 千克·米 = 1.356 牛·米	
1 英寸·磅 = 0.0116 千克·米 = 0.121 牛·米	

附录 B 中英文对照缩写表

A		
AC	Alternating Current	交流电
ACMP	Alternating Current Motor Pump	交流马达泵
ACPC	AC Power Center	交流电源中心
ACT	Active	工作的,有效的,生效的,正在使用的
3D (3-D)	Three dimensional	三维的,立体的
A/D	Analog to Digital	模拟—数字,模—数
AFT	Afterward	向后
AMM	Aircraft Maintenance Manual	飞机维护手册
AMP	Amperes	安培
AMPL	Amplifier	放大(器)
AP	Autopilot; Auxiliary Power	自动驾驶仪;辅助电源
APC	Auxiliary Power Control	辅助电源控制
APC/EPC	Auxiliary Power Contactor/External Power Contactor	辅助电源接触器/外部电源接触器
APPROX	Approximately	大约
APU	Auxiliary Power Unit	辅助动力装置
ARINC	Aeronautical Radio Incorporated	航空无线电公司
ARM	Aircraft Recovery Manual	飞机修复手册
ASSY	Assembly	组件,组装
ATA 100	Air Transport Association of America Specification No. 100	美国航空运输协会第100号规范
ATC	Air Traffic Control	空中交通管制
ATE	Auto Test Equipment	自动测试设备
AV	Avionics	航空电子设备
B		
BAL	Balance	平衡
BATT	Battery	电瓶
BAT	Battery	电瓶
BIT	Built-In Test	自检,自测,内装测试
BITE	Built-In Test Equipment	自测设备,内装测试设备
BK	Break	中断,打断

附录 B 中英文对照缩写表

(续)

	B	
BKR	Breaker	断电器
BLK	Black; Block	黑色;块,堵塞,
BLW	Below	下方
BPCU	Bus Power Control Unit	汇流条电源控制组件
BRT	Bright; Brightness (stroke intensity control)	亮度(频闪灯亮度控制)
BTB	Bus Tie Breaker	汇流条连接接触器(断路器)
BTBR	Bus Tie Breaker Relay	汇流连接接触器继电器
	C	
CAL	Calibrate	校正,校准
CANC	Cancel	取消,删除
CB C/B	Circuit Breaker	跳开关,电路断路器
CBIT	Continuous BIT	连续自检
CB	Circuit Breaker	(电路)跳开关
CBP	Circuit Breaker Panel	跳开关面板
CCA	Circuit Card Assembly	电路板组件
CHGR	Charger	充电器,加注器
CK	Check	检查
CKT	Circuit	电路
CL	Close	关闭,闭合
CLR	Clear	清除
CMM	Component Maintenance Manual	部件维护手册
CMOS	Complementary Metal Oxide Semiconductor	互补型金属氧化物半导体
COAX Coax	Coaxial	同轴(的)
COM	Communication	通信,联络
COND	Condition, conditioning; Continued	条件,状态;调节;继续
CONFIG	Configuration	配置,布局,形态
CONN	Connection	连接,接头
CONT	Control, Continuous, Contactor, Controller	控制,操纵,连续的,接触器,控制器
CRT	Cathode Ray Tube	阴极射线管
CSD	Constant Speed Drive	恒速传动装置
CT	Control Transformer	控制变压器
CT	Current Transformer	电流互感器
CTA	Current Transformer Assembly	电流互感器组件
	D	
D/A	Digital to Analog	数字—模拟
DAC	Digital to Analog Converter	数—模转换器

255

(续)

	D	
DC	Direct Current	直流电
DCPC	DC Power Center	直流电源中心
DCTCU	Direct Current Tie Control Unit	直流连接条控制组件
DEL	Delete	删除
Den	Density	密度
dia	Diameter	直径
diam	Diameter	直径
DIFF, diff	Difference, Differential	差,压差,差别的
Dig, dig	Digital	数字的
Dim, dim	Dimension	尺寸
DISC	Disconnect	脱开,断开
DISCH	Discharge	释放,放电,出口(气)
DISEG, diseg	Disengage	断开,脱开
DIST	Distance	距离
DISTR, distr	Distribution, or Distributor	分配,分配器
Dmax	Maximum Diameter	最大直径
Dmin	Minimum Diameter	最小直径
DPCT	Differential Protection Current Transformer	差动保护电流互感器
DPDT	Double Pole Double Throw	双极双排(电门)
DPST	Double Pole Single Throw	双极单排(电门)
	E	
ECU	Electronic Control Unit	电子控制组件
EDU	Electronic Display Unit	电子显示组件
E/E	Electrical/Electronic	电气/电子(设备)
EEC	Electronic Engine Control	电子发动机控制装置
ELCU	Electrical Load Control Unit	电气负荷控制组件
Elec elec	Electrical	电,电气
Elex elex	Electronics	电子设备
ELEC	Electrical	电气的,电的
EMF/emf	Electromotive Force	电动势
EMI	Electromagnetic Interference	电磁干扰
ENG	Engage; Engine	接通,衔接,啮合;发动机
ENT	Enter, Entry	输入,进入
EP	External Power	外部电源
EPC	External Power Contactor	外部电源接触器
EPCS	Electronic Propulsion Control System	电子推力控制系统

附录 B　中英文对照缩写表

(续)

	E	
EPGS	Electrical Power Generating System	发电系统
EPRR	External Power Ready Relay	外部电源准备好断电器
EPSP	Electrical Power Services Panel	电源勤务面板
EPTC	Essential Power Transfer Contactor	重要电源转换接触器
EQUIP or EQPT	Equipment	设备
ESD	Electrostatic Discharge	放静电
ESDS	Electrostatic Discharge Sensitive	(对)静电灵敏的
ESS	Essential	重要(设备)
	F	
F	Fahrenheit	华氏
FAA	Federal Aviation Administration	美国联邦航空局
FAIL	Failure	故障,失效
Fig fig	Figure	图,表
FIM	Fault Isolation Manual	故障隔离手册
FIM CNTS	FIM Contents	故障隔离手册目录
FLUOR fluor	Fluorescent	荧光的
FRM	Fault Reporting Manual	故障报告手册
FT ft	Feet, Foot	英尺
Fus fus	Fuselage; fuse	机身;熔断丝
FWD fwd	Forward	向前
	G	
GAL gal	Gallon	加仑
Gal/hr	Gallons per Hour	加仑/小时
GB	Generator Breaker	发电机断电器
GCB	Generator Curcuit Breaker	发电机断电器
GCD	Generator Contactor Driver	发电机接触器驱动器
GCR	Generator Control Relay	发电机控制继电器
GCU	Generator Control Unit	发电机控制组件
GE	General Electric	通用电气(公司)
GEN	Generator	发电机
GLC	Generator Line Contactor	发电机线路接触器
GLCG	Generator Line Contactor – Generator Section	发电机线路接触器—发电机部分
GLCR	Generator Line Contactor Relay	发电机线路接触器继电器
GLCT	Generator Line Contactor – Transfer Section	发电机线路接触器—转换部分
gm	Gram	克
gm in	Gram inches	克-英寸

(续)

G		
GND gnd	Ground	地面,地线,接地
GPH	Gallon Per Hour	加仑/小时
GPM	Gallon Per Minute	加仑/分钟
GPWR	Ground Power	地面电源
GTC	Generator Transfer Contactor	发电机转换接触器
H		
HEX hex	Hexagonal or Hexagon	六角(边)形(的)
HI	High	高
HLDR	Holder	托架,夹板
HOR, HORIZ	Horizontal	水平的,横的
hsg	Housing	壳体,罩,座
Hz	Hertz	赫,周
I		
IC	Integrated Circuit	集成电路
IDG	Integrated Drive Generator	整体驱动发电机
IGN	Ignition	点火
IMP	Imperial	英制的
IN	Inch; Inches	英寸
INOP	Inoperative	不工作
INSP	Inspection	检查
INSTL	Installation Install	安装
INT	Internal; Integral; Intersection	内部;整体的;切入,交叉
INTC	Intercept	切入,交叉
INTEG	Integral	整体的
INV	Inverter	变流机,变压器
I/O	Input/Output	输入/输出
IPC	Illustrated Parts Catalog	图解零部件目录手册
J		
J	Joule	焦
JB	Junction Box	接线盒
J-Box	Junction Box	接线盒
Jct jct	Junction	连接,接合,接点
JK	Jack	插座
L		
L	Left	左
LBs lb	Pounds	磅

(续)

		L	
LCD	Liquid Crystal Display		液晶显示器
LCT	Line Current Transformer		线路电流互感器
LCTA	Line Current Transformer Assembly		线路电流互感器组件
LD	Load		负载
LDU	Lamp Driver Unit		灯驱动组件
LE	Leading Edge		前缘
LED	Light Emitting Diode		发光二极管
LGT lgt	Light		灯,灯光
LH	Left Hand		左侧
LIM	Limit		极限
lim sw	Limit Switch		终点电门
LKD lkd	Locked		锁定的
LRU	Line Replaceable Unit		外场可更换(组)件
LT(S)	Lights		灯
		M	
MAG	Magnetic		磁性的
MAINT	Maintenance		维护,维修
MAJ	Major		主要的,主
MALF	Malfunction		故障,失效
MAN	Manual		人工,手册
MD&T	Master Dim and Test		主调光和测试
MEL	Minimum Equipment List		最低设备放飞清单
MHz	MegaHertz		兆赫
MIN	Minimum; Minute		最小,最低;分
MMEL	Master Minimum Equipment List		主最低设备放飞清单
MUX	Multiplexer		多路调制器
mv	Millivolts		毫伏
		N	
N	Normal		正常
NORM norm	Normal		正常
		O	
OC	Overcurrent		过载电流
OFST	Offset		偏置,补偿
osc	Oscillator		振荡器
OVLD ovld	Overload		过载
oz	Ounce		盎司

259

	P	
PBA	Push Button Annunciator	按压式电门信号牌
PBIT	Power-Up Built-In Test	通电自检
PBM	Pressure Bias Modulation	偏压调节
PCB	Printed Circuit Board	印制电路板
PMA	Permanent Magnet Alternator	永磁交流发电机
PMG	Permanent Magnet Generator	永磁发电机
PN pn	Part number	件号
POR	Point of Regulation	调节点,调压点
pot.	Potentiometer	电位计
PR	Power Relay	功率继电器,电源继电器
PRE	Preset	预调的
PSI/psi	Pounds Per Square Inch	磅/平方英寸
PSM	Power Supply Module	电源组件
PTU	Power Transfer Unit	电源转换组件
PW	Power	电源,功率
PWA	Printed Wiring Assemblies	印制电路组件
PWR	Power Supply, Power	电源,动力,功率
PWM	Pulse Width Modulator	脉冲宽度调制器
	Q	
QRB	Quick – Release Buckle	快卸扣子
QRH	Quick Reference Handbook	快速参考手册
Qt qt	Quart	夸脱
QTY	Quantity	量,数量
	R	
R	Right	右,右侧
Recp.	Receptacle	插座(孔)
Rect.	Rectifier	整流器
REF(S)	Reference(s)	参考,基准,参看资料,代码(号)
REG	Regulator	调节器
RES Res.	Reserve	保留,备用
rly	Relay	继电器
	S	
sect	Section	段,部分,节
SEL	Select	选择
SENS	Sensitivity; Sensor	灵敏度;传感器
SMT	Servo Mounting Tray	伺服机构安装架(盘)

附录 B 中英文对照缩写表 (续)

	S	
S/N	Serial Number	序号
SNSR snsr	Sensor	传感器
S/O	Shutoff	关断,断开
SOL sol	Solenoid	电磁线圈(活门)
SPDT	Single Pole Double Throw	单刀双掷式(电门)
SPLY	Supply	提供,供给
SPM	Standard Practice Manual	标准规程手册
SRM	Structural Repair Manual	结构修理手册
SSM	System Schematic Manual	系统示意图手册
SSPC	Solid-State Power Contactors	固态功率接触器
STBY	Standby	备用
std	Standard	标准(的)
struct	Structure	结构
subassy	Subassembly	分组件,子组件
SUPPL	Supply	提供,供给
SVO	Servo	伺服机构
SW(S)	Switches	电门
SYN, SYNC	Synchronize, Synchronous	同步
sym	Symbol	符号
sync	Synchronization Synchronise	同步
SYS	System	系统
SYS CTRL	System Control	系统控制
	T	
TBDP	Tie Bus Differential Protection	连接汇流条差动保护
TCTA	Tie Current Transformer Assembly	连接条电流互感器组件
T/R, TR(S)	Transformer Rectifier	变压整流器
TRM	Trim	配平
TRU	Transformer Rectifier Unit	变压整流器
	U	
UMT	Universal Mounting Tray	通用安装架(盘)
Univ univ.	Universal	通用的,万向的
UNLK	Unlock, Unlocked	开锁
UTIL	Utility	通用
UV	Undervoltage	欠压
	V	
V	Volt, Voltage	伏,电压

（续）

	V	
VAC/Vac	Volts Alternating Current	交流电压
VDC/Vdc	Volts Direct Current	直流电压
VOLT	Voltage	电压
	X	
XDCR,xdcr	Transducer ;Transducer Current	传感器;变流机

附录 C 微课视频二维码

序号	视频名称	二维码	序号	视频名称	二维码
1	飞机主电源的类型		11	兆欧表的使用	
2	飞机输配电系统的功用及组成		12	测量电路断路部位	
3	使用常用工具拆装一字螺钉		13	测量电路短路部位	
4	使用常用工具拆装锁紧丝		14	飞机上使用的机械开关	
5	使用常用工具拆装开口销		15	电路保险装置	
6	常用工具的分类及使用时注意事项		16	熔断器	
7	常用量具的分类及使用时注意事项		17	自动保险电门	
8	工具和量具的保管		18	常用的焊接工具和器材	
9	紧固零件、连接零件及其防松装置		19	导线及电缆的种类、选用规则和结构	
10	万用表工作原理及其使用方法		20	导线的规格和负载能力	

续表

序号	视频名称	二维码	序号	视频名称	二维码
21	SWPM 手册介绍		31	襟翼收放电路的分析	
22	SWPM 特殊区域		32	水平安定面配平警告电路分析	
23	导线金属丝断裂		33	电接触	
24	导线终端插钉修理		34	灭火花电路	
25	导线捆扎		35	电磁式继电器的基本结构与工作原理	
26	导线绝缘皮损伤修理		36	极化继电器	
27	直流发电机		37	热敏继电器	
28	交流发电机		38	接触器	
29	航空蓄电池		39	万用表实操	
30	蓄电池的常用充电方法				

参 考 文 献

[1] 刘筱云. 谈波音 737 飞机电气系统短路故障 [J]. 航空维修与工程, 2001, 2: 23-24.
[2] 任斌斌. 航空电气中电缆故障与对策 [J]. 科技资讯, 2009, 27: 75.
[3] 吕永健, 孟飞. 某型飞机负极线失效原因分析及改进方法研究 [J]. 航空维修与工程, 2008, 1: 48-50.
[4] 吴超, 王克然. 基于 FTA 方法对某型飞机直流电源系统故障分析 [J]. 飞机设计, 2003, 3: 48-50.
[5] 常颖. B-2255 飞机电瓶无充电电流故障的分析及维护建议 [J]. 机械工程师, 2008, 3: 99.
[6] 冯亮. P/N4059 飞机电瓶问题分析及维护建议 [J]. 中国民航学院学报, 2002, S1: 15-16.
[7] 赵文智, 罗志勇. B737-300/500 飞机交流发电机结构与修理研究 [J]. 中国民航学院学报, 2004, 5: 13-17.
[8] 刘彬. TB-20 发电机主要故障及维护 [J]. 民航飞行与安全, 1999, 2: 45-46.
[9] Pallett EHJ. Aircraft Electrical Systems [M]. Singapore: Pearson Education Asia Pte Ltd, 1987.
[10] 沈颂华. 航空航天器供电系统 [M]. 北京: 北京航空航天大学出版社, 2005.
[11] 朱新宇, 胡焱. 民航飞机电气及通信系统 [M]. 成都: 西南交通大学出版社, 2002.
[12] 盛乐山. 航空电气 [M]. 北京: 科学出版社, 1994.
[13] 朱普安. 飞机电气元件 [M]. 北京: 中国民航出版社, 1997.
[14] 严仰光. 航空航天器供电系统 [M]. 北京: 航空工业出版社, 1995.
[15] 李颂伦, 蒋志仰. 飞机供电系统 [M]. 北京: 国防工业出版社, 1990.
[16] 严仰光, 谢少军. 民航飞机供电系统 [M]. 北京: 航空工业出版社, 1998.
[17] 朱新宇, 彭卫东. 民航飞机电气系统 [M]. 成都: 西南交通大学出版社, 2010.
[18] 周洁敏. 飞机电气系统 [M]. 北京: 科学出版社, 2010.
[19] 严冬超. 飞机供电系统 [M]. 北京: 国防工业出版社, 2010.
[20] 刘志勇. 飞机控制电机与电器 [M]. 北京: 国防工业出版社, 2009.
[21] 任仁良. 维修基本技能 (ME、AV) [M]. 北京: 清华大学出版社, 2010.
[22] 刘铭光. 飞机电器 [M]. 广州: 中山大学出版社, 2008.

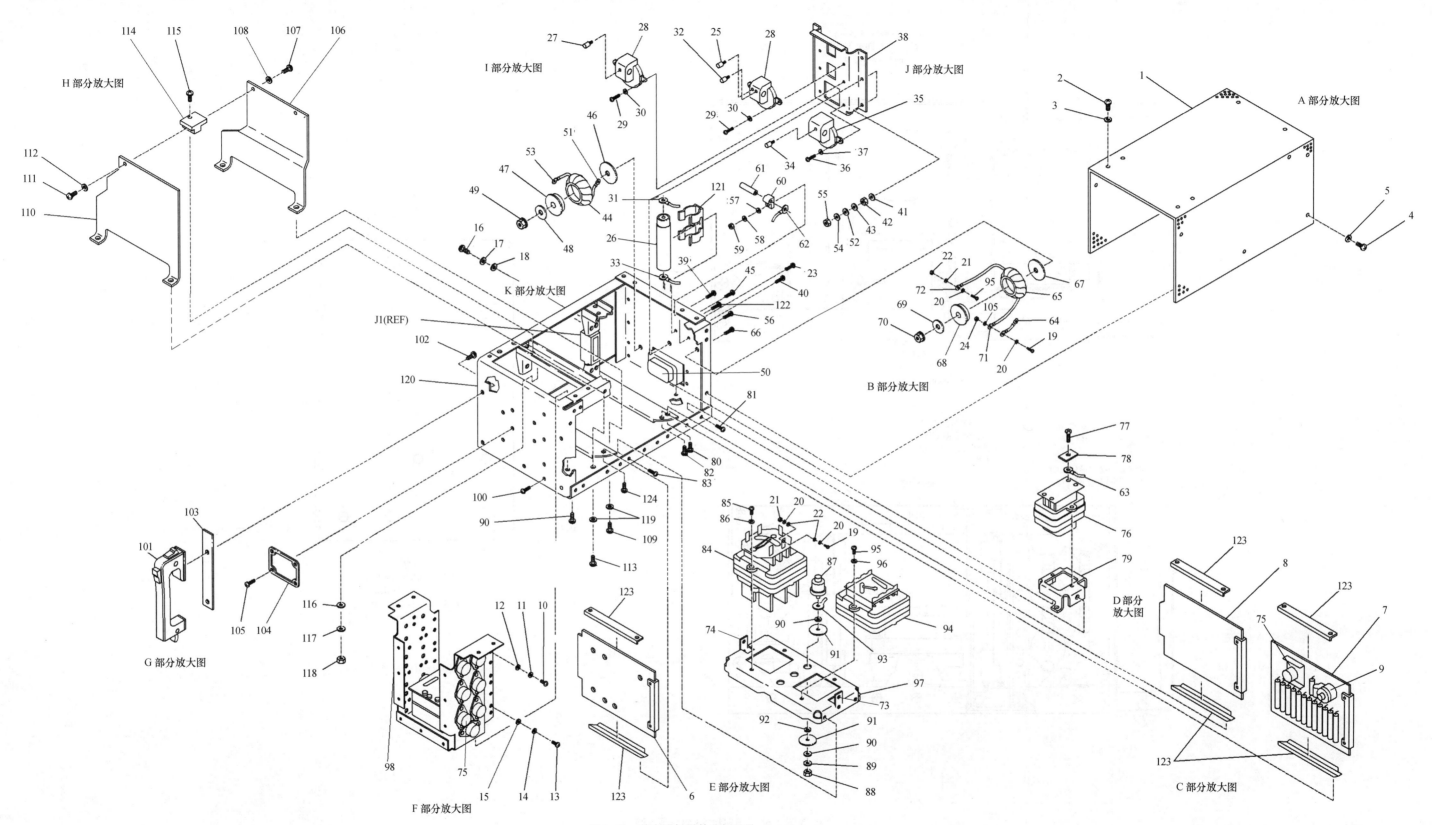

图 2-63 静变流机零件分解目录

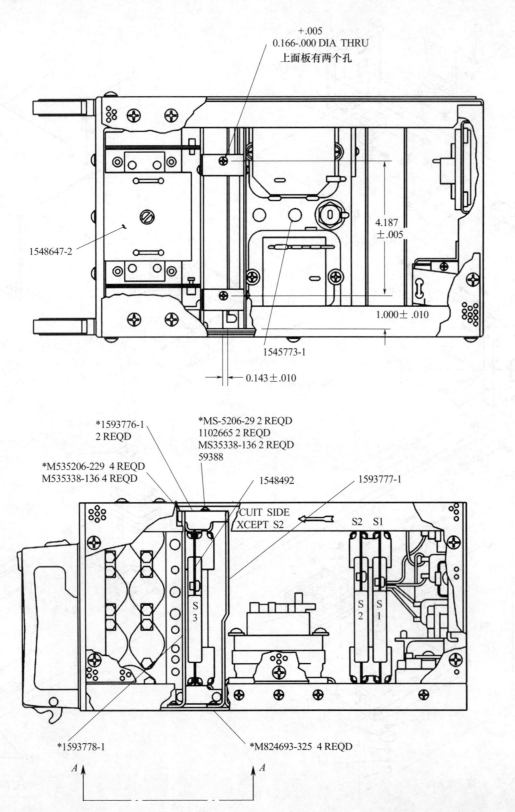
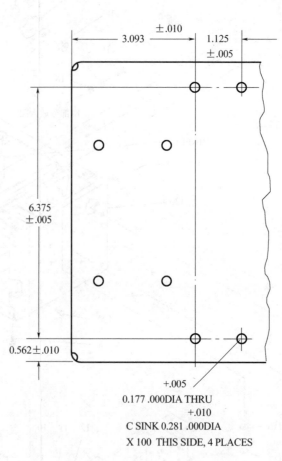

图 2-64　电路板 S3 磁屏蔽安装